방송전자공학의 기초 II

Basic Broadcasting and Electronic Engineering II

홍종성 · 윤인섭 · 한찬호 · 이순려

도서출판 석학당
www.shdbooks.co.kr

머리말

최근 전기, 전자, 방송기술이 비약적 발전해감에 따라 방송기술 분야에서 습득하여야 할 학문 분야가 날로 복잡화 · 세분화되어가고 있다. 그러나 이 모든 환경의 변화는 전자공학이 기초가 되고 있으나 우리 공학도들은 기초보다는 성급한 마음으로 응용분야에 관심을 더 많이 갖게 되는 것 같다.

현재 전기, 전자, 컴퓨터 분야의 개론을 취급하는 서적은 많이 발간되고 있으나 대부분의 서적들이 특정 분야에 치우쳐 있기 때문에 전기, 전자, 방송, 통신 분야를 고르게 설명하는 서적을 찾기가 매우 어려운 실정이며, 특히 방송통신 분야에 관련된 서적은 전무한 상태이다. 오늘날은 학문 분야별 경계가 모호해지거나 없어지고 특히 방송기술분야는 전기, 전자, 통신, 컴퓨터에 대한 이해가 절대적으로 필요한 분야로 급성장하고 있다. 따라서 본 서적은 집필진들이 분야별 집필을 통해 전기 · 전자 · 방송분야를 처음으로 공부하고자 하는 학생이나 산업체의 초급 연구자들이 손쉽게 방송기술에 접근할 수 있도록 이론과 실험을 병행하여 집필하였으므로 이 분야를 공부하고자 하는 이들의 지침서로 활용하기에 충분할 것으로 생각된다.

본서는 제1장은 전원회로, 제2장은 증폭회로, 제3장은 발진회로, 제4장은 변 · 복조회로, 제5장 펄스회로, 제6장 논리회로, 제7장 응용논리회로 로 구성되어 있으며 , 반도체 부분을 제외한 디지털전자회로의 전반에 대하여 다년간 대학에서 강의한 경험을 토대로 하여 다루었으며 방송통신기사 · 방송통신 산업기사를 비롯한 국가기술 자격시험과, 한국통신, 방송국, 각종 공무원시험, 일반기업체의 공채시험을 준비하는 학생 및 일반인들에게 많은 도움이 되길 바란다. 끝으로 본서가 출판되기까지 기획에서부터 출판에 이르는 모든 부분에서 애써 주신 석학당의 윤용호 사장님과 임직원 여러분께 감사드립니다.

2010. 08
저자 일동

Contents

Contents

[Chapter 2] 증폭회로

[**41** page]

Contents

Contents

Contents

Contents

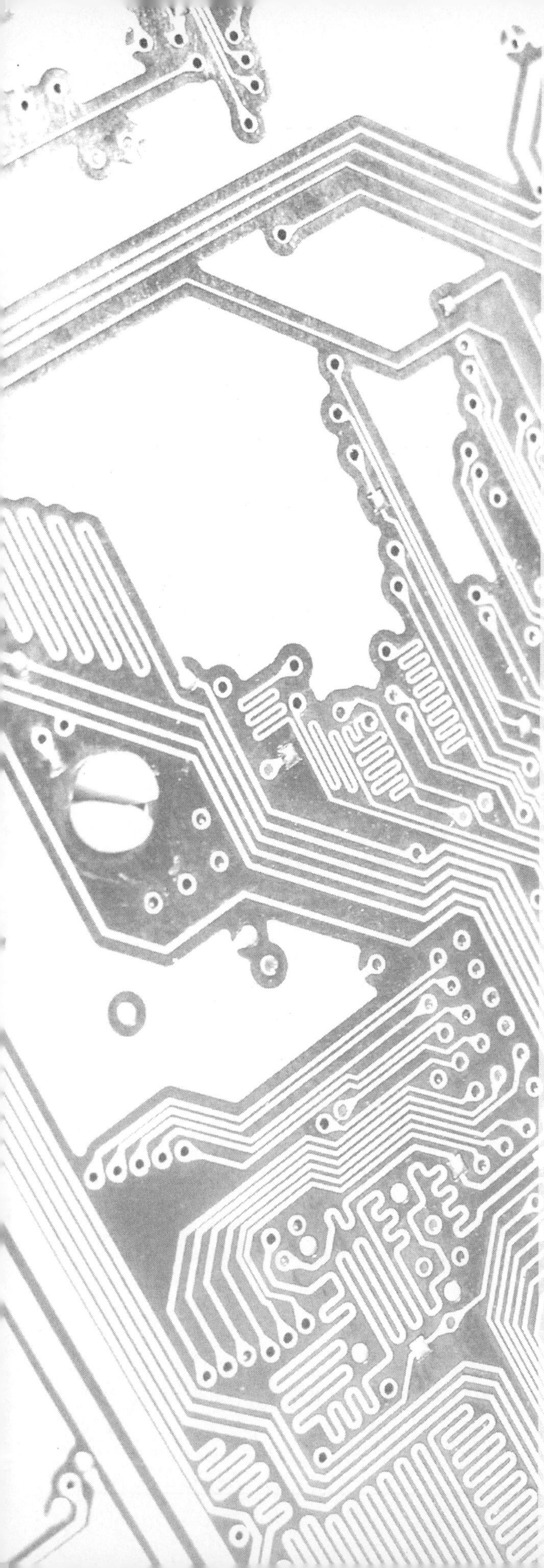

전원회로

1. 정류회로

1-1. 정류회로의 개요

전원회로는 교류 신호자체는 평균값이 0이므로 일정한 크기의 어떤 값을 갖기 위해 정류시키면 그 대는 평균값이 존재하게 되며, 그것을 평활회로에 의해 평탄하게 펴주면 직규 신호가 출력하게 된다. 정류회로는 교류로부터 직류를 얻어내는 회로로서 전류의 방향이나 신호 흐름의 방향을 단일 방향으로 제한하는 작용을 정류작용이라 한다. 이 기능을 하는 회로를 정류기(rectifier)이라 하며 정류 회로에 공급되는 사용전원의 단상 교류와 3상 교류의 2종류가 있으며, 그 교류원의 반주기를 이용하느냐 또는 전주기를 이용하는가에 따라서 반파정류기(half rectifier)와 전파정류기(full wave rectifier)로 구분되다.

(1) 정류회로의 구성

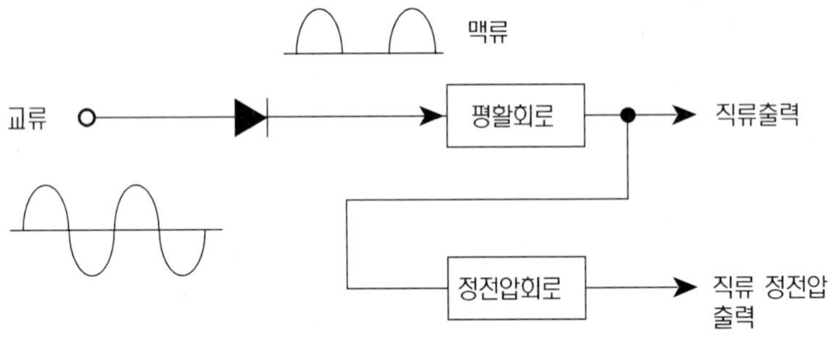

[그림1.1] 직류 전원 회로의 구성도

1) 정류회로 (rectification circuit)

상용전원 220V, 60Hz를 변압기에 의해서 적절한 크기의 교류전압을 발생시키는데, 이 교류 자체는 크기가 같고 극성이 반대 이므로 평균값은 0이 되어, 어떤 일정한 크기를 갖지 못하므로 다이오드(diode)를 이용하여 (-)부분을 제거시켜 정류하면 평균값이 존재하게 되어 그에 해당하는 직류를 만들 수 있게 된다.(다이오드)

2) 평활회로(Smoothing circuit)

평활회로는 정류된 파형을 평평하게 펴서 일정한 크기의 전압이 만들어지게 하며, 리플 성분은 제

거시키는 LPF(저역통과 필터)회로이다.(콘덴서, 인덕터)

3) 정전압안정회로(voltage regulation)

교류 입력의 크기가 변화되거나, 부하 변동요인, 혹은 온도변화 등으로 인해 직류출력전압이 불안정해져도 일정한 전압으로 유지시켜 줄 수 있는 전압 안정화회로를 정전합회로라고 한다.(정전압 IC, 제너다이오드)

(2) 전원회로의 특성

1) 전압 변동률(voltage regulation)

어떤 전원회로에서 부하에 따른 전압 변동의 정도를 나타낸다.

$$\text{전압변동률} = \frac{\text{무부하시 직류출력전압}(V_O) - \text{부하시 직류출력전압}(V_L)}{\text{부하시 직류출력전압}(V_L)} \times 100[\%]$$

2) 정류효율(rectification efficiency)

정류회로에 입력된 교류전력이 출력의 직류전력으로 바꿀 수 있는 비율로서 이 값이 클수록 입력손실이 적어진다.

$$\eta = \frac{\text{부하에 전달되는 직류출력전력}}{\text{교류입력전력}} \times 100[\%] = \frac{I_{dc}^2 \cdot R_L}{I_{rms} \cdot (R_L + R_F)}$$

R_L:부하저항, R_f:다이오드저항

3) 맥동률(리플률)

직류에 포함되어 있는 교류 잔재성분의 비율을 말한다.

$$\gamma = \frac{\text{리플성분의 실효값}}{\text{직류출력(평균값)}} = \frac{\Delta V_{rms}}{V_{dc}} = \frac{\Delta I_{rms}}{I_{dc}} = \sqrt{(\frac{I_{rms}}{I_{dc}})^2 - 1}$$

1-2. 정류회로의 종류

(1) 반파정류회로(half wave Rectifier)

다이오드 등의 정류 소자를 사용하여 교류의 (+) 또는 (-)의 반 사이클만 전류를 흘려서 부하에 직류를 흘리도록 한 회로를 반파정류기라하며 기본회로는 그림 1.2와 같다.

① 순방향으로 on이고 역방향으로 off인 다이오드의 성질 이용한다.

② [그림1.2] 회로에서 다이오드와 부하에 인가된 교류 전압은 (+)반주기 동안은 순 바이어스가 되어 통전 상태로 되고, (-)반주기 동안은 역 바이어스로 매우 큰 저항을 가지므로 전류가 잘 흐르지 못한다.

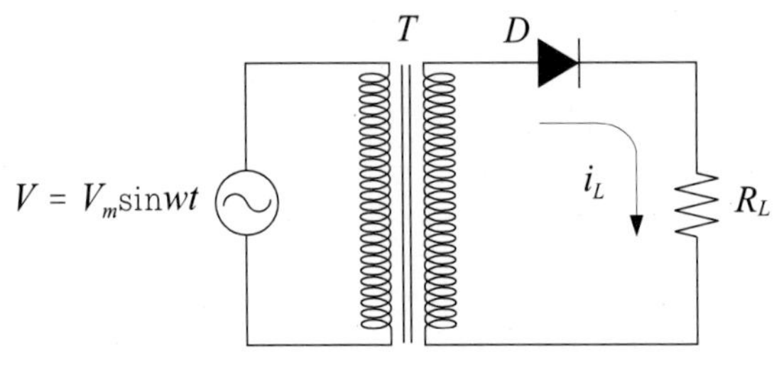

반파 정류회로

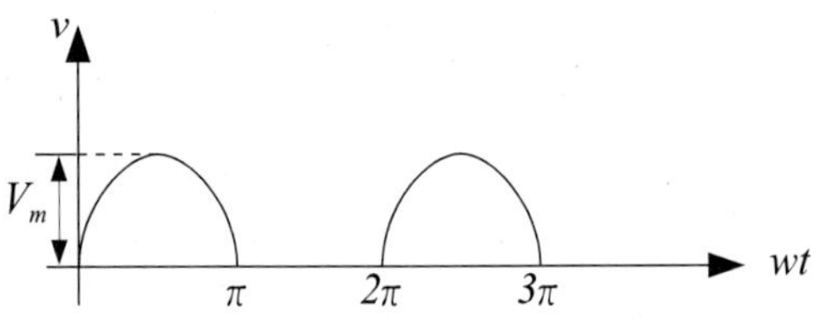

반파정류회로의 출력파형

[그림1.2] 반파정류회로

1) 다이오드 및 부하 R_L 에 흐르는 전류 i_L

교류 입력 전압 $V_i = V_m \sin wt$ 가 2차측에 인가되었다고 하면

$$i_L = I_m \sin wt = \frac{V_m}{R_L + R_f} \sin wt = (0 < wt < \pi)$$

$$i_L = 0 \qquad (\pi \le wt \le 2\pi)$$

$$I_m = \frac{V_m}{R_L + R_f}, \quad V_m = I_m \cdot R_L = \frac{R_L \cdot V_m}{R_L + R_f}$$

(단, R_f 는 다이오드의 순방향저항)

2) 출력전류 및 전압의 평균값 I_{dc}, V_{dc}

$$I_{dc} = \frac{I_m}{\pi} = \frac{V_m}{\pi\ (R_L+R_f)}\ ,\quad V_{dc} = R_L I_{dc} = \frac{V_m}{\pi} - I_{dc}R_f$$

(유도식)

$$I_{dc} = \frac{1}{T}\int_0^T i_L d(wt) = \frac{1}{2\pi}\int_0^{2\pi} i_L d(wt) = \frac{1}{2\pi}\int_0^{\pi} I_m \sin wt \cdot d(wt) = \frac{I_m}{\pi}$$

3) 출력 전류 및 전압의 실효값(root mean sguare) I_{rms}, V_{rms}

$$I_{rms} = \frac{I_m}{2} = \frac{V_m}{2(R_L+R_f)}\ ,\quad V_{rms} = R_L \cdot I_{rms} = \frac{V_m}{2} - I_{rms} \cdot R_f$$

(유도식)

$$I_{rms} = \sqrt{\frac{1}{T}\int_0^T i_{Ld}^2 (wt)} = \sqrt{\frac{1}{2\pi}\int_0^{2\pi} I_m^2 \sin^2 wt \cdot d(wt)}$$

$$= \sqrt{\frac{I_m^2}{2\pi}\int_0^{\pi} \frac{1-\cos 2wt}{2} d(wt)} = \frac{I_m}{2}$$

4) 직류 출력

$$P_{dc} = V_{dc} \cdot I_{dc} = I_{dc} \cdot R_L = (\frac{I_m}{\pi})^2 \cdot R_L = \frac{V_m^2 \cdot R_L}{\pi^2 (R_L+R_f)}$$

5) 교류 입력 전력

$$P_{ac} = V_{rms} \cdot I_{rms} = I_{rms}^2 \cdot (R_L+R_f)$$

$$= (\frac{I_m}{2})^2 (R_L+R_f) = \frac{V_m^2}{4(R_L+R_f)}$$

6) 리플률(맥동률)

$$\gamma = \frac{\Delta V_{rms}}{V_{dc}} = \frac{\Delta I_{rms}}{I_{dc}} = \sqrt{(\frac{I_{rms}}{I_{dc}})^2 - 1}$$

$$= \sqrt{(\frac{I_m/2}{I_m/\pi})^2 - 1} = 1.21\ (121\%)$$

7) 정류효율

$$\eta = \frac{P_O}{P_i} = \frac{I_{dc}^2 R_L}{I_{rms}^2 (R_L + R_f)} = \frac{0.406}{1 + \frac{R_f}{R_L}} \times 100\ \%$$

(예제 1-1) 단파 반파 정류회로에서 2차측 최대전압과 정류효율을 구하라.
(단, 권서비는 5:1 이다.)

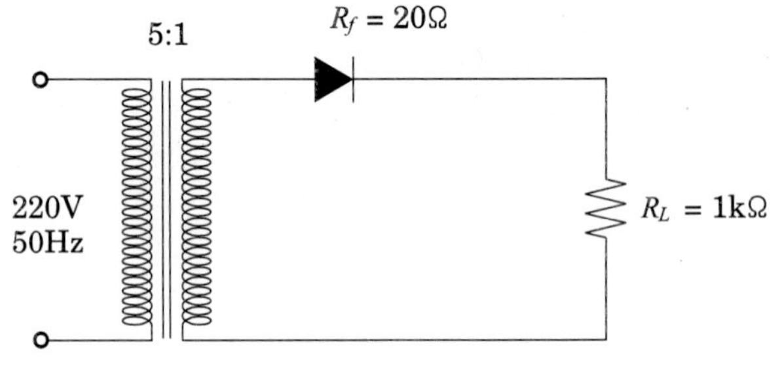

[그림 1.3]

(해설)

a) 1차측 최대전압 $220 \cdot \sqrt{2}$ [V]

2차측 최대전압 $Vm = \frac{1}{5}(220 \cdot \sqrt{2}) = 62.2$[V]

b) 정류효율

$$\eta = \left(\frac{40.6}{1 + \frac{R_f}{R_L}} \right) = 39.8\ \%$$

(2) 전파정류기(full-wave rectifier)

다이오드를 사용하여 교류의 +, - 어느 반 사이클에 대해서도 정류를 하고, 부하에 직류 전류를 흘리도록 입력 정현파의 전파를 이용하므로 전파정류기라하며 반파정류기의 비해서 출력 전압의 직류 성분 및 실효값(rms)값이 증가한다.

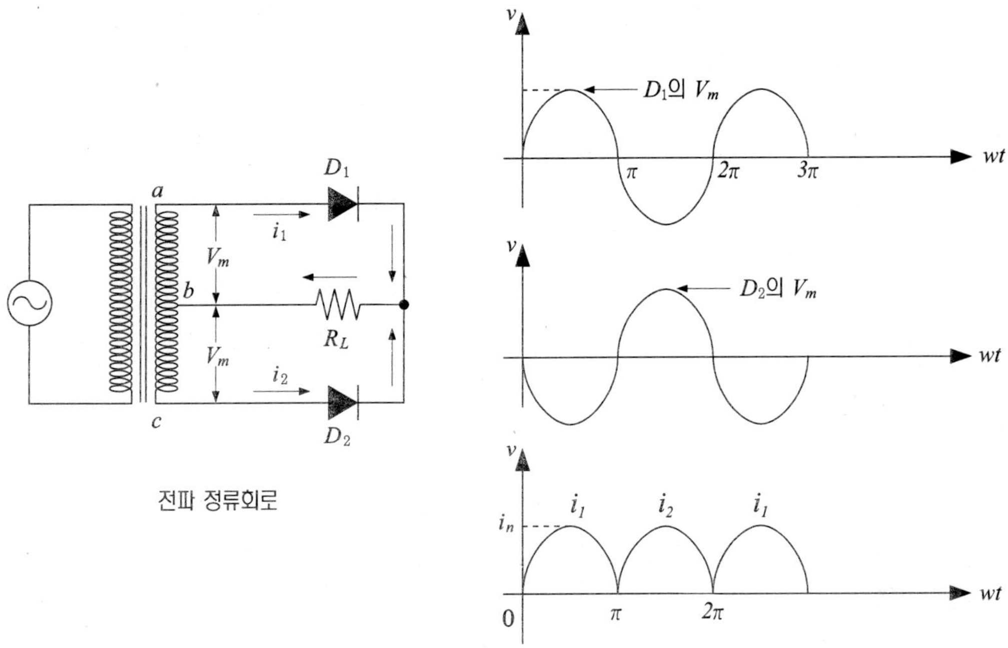

[그림1.4] 전파정류회로

1) 전파정류회로는 그림 1.4와 같으며 AC 입력이 인가된 2차 측에 $V_i = V_m \sin wt$라고 할때 (+)반주기에는 D_1이 on이 되어 i_1전류가 흐르고, (-)반주기에는 D_2가 on되어 i_2전류가 흐르므로 부하 R_L에 전체 전류는 $i = i_1 + i_2$ 이다.

2) 부하전류

$$i_L = i_1 = i_2 = I_m \sin wt$$

$$I_m = \frac{V_m}{R_L + R_f}, \quad V_m = I_m \cdot R_L = \frac{V_m \cdot R_L}{R_L + R_f}$$

3) 출력 전류 및 전압의 평균값

$$I_{dc} = \frac{2}{\pi} I_m = \frac{2V_m}{R_L+R_f} = \frac{2V_m}{\pi\ (R_L+R_f)}\ ,\quad V_{dc} = R_L \cdot I_{dc} = \frac{2V_m}{\pi} - R_f \cdot I_{dc}$$

(유도식)

$$I_{dc} = \frac{1}{T}\int_0^T id(wt) = \frac{1}{\pi}\int_0^\pi id(wt) = \frac{1}{\pi}\int_0^\pi I_m \sin wt \cdot d(wt) = \frac{2I_m}{\pi}$$

4) 출력전류 및 전압의 실효값 I_S, V_S

$$I_{rms} = \frac{I_m}{\sqrt{2}} = \frac{V_m}{\sqrt{2}\ (R_L+R_f)}\ ,\quad V_{rms} = R_L \cdot I_{rms} = \frac{V_m}{\sqrt{2}} - I_{rms} \cdot R_f$$

5) 직류 출력 전력

$$P_{ac} = V_{dc} \cdot I_{dc} = R_L \cdot I_{dc}^2 = (\frac{2I_m}{\pi})^2 \cdot R_L = \frac{V_m^2 \cdot R_L}{\pi^2 (R_L+R_f)^2}$$

6) 교류입력 모드

$$P_{ac} = V_{rms} \cdot I_{rms} = I_{rms}^2 \cdot (R_L+R_f) = (\frac{I_m}{\sqrt{2}})^2 \cdot (R_L+R_f) = \frac{V_m^2}{2(R_L+R_f)}$$

7) 정류효율

$$\frac{P_O}{P_i} = \frac{P_{dc}}{P_{ac}} = \frac{I_{dc}^2 \cdot R_L}{I_{rms}^2 (R_L+R_f)} = \left(\frac{0.812}{1+\frac{R_f}{R_L}}\right) \times 100\ \%$$

8) 리플률(맥동률)

$$\gamma = \frac{\Delta V_{rms}}{V_{dc}} = \frac{\Delta I_{rms}}{I_{dc}} = \sqrt{(\frac{I_{rms}}{I_{dc}})^2 - 1} = \sqrt{(\frac{1/\sqrt{2}}{2/\pi})^2 - 1} = 0.482$$

(예제 1-2)

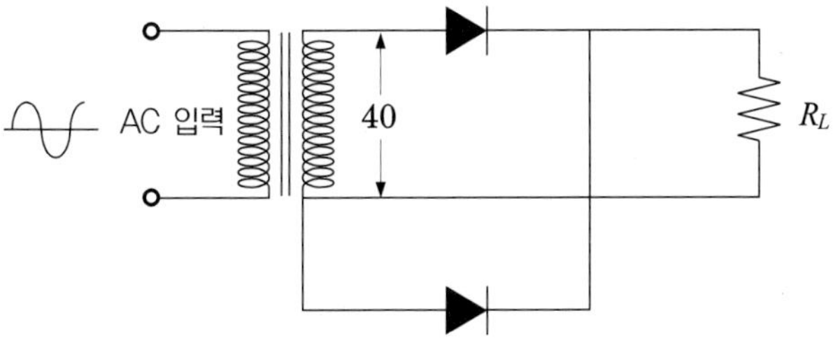

[그림1.5]

(해설)

V_i = 220V, 50Hz

2차측 전압이 40V이다.(단, $R_L = 1\text{k}\Omega$, $R_f = 2\text{k}\Omega$)

a) 2차측 최대값은 $V_m = 40 \cdot \sqrt{2} = 56.6V$

b) 정류효율

$$\eta = \frac{0.812}{\left(1+\frac{R_f}{R_L}\right)} \times 100\ \% \quad \text{에서} \quad \eta = \frac{0.812}{\left(1+\frac{2}{1}\right)} \times 100\ \% = 27.1\%$$

(3) 브리지 정류 회로(bridge rectifier)

전파 정류 회로의 일종으로, 다이오드 4개를 브리지 모양으로 접속하여 교류 입력 전압의 전주기를 이용하므로 정류하는 회로. 중간 탭이 있는 트랜스를 사용하지 않아도 되면 전파정류회로와 거의 같다. 그림 1.6과 같이 양이 반주기 동안에는 다이오드 D_1과 D_3가 도통되어 $a \rightarrow D_1 \rightarrow R_L \rightarrow D_3 \rightarrow b$로 전류가 흐른다($D_2$, D_4은 off). 또한 음(−)의 반주기 동안에 전류의 방향은 $b \rightarrow D_4 \rightarrow R_L \rightarrow D_2 \rightarrow a$가 된다.($D_1$, D_3은 off)

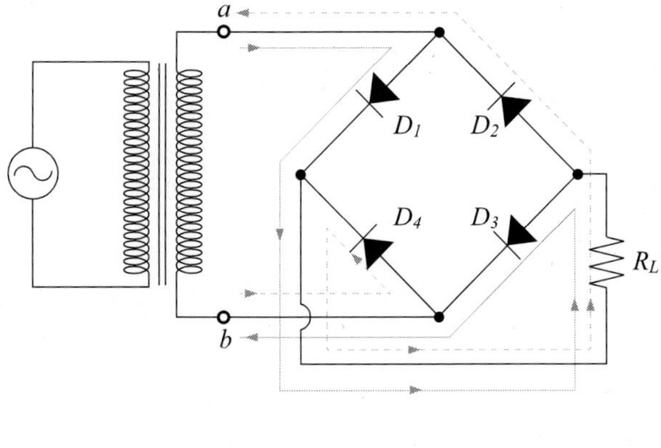

브리지 정류회로

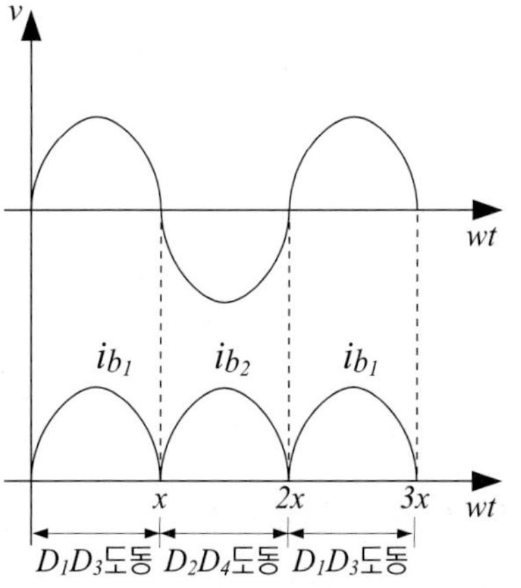

브리지 정류회로의 출력파형

[그림1.6] 브리지 정류회로

1) 평균치

$$V_{ac} = \frac{2 \cdot V_m}{\pi} = 0.636\ V_m$$

2) 정류효율

$$\eta = \frac{0.812}{1+\frac{2R_f}{R_L}}$$

3) 맥동률 48.2 %

(4) 배 전압 정류회로(voltage multiplier)

입력 교류 전압 최대값의 거의 2배의 직류 출력 전압이 얻어지는 정류 회로를 말하며, 반파 배 전압 정류 회로, 전파 배 전압 정류 회로가 있으며, 큰 전원 변압기를 사용하지 않는 회로 등에 쓰인다.

1) 반파 배 전압 정류회로

교류 전압의 (-) 반주기 동안에는 다이오드 D_1이 도통되어 C_1을 V_m까지 충전하고, (+)의 반주기 동안에는 전원 전압 V_m과 C_1의 V_m이 D_2를 $2V_m$까지 충전 된다.

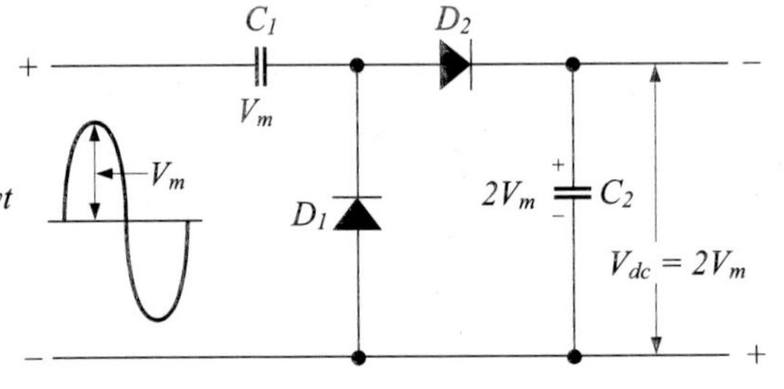

반파 배전압 정류회로

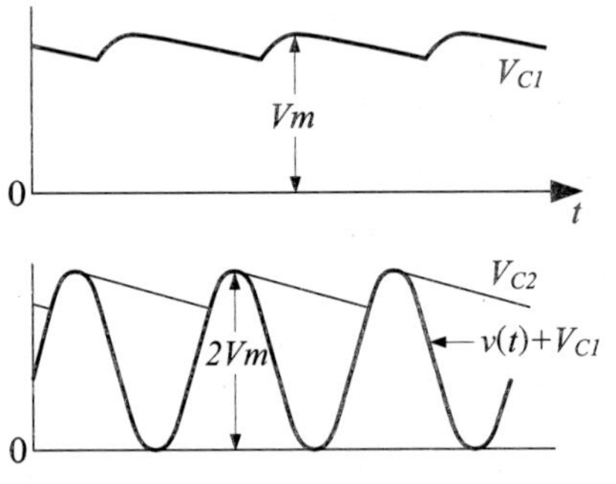

C1 및 C2 양단의 전압파형

[그림1.7] 반파 배 전압 정류회로

2) 전파 배 전압 정류회로

(+)의 반주기 동안에는 D_1이 도통하여 C_1이 충전되고, (-)의 반주기 동안에는 D_2가 도통하여 C_2가 충전된다. 그러므로 R_L에는 $2V_m$ 전압이 나타난다.

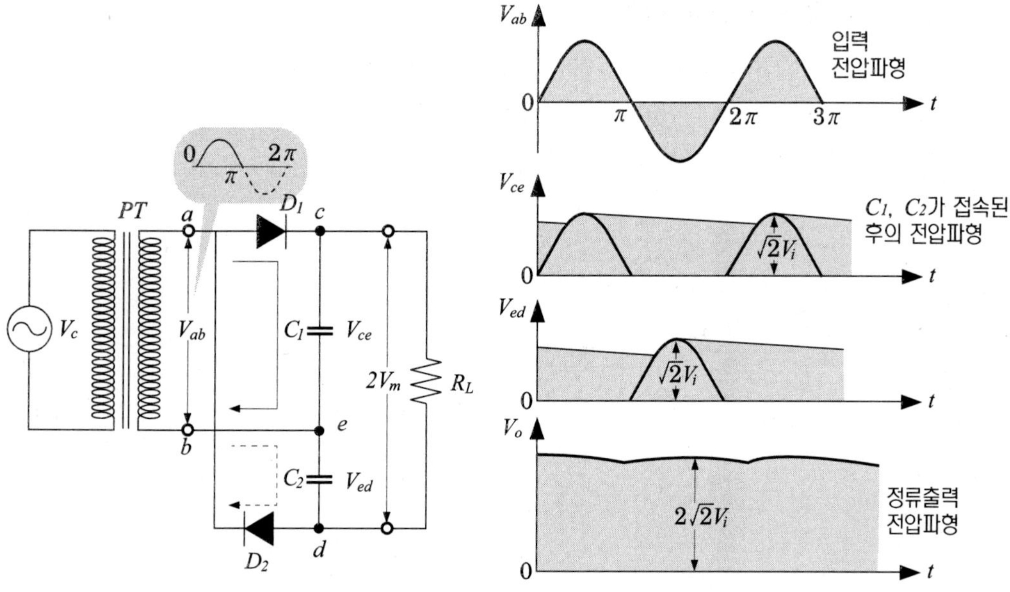

(a) 전파 정류 배전압 정류 회로

(b) 동작 파형

[그림1.8] 전파 배 전압 정류회로

(5) n배 전압 정류회로(n voltage multiplier)

클램핑(clamping) 작용을 이용하여 변압기의 정격 전압을 증대시키지 않고도 정류 전압을 얻을 수 있다. 다이오드를 n개 연결했을 때 nV_m의 최대치 전압을 얻을 수 있다. 브라운관이나 X선 등의 고압 미소 전류의 전원 장치에 사용한다.

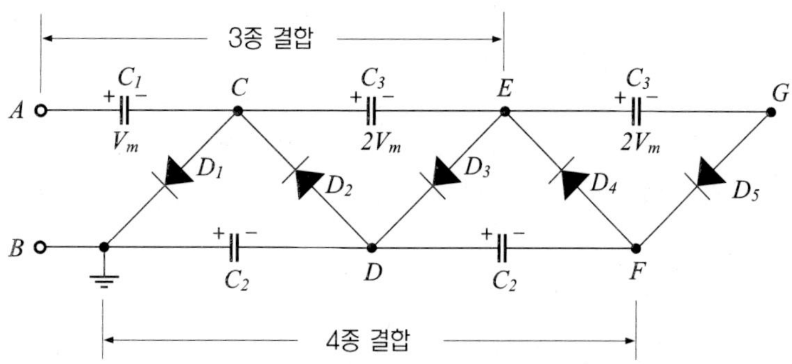

[그림1.9] n배 전압 정류회로

(6) 브리지형 전파 배전압 정류 회로

① 처음 반주기 동안 D_1을 거쳐 C_1에 V_m의 전압이 충전된다.

② 다음 반주기 동안 D_2를 통하여 C_2에 V_m의 전압이 충전된다.

③ R_L 양 끝의 전압은 C_1과 C_2의 전압을 합해 $2V_m$이 된다.

④ 큰 용량의 콘덴서를 사용하지 않으면 전압 변동률이 나쁘다.

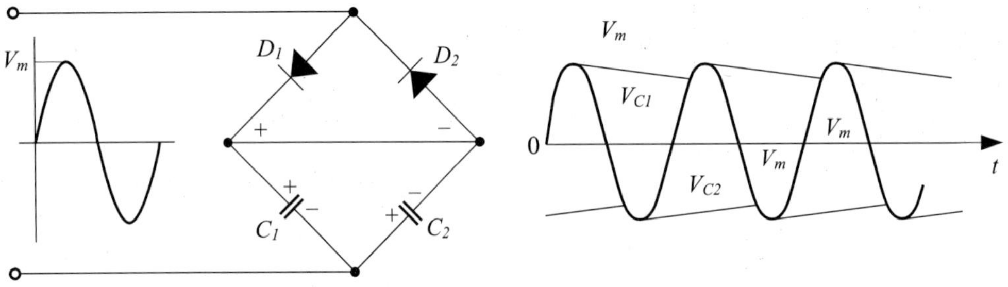

브리지형 전파 배전압의 정류회로　　　　브리지형 전파 배전압의 파형

[그림1.10] 브리지형 전파 배전압 정류 회로

(예제 1-3) 단상 반파 정류 회로에서 최대 dc 출력 전력 $P_{dc} = V_{dc} I_{dc}$가 얻어지기 위한 부하 저항을 구하여라.(단, 다이오드의 교류 저항은 R_f라 한다)

〈풀이〉

$$P_{dc} = I_{dc}^2 R_L = \frac{V_m^2 R_L}{\pi^2 (r_f + R_L)^2}$$ 로부터 최대 전력을 얻기 위해서는

$$\frac{P_{dc}}{R_L} = \frac{V_m^2}{\pi^2}\left[\frac{(r_f + R_L)^2 - 2(r_f + R_L) R_L}{(r_f + R_L)^4}\right] = 0$$

$$r_f^2 - R_L^2 = 0$$

$$R_L = r_f$$

의 조건일 때 최대 dc 전력이 얻어진다.

(예제1-4) 단상 반파 정류 회로의 이론상 최대 효율은 ?

〈풀이〉

$$\eta = \frac{P_{dc}}{P_{AC}} = \frac{\dfrac{R_L V_m^2}{\pi^2 (R_L + r_f)}}{\dfrac{V_m^2}{4\ R_L + r_f}} = \frac{4R_L}{\pi^2 (R_L + r_f)} = 0.406 \frac{1}{1/\frac{r_f}{R_L}}$$

$R_L \gg r_f$ 일때 $\eta_{max} = 0.406 \times 100 = 40.6[\%]$

(예제 1-5) 단상 전파 정류 회로의 이론상 최대 효율은 ?

〈풀이〉

$$\eta = \frac{P_{DC}}{P_{AC}} = 0.812 \quad \frac{1}{1/\frac{r_f}{R_L}}$$

$$R_L \gg r_f \text{ 일때 } \eta_{max} = 0.812 \times 100 = 81.2[\%]$$

(예제 1-6) 그림과 같은 정류기의 피크 출력전압과 피크 역전압을 구하라.

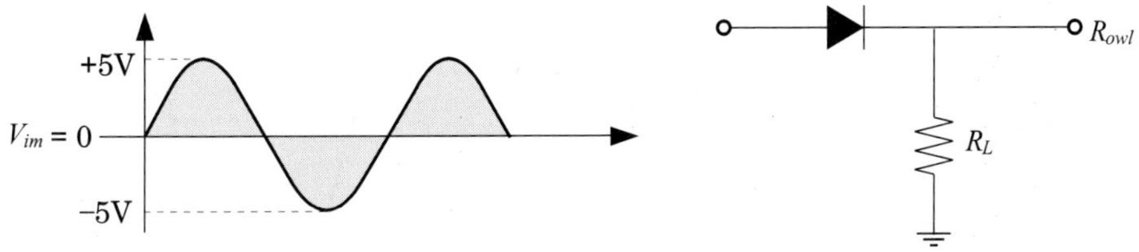

V_P = 5V - 0.7V = 4.3V

[그림1.11] 반파정류기 회로

2. 평활회로(Smoothing Circuit)

2-1. 평활회로의 개요

정류회로에서 정류된 직류 성분에는 완전한 직류가 아닌, 약간의 교류 성분인 맥류(ripple)를 포함하게 되는데, 이 맥류를 제거하기위하여 사용하는 회로를 평활 회로 하며, 또한, 필터회로(low pass filter, smoothing 회로)라고도 한다. 평활회로에는 용량성 평활회로, 유도성 평활회로, 쵸크 입력형 평활회로, 콘덴서 입력형 평활 회로 등이 있다.

2-2. 평활회로의 종류 및 특성

(1) 용량성 (콘덴서)평활회로

평활 회로의 커패시터는 한꺼번에 쏟아 부은 물을 일정하게 나오게 하는 물탱크의 역할과 같다. 용량성 평활 회로는 정류회로와 병렬로 부하에 콘덴서를 연결하여 구성하며, 정류회로의 다이오드가 동작할 때 콘덴서에 에너지를 축적하며, 동작하지 않을 때는 부하 R_L을 통하여 에너지를 방출한다.

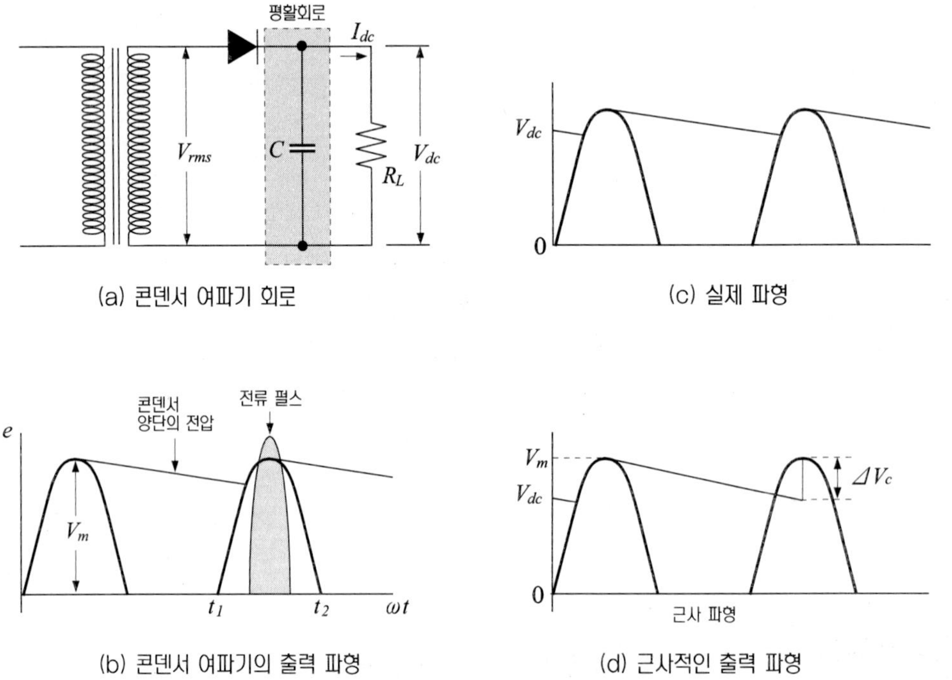

[그림1.12] 용량성 (콘덴서)평활회로

(2) 유도성 평활회로

정류회로와 직렬로 초크 코일을 연결하면 유도성 평활 회로로 동작한다. 초크 코일을 사용한 유도성 평활 회로에서 초크(choke)가 전류의 급격히 변화하지 못하게 하므로, 초크를 부하 R_L과 직렬로 넣으면 부하 전류 리플이 작아져서 부하 전류를 평탄하게 할 수 있어 직류를 얻는다.

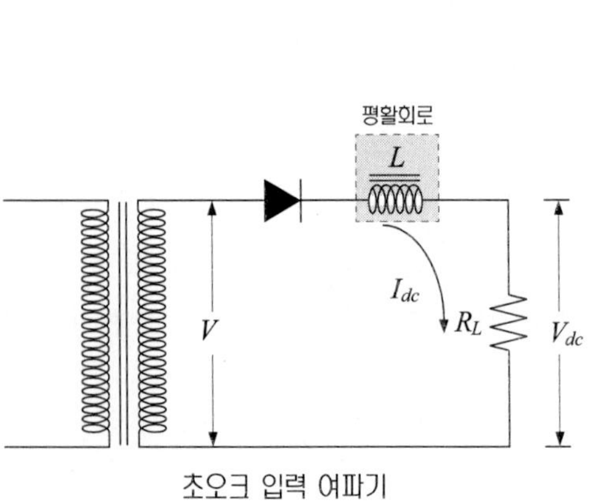

[그림1.13] 유도성 평활회로

(3) *LC* 평활 회로

커패시터만 있는 평활 회로의 결점을 방지하는 목적으로 인덕턴스 *L*을 합하여 출력 성분의 맥동 분을 작게 하는 것으로 초크 입력 형 평활 회로라 하며, 부하와 직렬로 연결된 코일 *L*은 전류 성분이 급변하지 못하게 하고, 교류 성분에 대하여 큰 임피던스를 나타내며, 부하와 병렬로 연결된 *C*는 교류 성분만 통과시키므로 출력의 맥동을 작게 감소시키므로, 부하 전류를 평탄하게 할 수 있어서 완전한 직류를 얻을 수 있다.

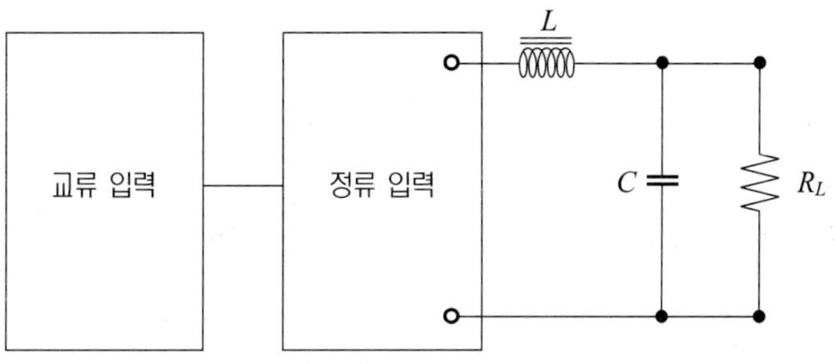

LC 여파기

[그림1.14] LC 평활회로

(4) 다단 *LC*여파기

① 출력 맥동전압은 *LC*여파기를 직렬로 연결하면 더욱 감소 한다.

② n단 연결한 *LC* 여파기의 맥동률 r는 $r = (a_1 \cdot a_2 \cdot a_3 \cdot \cdots\cdots a_n)(0.482)$

$$\alpha_1 = \frac{1}{w^2 L_1 C_1 - 1} \;,\quad \alpha_2 = \frac{1}{w^2 L_2 C_2 - 1} \;,\quad \alpha n = \frac{1}{w^2 L_n C_n - 1}$$

여기서, 모든 *LC*의 값이 같다면, $r = a_n(0.482)$ 여기서 n은 *LC* 여파기의 총 수이다.

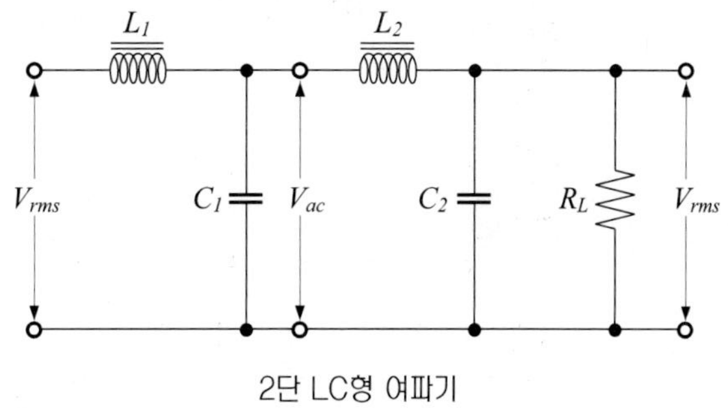

2단 LC형 여파기

[그림1.15] 다단 *LC*여파기

(5) π형 여파기

① 회로에 콘덴서 C의 임피던스는 부하에 대하여 충분히 낮게 하고 초우크 코일 L의 임피던스는 충분히 높게 한다.

② (+) 반주기 교류 입력때 정류 전류가 흘러 C_1, C_2에 충전되고 (−) 반주기 교류력 때는 C_1, C_2 충전 전하가 L, R_L(부하)를 통해 천천히 방전된다.

③ 전원측에서 부하를 봤을 때 L이 부하와 직렬로 되어 정류된 맥류 전류중 직류분은 초우크 코일 L을 통하여 부하에 흐르고 교류분은 초우크 코일의 고임피던스로 저지되어 콘덴서에 흐르고 부하에는 가지 않는다.

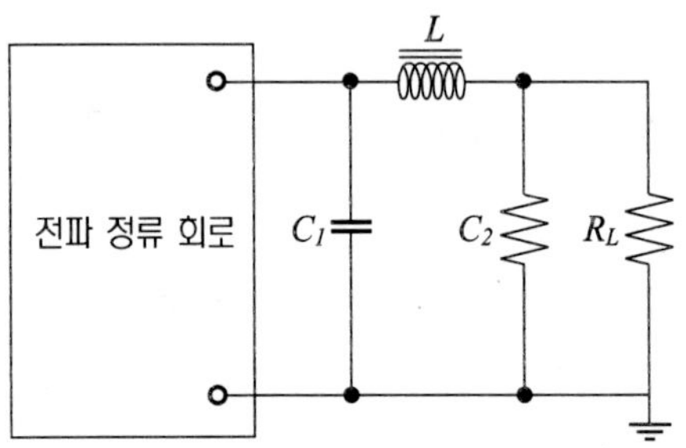

π형 여파기

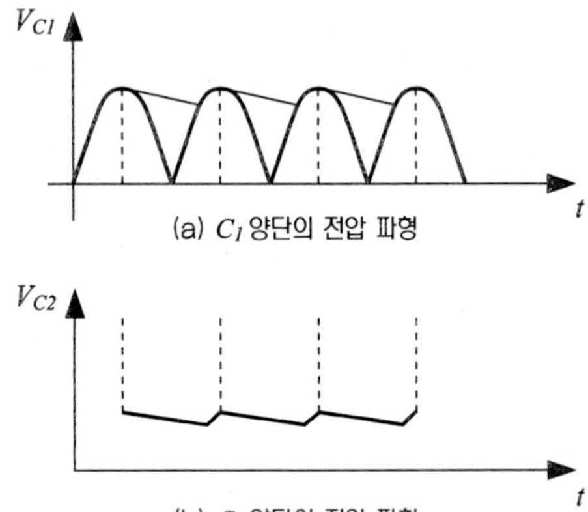

(a) C_1 양단의 전압 파형

(b) C_2 양단의 전압 파형

π형 여파기의 출력파형

[그림1.16] π형 여파기

(예제 1-7) 다음 회로에서 스위치 S를 사용하여 부하 저항을 단락한 경우 커패시터 C양단에 충전된 전압은? (단 변압기는 이상적인 변압기라 한다)

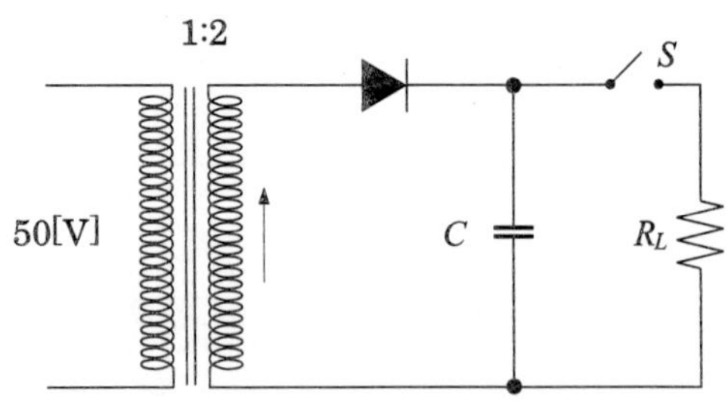

[그림1.17] 이상적인 변압기 회로

〈풀이〉 회로에서 커패시터 C는 변압기 2차 측 전압의 최대치까지 충전하게 되므로 $100 \times \sqrt{2}$[V]가 된다.

(예제 1-8) 무부하시 출력전압이 120[V]이고 부하 시 출력이 100[V] 일 때 전압 변동률 구하시오.

〈풀이〉

$$전압변동률 = \frac{120 - 100}{100} \times 100[\%] = 20[\%]$$

$$전압변동률 = \frac{무부하시\ 출력전압 - 부하출력전압}{부하출력전압} \times 100[\%]$$

3. 전원 안정화 회로

3-1. 정전압 회로의 개요

입력 전원의 변동이나 부하의 변동에 의하여 부하에 공급하는 출력 전압은 일정하지 않고 변동하기 때문에, 일정한 출력 전압을 유지하기 위해서는 전원 안정화 회로가 필요하며, 이 회로를 정전압 회로라 한다.

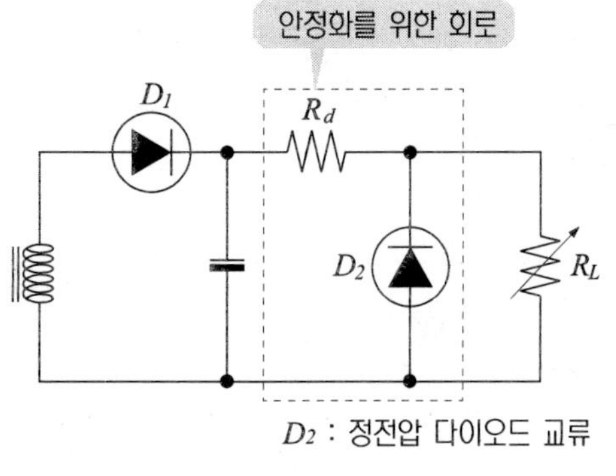

[그림1.18] 정전압회로

① 정전압 다이오드 : 역방향 전압을 가해 점차 높여가면 어느 전압까지는 전류가 흐르지 않지만 특정 전압을 넘으면 전류가 급격히 흘러, 전류는 증가해도 전압은 거의 일정하게 유지되도록 만들어진 다이오드이다.

② 전압의 안정화 : 항상 정전압 다이오드에 전류가 흐르도록 하면 부하에 가해지는 전압, 즉 출력 전압은 일정하게 된다.

3-2. 종류 및 동작원

정전압 회로에는 병렬 제어형과 직렬 제어형 있다.

병렬 제어형 정전압 회로는 제어용 소자 (가변 임피던스)가 병렬로 접속한 회로이며, 기본회로는 [그림1.19]의 (a)와 같으며, 직렬 제어형은 제어용 소자가 부하와 직렬로 접속한 회로로서 [그림1.19]의 (b)와 같다.

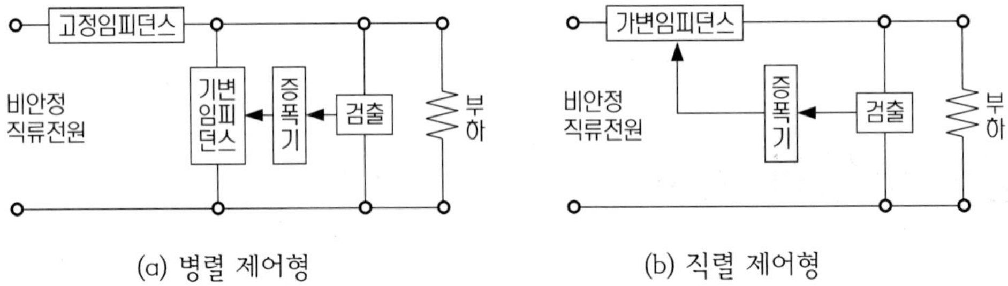

[그림1.19] 제어형 안정화 회로의 기본 구성

(1) 병렬 제어용 정전압 회로

1) 구성

① 제어용 트랜지스터 (가변 임피던스)와 부하 R_L 가 병렬로 접속

② 저항 R_2 는 제너 다이오드 ZD를 적당한 동작점에 바이어스하기 위한 것이고, R_1은 직렬 안정 저항으로 출력 전압의 변동분을 분담하여 보상한다.

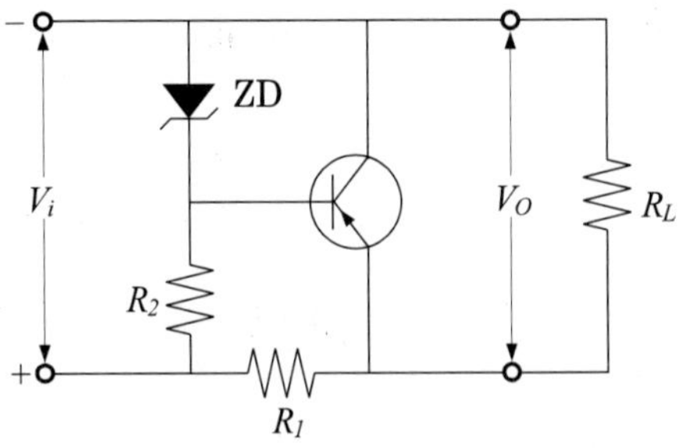

[그림1.20] 병렬 제어용 정전압 회로

2) 동작원리

① 출력 전압 $V_0=V_Z+V_{BE}$ 이므로 V_1 또는 R_L의 변화에 의해서 출력 전압 V_0가 감소한다면 V_{BC}는 제너 다이오드에 의해 일정하게 유지되므로 V_{BE}(순방향 바이어스)가 감소한다. 트랜지스터는 V_1전압가 (+)인 이상, 항상 선형으로(또는 통전상태)로 바이어스 되므로 V_{BE}가 감소하면 V_{CE}는 증가한다. 따라서 V_0는 일정하게 유지된다.

② V_1, R_L에 의해서 출력 전압이 반대로 증가하면 위의 반대 현상이 일어나서 V_0를 일정하게 유지한다.

3) 특징

① 효율이 나쁘다 (R_1과 R_L직렬로 연결되어 전력의 소비가 커지기 때문이다.)
따라서 부하 전류 변동이 작은 경우에 유효하다 (의 값을 작게 할 수 있기 때문이다.)

(2) 직렬 제어용 정전압 회로

1) 기본 회로 구성

① V_1와 V_0의 전압차를 트랜지스터의 V_{CE}가 분담 하도록 TR을 직렬로 접속하며, V_{ZD}는 항상 일정하다. (제너 다이오드)

② R은 TR을 선형 바이어스 상태로 유지시킨다.

2) 동작원리

V_1나 R_L이 변동하여 V_0가 상승하면 V_{BE}의 전위차(역 바이어스)가 크게 되며,

트랜지스터의 이미터-컬렉터 사이의 내부 저항이 증대하여 V_0의 증가분을 억제 시킨다.

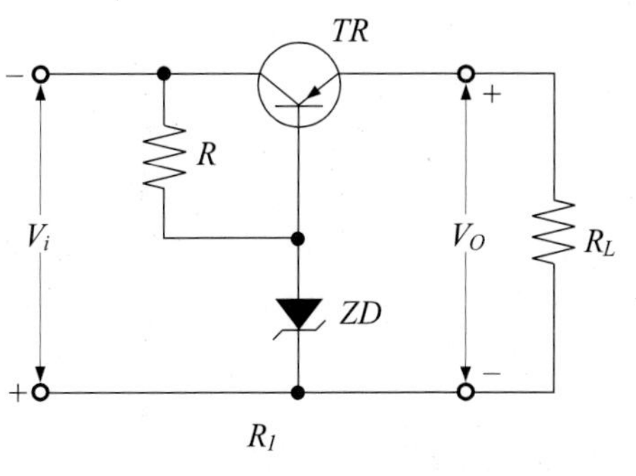

[그림1.21] 직렬 제어용 정전압 회로

(실험 1)

정류기(rectifier) 및 평활 회로(smoothing circuit)

1. 목적

① 반파정류회로의 동작원리를 이해한다.
② 브리지회로 정류기의 동작원리를 이해한다.
③ 전원안정화 회로의 원리를 설명할 수 있다.

2. 실험준비

1) 장비 및 공구

구분	공구명	규격
1	디지털 멀티미터(Digital Multimeter: DMM)	Digital
2	디지털오실로스코프	1대
3	Bread Board	1대
4	함수제네레이터(Function Generator)	1대
5	공구세트(롱노즈 플라이어 , 드라이버, 니퍼 등)	1세트

2) 재료

재료명	규격	수량	안전 및 유의 사항
트랜스포머	12V	1개	① Bread Board 기판에 조립하여 실험하며 안전에 주의한다.
제너다이오드	1N5225(V=3V, 0.5W)	1개	
다이오드	1s1588	1개	
브리지 다이오드	KBPC102(타 제품 가능)	1개	
전해콘덴서	47μ F,50V	2개	
저항	100kΩ, 1W	1개	
저항	10kΩ, 1W	1개	
저항	1kΩ,1W	2개	
저항	470Ω,1W	1개	
저항	330Ω,1W	1개	
저항	100Ω,1W	1개	

3. 관계 이론

(1) 반파정류회로

[그림1.22]는 다이오드를 이용한 반파정류회로이다. 교류의 (+)또는(-)의 반 사이클만 전류를 흘려서 부하에 직류를 흘리도록 동작한다.

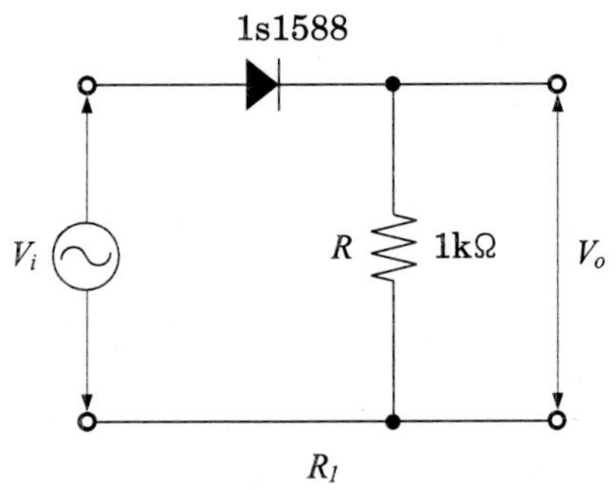

[그림1.22] 반파정류회로

(2) 브리지정류회로

[그림1.23] 회로는 브리지(bridge) 정류기는 반파 정류기에 비해 동일한 변압기전압으로 2배의 DC 부하 전류를 흘릴 수 있다. $V=V_{ac}$가 + 인 반 사이클에서 $A \rightarrow D_4 \rightarrow R_L \rightarrow D_2 \rightarrow B$로 다이오드 D_2, D_4가 동작된다. 또한 교류입력 단자 (A-B) 단자 간 전압이 음(-)의 반주기일 때 $B \rightarrow D_3 \rightarrow R_L \rightarrow D_1 \rightarrow A$로 다이오드 D_1, D_3가 동작된다.

부하 R_L에 항상 같은 방향의 전류가 흐른다. 그래서 이런 정류기를 전파정류기라 한다.

$$I_{dc} = \frac{2V_m}{\pi R_L} = \frac{2I_m}{\pi}$$

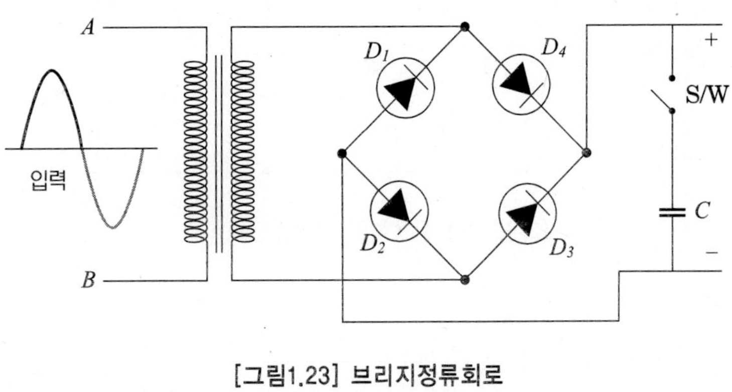

[그림1.23] 브리지정류회로

(3) 전원안정화회로

[그림1.24]에서 V_Z가 일정하다는 것은 R_L에 관계없이 I_S가 일정하게 유지된다는 것을 의미하며 I_Z가 저항 R_L에 따라 능동적으로 변화하여 I_S를 일정하게 유지시켜 준다는 것을 나타낸다. 그러므로 제너 다이오드는 자신을 통해 흐르는 전류의 크기를 부하 저항에 따라 적절히 조절함에 의해 전압 안정화 작용을 하게 된다.

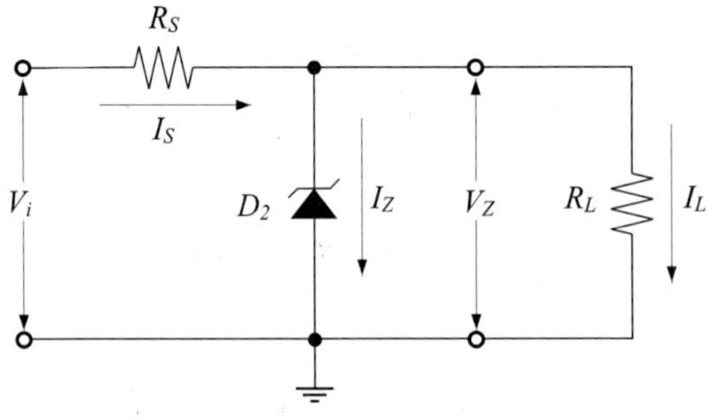

[그림1.24] 전원안정화회로

$$I_Z + V_Z / R_L = I_S$$

$$V_i = V_Z + I_S R_S$$

[그림1.25] 회로는 직류전원 공급기와 제너다이오드를 이용한 전원 안정화 회로를 결합한 형태이다.

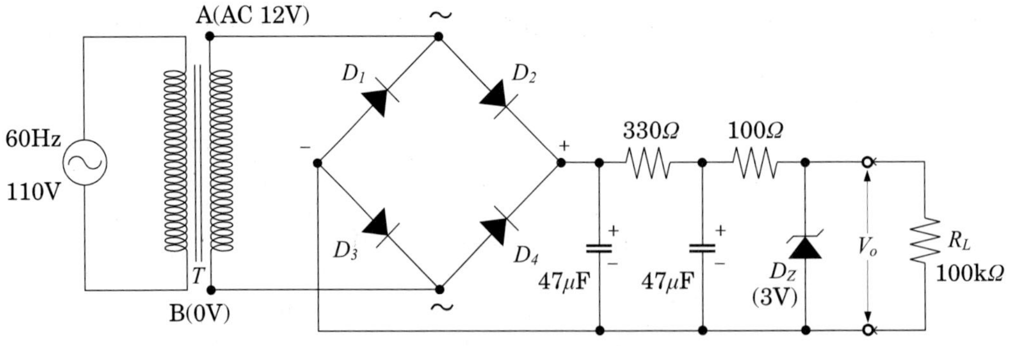

[그림1.25] 실용적인 전원안정화회로

4. 실험

(1) 반파 정류회로 실험(rectification circuit)

① [그림1.22] 반파정류회로를 구성한다.

② AC Power를 입력한다.

③ 함수 제네레이터(Function Generator)의 입력신호를 1kHz, 5V_{PP}를 맞추어 입력시킨다.

④ 오실로스코프를 출력단자에 접속하여 반파정류기를 통과한 출력신호를 관찰하고 [표1.1]에 기록 한다.

(2) 브리지정류회로(bridge rectifier)와 평활회로

① [그림1.23] 브리지정류회로를 구성 한다

② AC Power를 입력한다.

③ S/W를 On시킨다.

④ 오실로스코프를 출력단자에 접속하여 콘덴서 C를 통과한 파형을 관찰하여,[표1.1]에 기록 한다.

(3) 정전압회로

① [그림1.24]정전압 회로를 구성한다.

② AC Power를 입력한다.

③ 정전압 출력을 측정한다.

[표1.1] 정류회로와 전압안정화회로

반파정류회로

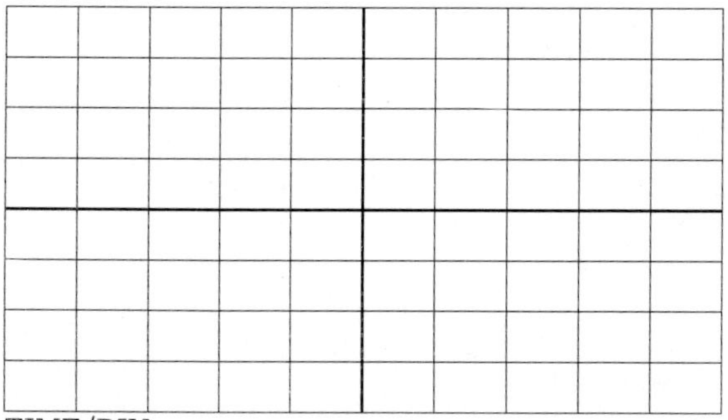

TIME/DIV=

브리지정류회로

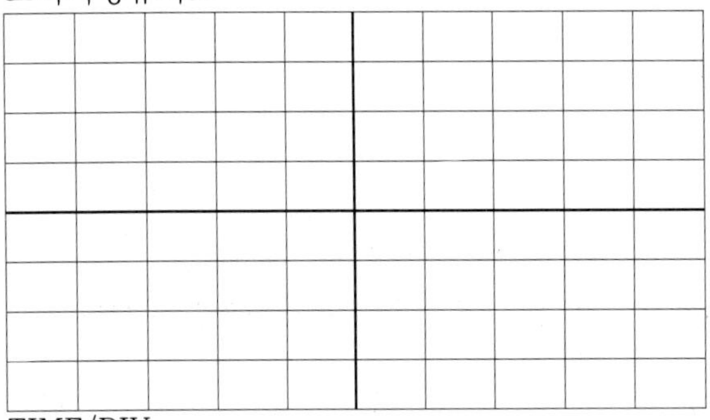

TIME/DIV=

브리지정류회로(C통과 시)

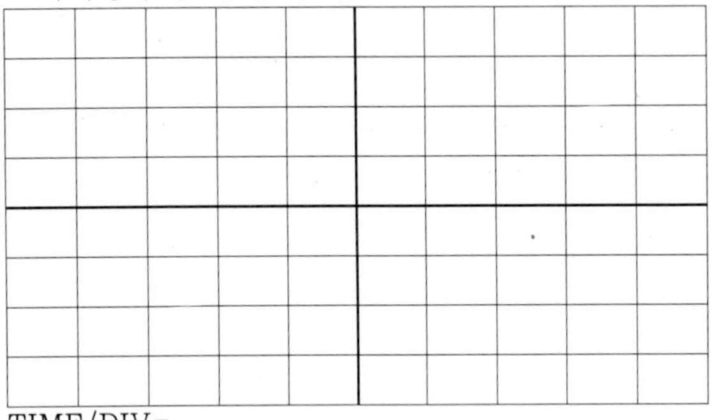

TIME/DIV=

정전압회로

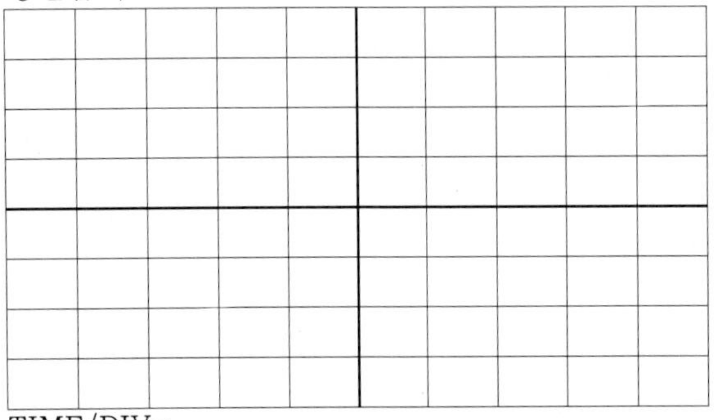

TIME/DIV=

5. 정리정돈

① 주변정리를 한다.

② 계측장비 및 공구를 반납한다.

③ 사용전원을 Off시키고 화재 및 안전에 주의한다.

6. 결과보고서 작성

① 예비보고서를 작성한다.

② 보고서를 작성한다.

(예상문제)

[문제1] 다음 정류 소자 중 정류 효율이 가장 좋은 것은?

㉮ 실리콘(Si) ㉯ 아산화동 ($C_{u2}O$)

㉰ 셀렌(Se) ㉱ 게리마늄(Ge)

[문제2] 정류 전원 출력 단자의 직류 전압이 V_0, [V] 부하만이 개방되었을 때 출력단자 V[V]가 이면 부하에 대한 전원의 전압 변동률은 어떻게 표시하는가?

㉮ $\dfrac{V-V_0}{V}\times 100$ [%] ㉯ $\dfrac{V}{V-V_0}\times 100$ [%]

㉰ $\dfrac{V}{V-V_0}\times 100$ [%] ㉱ $\dfrac{V0}{V-V_0}\times 100$ [%]

[문제3] 정류 회로의 직류 전압이 300[V]이고 리플전압이 3[V]였다. 이 회로의 리플율은 몇[%]인가?

㉮ 1[%] ㉯ 2[%] ㉰ 3[%] ㉱ 5[%]

〈해설〉 맥동율(리플율)이란 정류된 직류(전압)속에 포함되어 있는 교류성분의 정도를 나타내므로

리플율 $r = \dfrac{\Delta V}{V_d}\times 100$ [%] $= \dfrac{3}{300}\times 100 = 1$ [%]

[문제4] 정류회로에서 리플 함유율을 줄이는 방법으로 가장 이상적인 것은?

㉮ 반파 정류로 하고 필터콘덴서의 용량을 크게 한다.

㉯ 브리지 정류로 하고 필터콘덴서의 용량을 줄인다.

㉰ 브리지 정류로 하고 필터콘덴서의 용량을 크게 한다.

㉱ 반파 정류로 하고 초크코일의 인덕턴스를 줄인다.

〈해설〉 브리지 정류로 하고 필터용 콘덴서용량과 인덕턴스가 증가할수록 맥동율이 감소되므로 용량이 큰 콘덴서가 맥동율을 낮게 한다. 맥동율 $r = \dfrac{T}{2\sqrt{3}R_L C}$

[문제5] 단상 반파 정류회로에서 정류 효율은 이론적 최대값이 얼마인가?

㉮ 40.6[%] ㉯ 81.2[%] ㉰ 50[%] ㉱ 100[%]

〈해설〉 반파정류 회로의 정류효율 $\eta = \dfrac{0.405}{(1+\dfrac{r_P}{R_L})}$ 에서 r_P=0일 때 40.6%이다.

[문제6] 콘덴서 입력형에서 반파 정류기의 입력전압이 100[V] (실효값)일 때 정류 다이오드에 걸리는 최대 역전압은 약 얼마인가?

㉮ 100[V] ㉯ 140[V] ㉰ 210[V] ㉱ 280[V]

〈해설〉 최대역전압 PIV=2VM=$2\sqrt{2}$V=$2\sqrt{2}\times100 \fallingdotseq 280$

[문제7] 단상전파 정류기의 DC출력은 단상반파 정류기 DC출력의 몇 배인가?

㉮ 2배 ㉯ 3배 ㉰ 4배 ㉱ 5배

〈해설〉 ① 반파 정류기의 직류전류 $I_{dc} = \frac{I_m}{\pi} = \frac{V_m}{(r_b+R_L)}$ 따라서 직류출력 $P_{DC} = I_{dc}^2 R_L = \frac{V_m^2 R_L}{\pi^2(r_b+R_L)^2}$ -ⓐ

② 전파정류기의 직류전류 $I_{dc} = \frac{2I_m}{\pi} = \frac{2V_m}{\pi(r_b+R_L)}$ 따라서 직류출력 $P_{DC} = I_{dc}^2 R_L = \frac{4V_m^2 R_L}{\pi^2(r_b+R_L)^2}$ -ⓑ

그러므로 ⓐ ⓑ식을 비교하면 전파 정류기의 DC출력은 반파 정류기 DC출력의 4배가 된다.

[문제8] 100[V]의 교류전압을 배전압 정류하면 최대 정류전압은 몇[V]인가? (86.7 음향)

㉮ 100[V] ㉯ 140[V] ㉰ 200[V] ㉱ 280[V]

〈해설〉 배전압 정류회로에서 최대정류전압 $V_{max}=2V_m$이다. $V_m=2\sqrt{2}V$이므로 $V_{max}= 2\sqrt{2}V= 2\sqrt{2}\times100 \fallingdotseq 280$[V]

[문제9] 브리지 정류기의 출력 전압의 실효치가 20[V]이다. 각 다이오드 양단의 최대 역전압은 몇 V인가?

㉮ 20 ㉯ 28.28 ㉰ 40 ㉱ 46.5

〈해설〉 브리지 정류기의 $PIV = V_m = \sqrt{2}V_{rms} = \sqrt{2} \times 20 = 28.28$

[문제10] 브리지 정류회로에서 교류 220[V]를 정류 시킬때 최대 전압은 몇 [V]인가?

㉮ 140 ㉯ 311 ㉰ 432 ㉱ 180

〈해설〉 $V_{dc} = \frac{2V_m}{\pi} = \frac{2}{\pi} \times 220 \fallingdotseq 140$ V

[문제11] 어떤 변압기에서 n1 = 100, n2 = 10 이고, V1 = 100rms, i1 = 1A 일 때 2차측 전압 V2와 2차측 전류 i2는 얼마인가?

㉮ 10Vrms, 10A ㉯ 20Vrms, 5A

㉰ 10Vrms, 5A ㉱ 20Vrms, 10A

〈해설〉 n1 = 100, n2 = 10 임으로 100:10=100rms:V2 ∴ V2=10Vrms
1차측 전력 P1 = V1 · i1 = 100V · 1A = 100w
2차측 전력 P2 = V2 · i2 = 10 · i2
전력이 같아야 하므로 10 · i2 = 100w ∴ i2=10A

[문제12] 그림의 l 정전압 회로에서 V가 25-28[V]의 범위에서 변동한다. zener dicde 전류 ID의 변화는? 단 RL = 1[kΩ], V = 28[V], VL = 20[V]이다.

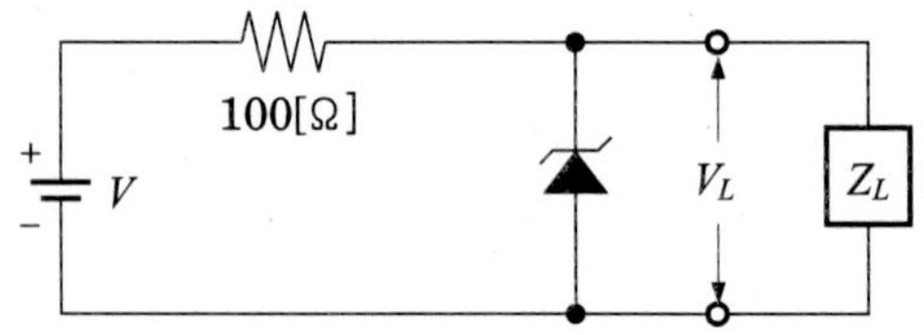

[그림1.25] 정전압회로

㉮ 30~50[mA] ㉯ 30~60[mA]
㉰ 10~50[mA] ㉱ 10~60[mA]

〈해설〉

① $I_L = \frac{V_L}{R_L} = \frac{20}{1000} = 20\text{mA}$

② $I_R = \frac{V-V_L}{R} = \frac{25-20}{100} = 50\text{mA}$

③ $I_D = I_R - I_L = 50\text{mA} - 20\text{mA} = 30\text{mA}$

V = 28V 일때

① $I_L = \frac{V_L}{R_L} = \frac{20}{1000} = 20\text{mA}$

② $I_R = \frac{V-V_L}{R} = \frac{28-20}{100} = 80\text{mA}$

③ $I_D = I_R - I_L = 80\text{mA} - 20\text{mA} = 60\text{mA}$

[문제13] 정전압회로에서 주로 사용되는 다이오드는?

㉮ 터널다이오드 ㉯ 제너다이오드
㉰ 발광다이오드 ㉱ 바랙터다이오드

[문제14] 제너다이오드의 제너 전압 VZ = 10[V] 10.5w 인 경우 최대전류 크기는?

㉮ 0.5A ㉯ 0.05A ㉰ 0.5mA ㉱ 0.05mA

〈해설〉 0.5w = 10V · I $\therefore I = \frac{0.5}{10} = 0.05[A]$

[문제15] 평활회로가 없는 단상 브리지(bridge) 정류회로에서 정류된 평균 직류출력전압이 20[V]이고 부하저항이 5[Ω] 일 때 전원 변압기의 2차측 전압의 최대치는?

㉮ 20π (V) ㉯ 10π (V) ㉰ 15π (V) ㉱ 5π (V)

〈해설〉

$$V_{dc} = \frac{2V_m}{\pi} \qquad V_m = \frac{2V_{dc}\pi}{\pi} = \frac{20\times\pi}{\pi} = 10\pi\ (V)$$

[문제16] 100[V]의 교류전압을 배전압 정류하면 최대 정류전압은 몇 [V]인가?

㉮ 100[V] ㉯ 140[V] ㉰ 200[V] ㉱ 280[V]

〈해설〉 배전압 정류회로에서 최대정류전압 Vmax = 2Vm이다. Vm = $\sqrt{2}$ 이므로
Vmax = $2\sqrt{2}$ V = $2\sqrt{2} \times 100 \fallingdotseq 280$ [V]

[문제17] 반도체 정류기에서 1[V] 순 바이어스 전압에 대해 10[mA]의 전류가 흐르고 1[V] 역 바이어스 전압에 대해 4[μA]의 전류가 흘렀다면 정류비는?

㉮ 250 ㉯ 340 ㉰ 2500 ㉱ 3400

〈해설〉

$$\text{정류비} = \frac{\text{순방향전류}}{\text{역방향전류}} = \frac{10\times10^{-3}}{4\times10^{-6}} = 2500$$

[문제18] 브리지 정류 회로의 부하 연결 때 100[V] 이고, 무부하가 110[V]로 증가하였다면, 전압 변동률은?

㉮ 9[%]　　㉯ 10[%]　　㉰ 11[%]　　㉱ 12[%]

〈해설〉

전압변동률ε $= \dfrac{V - V_O}{\pi} \times 100[\%]$　　$\varepsilon = \dfrac{110 \times 100}{100} \times 100 = 10[\%]$

[문제19] 반파 정류 회로에서 입력전압이 220[V]일 때, 양단의 단자 전압은 몇 [V]인가?

㉮ 220　　㉯ $220\sqrt{2}$　　㉰ $\dfrac{220}{\sqrt{2}}$　　㉱ 220π

〈해설〉 출력 DC전압 = $\sqrt{2}$ × 입력 AC전압 V = $\sqrt{2} \times 220 = 220\sqrt{2}$ [V]

[문제20] 전원 주파수를 60[Hz], 사용하는 정류 회로에서 120[Hz]의 맥동 주파수를 나타내는 회로 방식은?

㉮ 단상 전파 회로　　㉯ 단상 반파 회로
㉰ 3상 전파 회로　　㉱ 3상 반파 회로

〈해설〉

① 단상 반파 정류회로의 맥동주파수 60[Hz]
② 단상 전파 정류회로의 맥동주파수 120[Hz]
③ 3상 반파 정류회로의 맥동주파수 180[Hz]
④ 3상 전파 정류회로의 맥동주파수 360[Hz]

〈해답〉

1) 라　2) 나　3) 가　4) 다　5) 가　6) 라　7) 다　8) 라　9) 나　10) 가　11) 가　12) 나
13) 나　14) 나　15) 나　16) 라　17) 다　18) 나　19) 나　20) 가

증폭회로

1. 신호증폭 회로

1-1. 트랜지스터 증폭기

(1) 트랜지스터의 구조와 동작

트랜지스터는 에미터(Emitter,E),베이스(Base,B), 컬렉터(Collector,C)로 구성되어 있으며 BJT(쌍극성 트랜지스터)는 부품 형태에 따라서 PNP BJT(bipolar junction transistor)와 NPN BJT가 있으며, 구조와 심볼은 [그림2.1]과 같이 P형, N형 반도체 3개가 교대로 결합한 숫자이다. 에미터터는 전자를 내뿜는 (emit)역활을 하며, 이와 같이 내뿜게 된 근본원인 베이스(base)와 컬렉터는 에미터에 의해 뿜어진 전자들을 다시 모으는 (collect)역활을 한다.

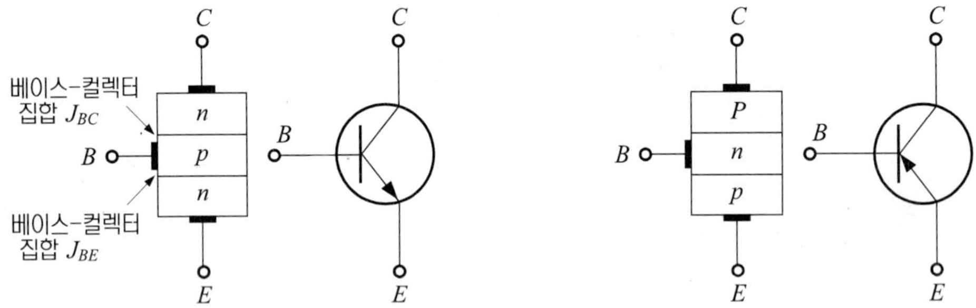

[그림2.1] PNP와 NPN 트랜지스터의 구조 및 심볼

(2) 트랜지스터의 동작 원리

바이폴라(bipolor)는 트랜지스터의 도전 현사에 기여하는 캐리어가 자유전자(-)와 정공(+)로부터 부르는 용어로 PNP BJT와 NPN BJT형태에 따라 바이어스를 다르게 걸어 주어야한다.

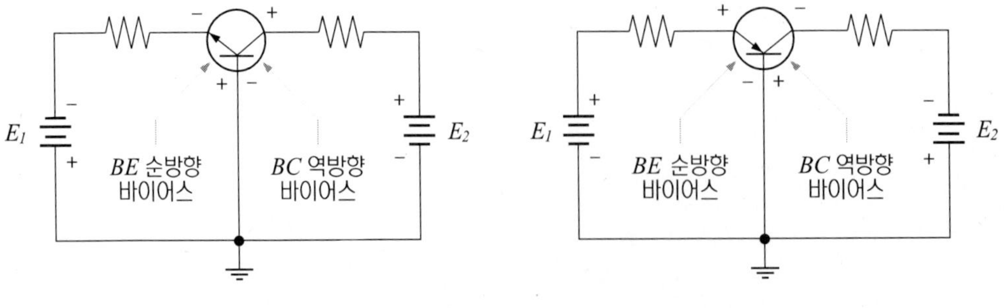

[그림2.2] NPN과 PNP 트랜지스터의 바이어스 전압

1) NPN 트랜지스터의 동작

① B와 E간의 pn접합면 에 비교적 큰 전압 E_1의 순방향 바이어스를 걸어주며, C와 B간의 pn접합면에 E_2의 역방향 바이어스를 걸어준다.

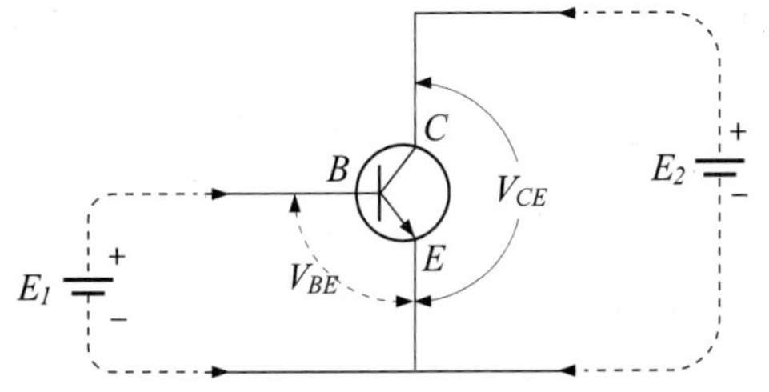

[그림2.3] NPN 트랜지스터의 동작

- B와 E간의 pn접합면 … VBE ⇒ 순방향 전압
- C와 B간의 pn접합면 … VCB=VCE−VBE ⇒ 역방향 전압

② npn 트랜지스터의 전류의 흐름

에미터에서 방출하는 전자들 중 극히 일부는 베이스 단자를 통하여 빠져나가고 거의 대부분의 전자들은 컬렉터 단자에 모인다. 따라서 에미터 전류(I_B)는 $I_E = I_B + I_C$가 성립된다.

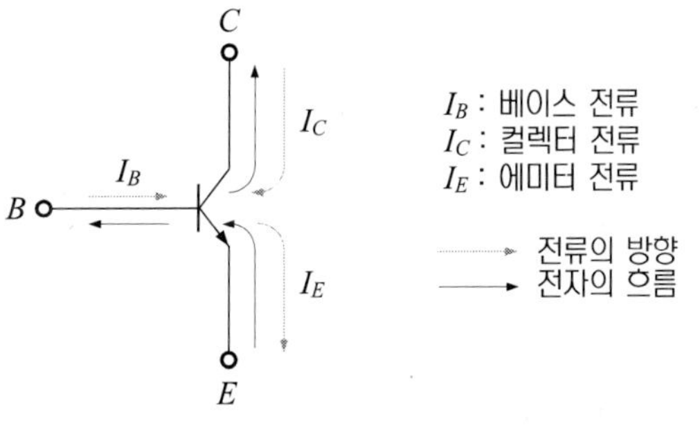

[그림2.4] NPN 트랜지스터의 전류의 흐름

(3) 트랜지스터 파라미터 및 전압, 전류 정의

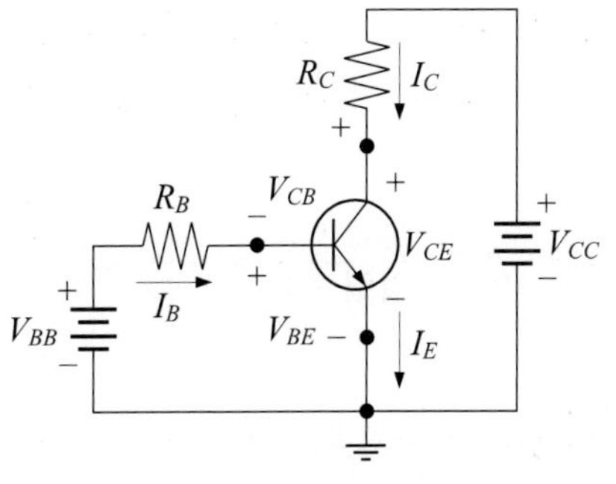

[그림2.5] NPN 트랜지스터의 전류, 전압의 정의

1) 베이스 전류증폭률 α 와 에미터 접지 전류증폭률 β

I_B : 직류 베이스 전류, I_C : 직류 컬렉터 전류, I_E : 직류 에미터 전류라 하면,

$V_{BE} \cong 0.7V$ 에미터가 접지되어 있으므로 베이스전압 $V_B = V_{BE}$ 이므로 (2.1)

베이스에 흐르는 전류 I_B는 다음과 같이 결정된다.

$$I_B = \frac{V_{BB} - V_B}{R_B} = \frac{V_{BB} - V_{BE}}{R_B} \quad (2.2)$$

컬렉터 -에미터 양단전압은 *KVL*에 의하여 다음과 같으며, 이를 직류 부하선(DC lood line) 방정식이라 한다.

$$V_{CC} = I_C R_C + V_{CE}, \quad I_C = \frac{V_{CC}}{R_C} - \frac{V_{CE}}{R_C} \quad (2.3)$$

컬렉터 -베이스 양단전압 VCB는 다음과 같이 결정된다.

$$V_{CB} = V_{CE} - V_{BE} \quad (2.4)$$

이때 양단전압(V_{BE})는 약 0.7[V]가 된다.

다음으로 트랜지스터의 각 단자에 흐르는 전류의 비를 정의 한다.

베이스 접지 시 전류증폭률(α)

$$\alpha = \frac{\text{출력전류}}{\text{입력전류}} = \frac{\Delta I_C}{\Delta I_E} \quad (2.5)$$

로서 에미터에서 방출된 전자가 컬렉터에 얼마나 많은 양이 모여 있는 지를 나타낸다. 직류 컬렉터 전류 I_C와 직류 베이스전류 I_B와 비를 **직류전류이득** 이라하며 β 로 표시한다.

에미터 접지시 전류증폭률(β)는 $\beta = \frac{\text{출력전류}}{\text{입력전류}} = \frac{\Delta I_C}{\Delta I_B}$ 가 된다. (2.6)

2) 베이스 전류증폭률 α 와 에미터 접지 전류증폭률 β 의 관계는 트랜지스터의 전류 관계식 $I_E = I_B + I_C$에서 양변을 I_C로 나누면

$\frac{I_E}{I_C} = \frac{I_B}{I_C} + \frac{I_C}{I_C} = \frac{I_B}{I_C} + 1$ 이고 여기서 $\beta = \frac{I_C}{I_B}$ 이고 $\alpha = \frac{I_C}{I_E}$ 이므로

$$\alpha = \frac{I_C}{I_E} = \frac{I_C}{I_B + I_C} \therefore \alpha = \frac{\frac{I_C}{I_B}}{1 + \frac{I_C}{I_B}} = \frac{\beta}{1+\beta} \quad (\because I_E = I_B + I_C)$$

$$\beta = \frac{I_C}{I_B} = \frac{I_C}{I_E - I_C} \therefore \beta = \frac{\frac{I_C}{I_E}}{1 - \frac{I_C}{I_E}} = \frac{\alpha}{1-\alpha}$$

가 된다. (2.7)

(예제2-1) 어떤 트랜지스터의 베이스에 1mA를 흘렸더니 컬렉터에 10mA가 흘렀다. 이때의 전류증폭률 β 는?

〈풀이〉

$$\beta = \frac{I_C}{I_B} = \frac{100\text{mA}}{1\text{mA}} = 100$$

(예제2-2) 어떤 트렌지스터의 β 값이 100 일 때 이 트랜지스터의 α 값은?

〈풀이〉

$$\alpha = \frac{\beta}{\beta + 1} = \frac{100}{101} = 0.99$$

3) 트랜지스터의 컬렉터 특성

트랜지스터의 컬렉터 특성곡선은 베이스 전류 I_B를 매개 변수로 하여 컬렉터 전류 I_C와 컬렉터-에미터 양단전압 V_{CE}와의 상관관계를 나타낸 것으로 트랜지스터의 동작영역을 구성하는데 중용한 지표로 이용된다.

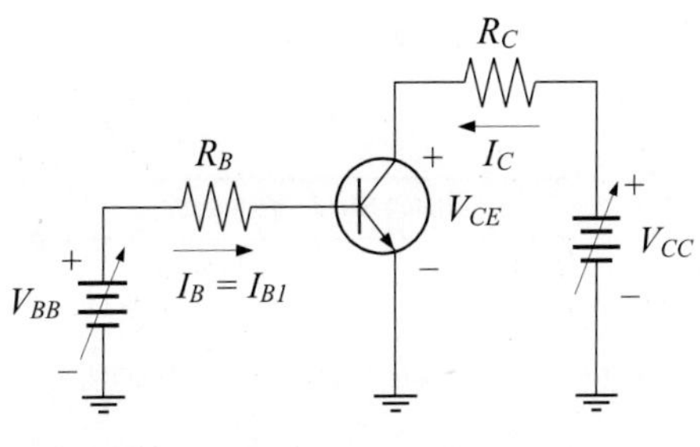

[그림2.6] 트랜지스터의 컬렉터 특성회로

(예제2-3) [그림2-6]과 같은 트랜지스터 특성 회로에서 V_{BB} = 10V R_B = 10kΩ, R_B = 100Ω, V_{CC} = 20V인 트랜지스터 특성회로에서 I_B, I_C, I_E, V_{BE}, V_{CE}, V_{CB}를 각각 구하라. 단, 트랜지스터의 전류이득 β = 100 이다.

〈풀이〉 베이스와 에미터 접합은 순방향 바이어스 되어 있으므로 $V_{BE} \cong 0.7\text{V}$ 이다.

$$I_B = \frac{V_{BB}}{R_B} - \frac{10\text{V} - 0.7\text{V}}{10\text{k}\Omega} = 930\mu\text{A}$$

$$I_C = \beta\ I_B = (100)(930\mu\text{A}) = 93\text{mA}$$

$$I_E = I_B + I_C = 930\mu\text{A} + 93\text{mA} = 93.93\text{mA}$$

$$V_{CE} = V_{CC} - I_C R_C = 20\text{V}-(93\text{mA})(100\Omega) = 10.7\text{V}$$

$$V_{CB} = V_{CE} - V_{BE} = 10.7\text{V} - 0.7\text{V} = 10\text{V}$$

(예제2-4) I_B = 50mA이고 I_C = 3.65mA인 트랜지스터의 β, α I_E를 구하시오.

〈풀이〉

$$\beta = \frac{I_C}{I_B} = \frac{3.65\text{mA}}{50\text{mA}} = 73$$

$$I_E = I_B + I_C = 50\mu\text{A} + 3.65\text{mA} = 3.70\text{mA}$$

$$\alpha = \frac{I_C}{I_E} = \frac{3.65}{3.7\text{mA}} = 0.986$$

① 컬렉터 전류(I_C)

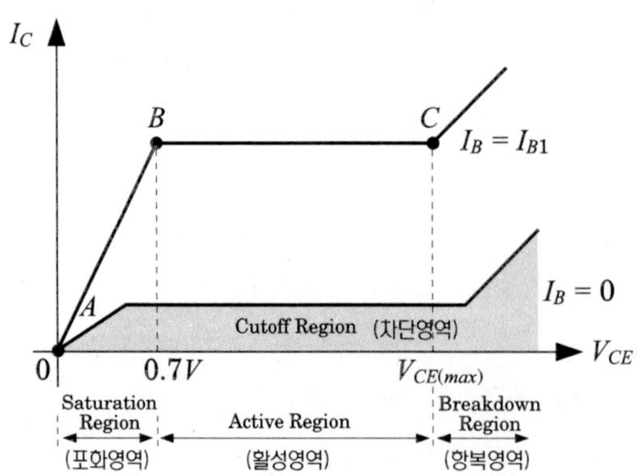

[그림2.7] 컬렉터 특성곡선과 트랜지스터의 동작영역

트랜지스터의 활성영역에서 $I_C = a \cdot I_E + I_{CO}(I_E=I_B+I_C)$

$I_C = a \cdot I_B + a \cdot I_C + I_{CO}$에서 $I_C(1-a) = a \cdot I_B + I_{CO}$

$$\therefore I_C = a \cdot I_E + I_{CC} = \beta \cdot I_B + (1+\beta) \cdot I_{CO} \tag{2.8}$$

1-2. 바이어스회로

(1) 트랜지스터 증폭기의 동작

소신호원을 바이어스 회로에 입력 단에, 부하를 출력 단에 직접 연결하는 경우 증폭기의 동작점이 변동된다. 트랜지스터의 동작 점(operating point, Q)은 활성 영역에 있음으로써 증폭기로서 역할을 하기 때문에 활성 영역에서 동작하도록 Bise를 가한다. 안정한 동작 특성을 갖는 증폭기를 얻으려면 동작 점에서 I_C가 일정하도록 설계하여야 한다.

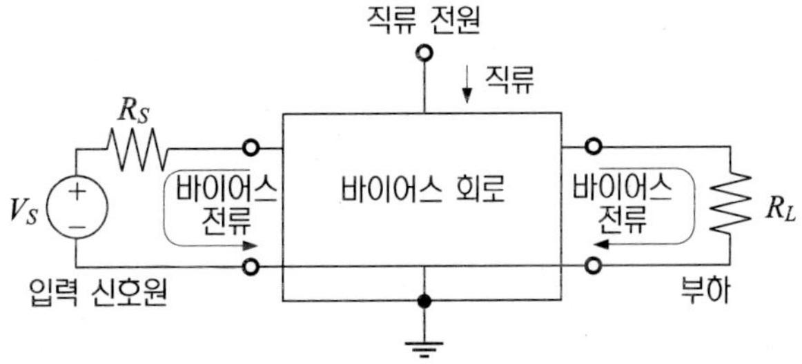

[그림2.8] 입출력 직접 연결에 의한 동작점

(2) 트랜지스터 바이어스(bias)회로의 종류

1) 고정 바이어스 회로 (fixed bise, 베이스 전류 바이어스 회로)

베이스 직류 전압 V_{BB} 대신 R_B 저항으로 출력 직류 전압 V_{CC}를 강압시켜 바이어스 전압 V_{BE}를 얻어, I_B전류를 공급하여 바이어스 하는 회로이다.

출력 V_{CC} 단자 전압은 $V_{CC} = I_BR_B + V_{BE}$ 식이 성립한다. 이 회로는 베이스 저항 RB와 전원전압 V_{CC}에 의해 바이어스 전류가 고정되어 버리기 때문에 고정 바이어스라 한다.

① 입력 회로 방정식(KVL 이용)

$I_B = \frac{V_{CC} - V_{BE}}{R_B} \fallingdotseq \frac{V_{CC}}{R_B}$ 에서 $V_{BE} = 0.7[V]$로 무시한다. (2.9)

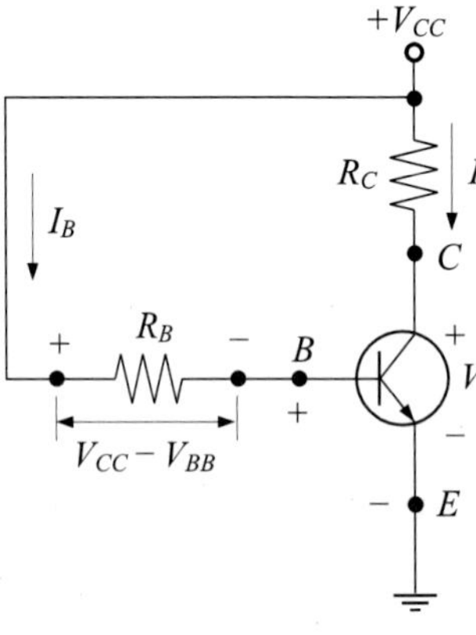

[그림2.9] 고정 바이어스회로

② 출력회로방정식(KVL이용)

$V_{CC} = I_C R_L + V_{CE}$

$V_{CE} = V_{CC} - I_C R_L = V_{CC} - \text{hfe}\ R_L I_B$

콜렉터 전류 $I_C = \beta I_B + (1+\beta) I_{CO} \fallingdotseq \beta I_B$ (2.10)

③ 고정 바이어스회로의 안정계수 $I_C = \beta I_B + (\beta + 1) I_{CO}$ 식에서 β 를 일정하다고 보고 I_C에 대하여 미분하면

$$I_c = \beta \frac{dI_B}{dI_C} + (\beta + 1) \frac{dI_{CO}}{dI_C} = \beta \frac{dI_B}{dI_C} + (\beta + 1) \frac{1}{S}$$

이 식을 정리하면,

$$S(I_{CO}) = \frac{\beta + 1}{1 - \beta \frac{dI_B}{dI_C}} = \beta + 1 \quad (2.11)$$

$S = \frac{\Delta I_C}{\Delta I_{CO}}$ 로 S가 작을수록 안정도가 좋다.(β는 정류증폭률)

④ 동작점에서의 베이스전류

$$\begin{cases} Ge : 0.3[V] \\ Si : 0.7[V] \end{cases}$$

(예제2-5) [그림2.9] 회로에서 R_C = 2.4kΩ, R_B = 684kΩ, V_{CC} = 12V, β = 225 일 때 V_C를 구하여라.

〈풀이〉 $$I_B = \frac{V_{CC} - V_{BE}}{R_B} = \frac{+12V - 0.6V}{684k\Omega} = 16.67\mu A$$

$I_C = I_B \times \beta = 16.67\mu A \times 225 = 3.75mA$

컬렉터 저항전압 강하 $V_{RC} = R_C \times I_C$ = 2.3kΩ × 3.75mA = 9V

$V_C = V_{CC} - V_{RC}$ = 12V - 9V = 3V

2) 전류 궤환 바이어스(current-feedback bise, 에미터 바이어스)

회로의 전원 전압 V_{CC}를 분압하여 나눈 전압과 에미터 접속한 R_E저항의 전압강하에 의하여 바이어스 전압 V_{BE}를 얻는 바이어스 방식을 말한다. 회로에서, 베이스단에 접속된 2개의 저항 R_1과 R_2는 블리더(bleeder)저항이라 하여 트랜지스터의 베이스 전류에 비해 훨씬 큰 전류가 흐르며, 따라서 베이스 전류가 변동해서 이 저항들에 의해 분압된 전압은 거의 그대로 안정저항이라 한다.

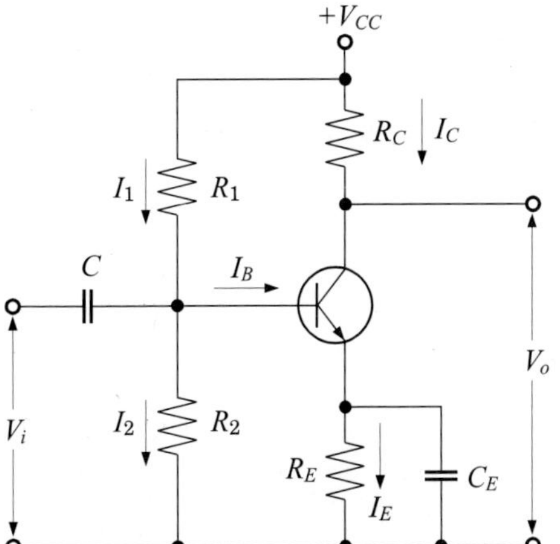

[그림2.10] 전류 궤환 바이어스 회로

① 고정 bias 회로에 RE에 의한 전류 부궤한 회로를 조합시켜 온도 변화에 의해 I_C의 변화가 억제 된다.

② 테브낭의 정리를 적용하면 $V_b = \dfrac{R_2}{R_1 - R_2} V_{CC}$ 단, $R_b = R_1 // R_2$ (2.12)

③ 입력회로에서 KVL적용

$V_b - I_B R_b - V_{BE} - (I_B + I_C) R_E = 0$

$V_b = I_B R_b + V_{BE} + (I_B + I_C) R_E$

$I_E = (\beta + 1) I_B$ 를 대입

$$\therefore \quad I_B = \frac{V_b - V_{BE}}{R_b - (\beta + 1) R_E} \quad (2.13)$$

④ 출력회로 방정식에서

$V_{CC} = I_C R_C + V_{CE} + (I_B + I_C) R_E$

$$\therefore \quad V_{CE} = V_{CC} - (R_E + R_C) I_C \quad (2.14)$$

⑤ 전류궤환 bias 회로의 안정도

$$S = \frac{\Delta I_C}{\Delta I_{CO}} = \frac{1 + \beta}{R_b - 1 + \beta\ R_E\ /\ (R_b + R_E)} \approx 1 + \frac{R_b}{R_E} \quad (2.15)$$

3) 전압 궤환 바이어스(voltage-feedback bise), 컬렉터-베이스 바이어스

고정바이어스를 개선한 회로로 자기바이어스(self bise)라고 한다.

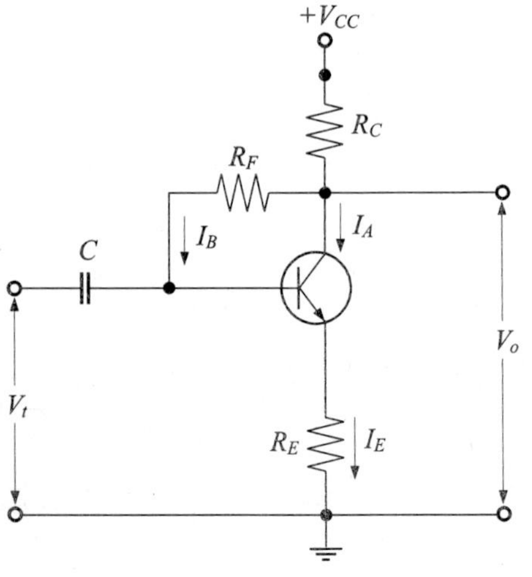

[그림2.11] 전압 궤환 바이어스 회로

① 입력회로 방정식(KVL적용)

$$V_{CC} - I_C R_C - I_B R_B - V_{BE} - I_E R_E = 0$$

$$V_{CC} - \beta I_B R_C - I_B R_B - V_{BE} - \beta I_B R_E = 0 \ (\therefore I_E \fallingdotseq I_C = \beta I_B)$$

$$V_{CC} - V_{BE} - \beta I_B (R_C + R_E) - I_B R_B = 0$$

$$\therefore \quad I_B = \frac{V_{CC} - V_{BE}}{R_B - \beta(R_C + R_E)} \tag{2.16}$$

② 출력 회로 방정식에서

$$I_C(R_C + R_E) + V_{CE} - V_{CC} = 0$$

$$\therefore V_{CE} = V_{CC} - I_C(R_C + R_E) \tag{2.17}$$

③ 전압 궤환 바이어스 회로의 안정도

$$S = \frac{\Delta I_C}{\Delta I_{CO}} = \frac{1+\beta(R_C + R_F + R_E)}{R_F + (1+\beta)R_C + (1+\beta)R_E} = \frac{1+\beta}{1+\beta R_C/(R_B + R_C)} \tag{2.18}$$

상쇄 시키기 위하여 전압되먹임이 되도록 한다.

(3) 증폭도

증폭도란 출력신호에 대한 입력신호의 비를 말하며 이득이라고도 한다. 증폭도의 단위는 데시벨(decibell dB)이 있으며 데시벨은 다단증폭기의 이득을 각각 의 이득의 합으로 나타낼 수 있는 장점이 있다.

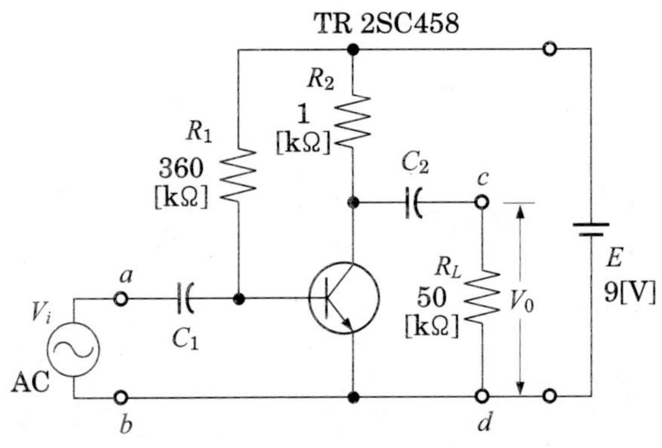

[그림2.12] 증폭도 회로

1) 전압 증폭도

입력 전압이 얼마나 크게 되었는가를 나타내는 값으로써 출력/입력

$$A_V = \frac{V_o}{V_i} = \frac{V_{CE}}{V_{BE}},\ V_o = R_L \cdot h_{FE} I_B,\ V_i = h_{FE} I_B$$

$$\therefore A_V = R_L \cdot \frac{h_{FE}}{h_{ie}} \tag{2.19}$$

2) 전류 증폭도

$$\therefore A_I = \frac{I_C}{I_B} = h_{FE} \tag{2.20}$$

3) 전력증폭도

$$\therefore A_P = \frac{P_{OT}}{P} = \frac{V_E I_C}{V_{BC} I_B} = A_V \cdot A_I \tag{2.21}$$

4) 증폭도의 데시벨[dB] 표시

① 전력이득 $G_p = 10 \log_{10} \frac{P_2}{P_1} [dB]$

② 전압이득 $G_V = 20 \log_{10} \frac{V_2}{V_1} [dB]$

③ 전류이득 $G_I = 20 \log_{10} \frac{I_2}{I_1} [dB]$

④ 다단증폭기의 종합이득 $G = G_1 + G_2 + G_3 + \cdots\cdots + G_n$ (2.22)

5) 잡음지수

증폭기나 수신기의 특성이 좋고 나쁨을 측정하는 척도

$$NF = \frac{\text{입력에서의 신호 전압과 잡음 전압의 비}}{\text{출력에서의 신호 전압과 잡음 전압의 비}} = \frac{S_i/N_i}{S_0/N_0} = \frac{S_i \times N_0}{S_0 \times N_i} \tag{2.23}$$

증폭기내에서 잡음발생이 없다면 $NF = 1$이 된다.

6) 진폭 일그러짐 (nonlinear distortion)

진폭 일그러짐의 정도를 표시한다.

$$K=\frac{\sqrt{V_2^2+V_3^2+\dots}}{V_1}\times 100[\%] \quad (2.24)$$

여기서, V_1은 기본파의 실효값 V_2, V_3은 제2, 제3 고조파의 실효값이다.

7) 열잡음 전압의 실효값 (실효 잡음전압) e는

$$e=\sqrt{4KTBR}\,[V] \quad (2.25)$$

여기서 K : 볼츠만 상수 = $1.38\times10^{-23}[J/°K]$, T : 절대온도, B : 주파수 대역폭, R : 저항

1-3. 트랜지스터의 등가회로

등가회로(eguivalent ciruit)라는 것은 어떤 부품이나 회로를 전기적 성분인 저항성(resistance:R), 용량성분(capacitance:C)와 유도성분(reactance:L)로 나타내는 것을 말한다.

트랜지스터의 등가회로에서는 h-파라미터 모델에 대하여 설명한다.

(1) 하이브리드(h) 등가회로

입력측이 단자 2개를 1과 1′, 출력측의 단자 2개를 2와 2′로 정하고 [그림 2.13]과 같이 나타낼 수 있다.

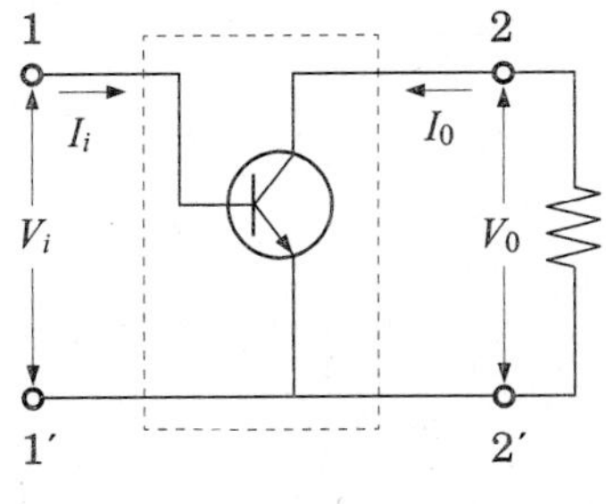

[그림2.13] 능동 4단자회로망을 이용한 h형 등가회로

1) 능동 4단자망의 입출력 관계는 h파라미터를 이용하면 다음과 같다.

$$v_i = h_i i_i + h_r v_O$$

$$i_O = h_f i_i + h_O v_O \qquad (2.26)$$

첨자는 입력(input)을 뜻하고, O 은 출력 (output)을, r 는 역방향(reverse)을 뜻하고, f 는 순방향(forward)을 뜻한다. h-파라미터는 동작중인 트랜지스터의 교류 측정값으로 부터 유도되면 hi, hr, hf, ho 등의 4가지 기본 파라미터들로 구성된다.

그리고 4개 파라미터 각각은 에미터공통(e), 베이스공통(b), 컬렉터공통(c)를 표시하기 위해 두번째 첨자를 가진다.

2) 각 h파라메터의 의미는 다음과 같다.

① $h_i = \left.\frac{v_i}{i_i}\right|$ $(v_o=0)$: 출력 단자를 단락했을 때의 입력 임피이던스 [Ω]

② $h_r = \left.\frac{v_i}{v_0}\right|$ $(i_i=0)$: 입력 단자를 개방했을 때의 전압 되먹임률 [단위없음]

③ $h_f = \left.\frac{i_0}{i_i}\right|$ $(v_0=0)$: 출력 단자를 단락했을 때의 전류 증폭률 [단위없음]

④ $h_0 = \left.\frac{i_0}{v_0}\right|$ $(i_i=0)$: 입력 단자를 개방했을 때의 출력 어드미턴스 [℧] (2.27)

3) 에미터 접지의 경우에는 다음과 같이 나타낸다.

$$v_i = h_{ie} i_i + h_{re} v_O$$

$$i_O = h_{fe} i_i + h_{oe} v_O$$

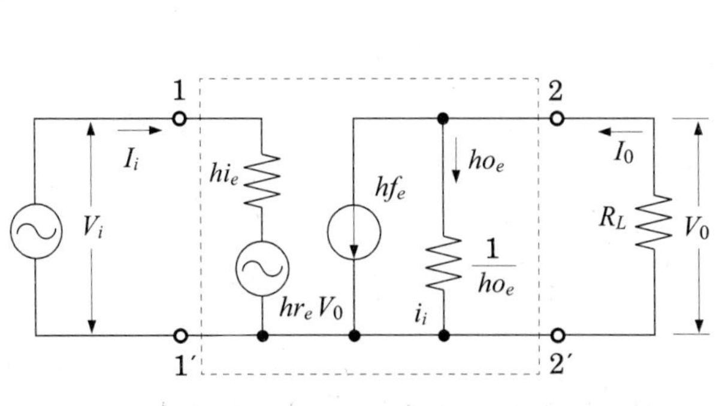

[그림2.14] 에미터 접지 h형 등가회로

① h_{ie} 파라미터(입력임피던스)

에미터 공통증폭기에서 출력단을 단락 시킨 다음 입력 전압(V_i)와 입력전류(I_i)의 비

$$h_{ie} = \left.\frac{V_i}{V_i}\right|_{V_O = 0}$$

입력 임피던스　　출력단 단락 상태 표시　　(2.28)

② h_{re} 파라미터(전압궤환비)

에미터 공통증폭기에서 입력단을 개방시킨 다음, 입력으로 피드백 되는 출력전압의 비를 의미한다.

$$h_{re} = \left.\frac{V_i}{V_O}\right|_{I_i = 0}$$

전압 궤환비　　입력단 개방 상태 표시　　(2.29)

③ h_{fe} 파라미터(순반향 전류 이득)

에미터 공통증폭기에서 훌력단을 단락시킨 다음, 출력전류(I_O)와 입력전류(I_i)의 비를 정의한다.

$$h_{fe} = \left.\frac{I_O}{I_i}\right|_{V_O = 0}$$

순방향 전류이득　　출력단 단락 상태 표시　　(2.30)

④ h_{oe} 파라미터(출력 어드미턴스)

에미터 공통 증폭기에서 입력단을 개방시킨 다음 출력전극(I_O)와 출력전압(V_O)의 비를 정의한다.

$$h_{oe} = \left.\frac{I_O}{V_O}\right|_{I_i = 0}$$

출력 어드미턴스 표시　　입력단 개방 상태 표시　　(2.31)

1-4. 접지방식에 따른 증폭회로의 종류와 특성

(1) 증폭회로의 종류와 특성

[표2.3] 증폭회로의 종류와 특성

구분	베이스 접지(CB)	이미터 접지(CE)	컬렉터 접지(CC)
회로	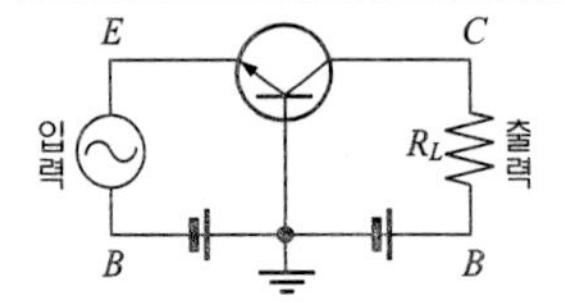	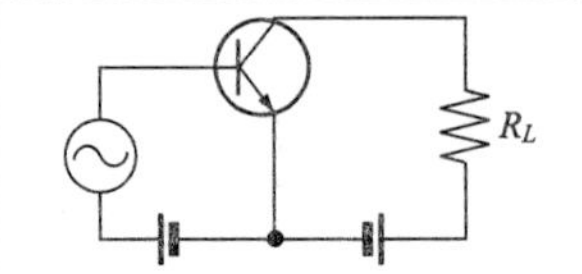	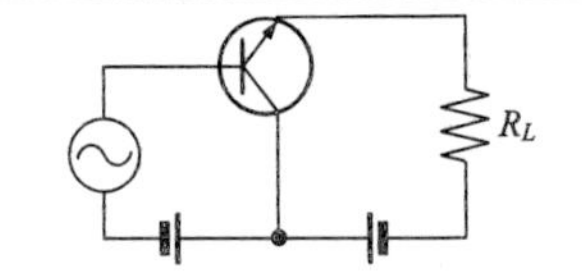
정전류원 등가회로	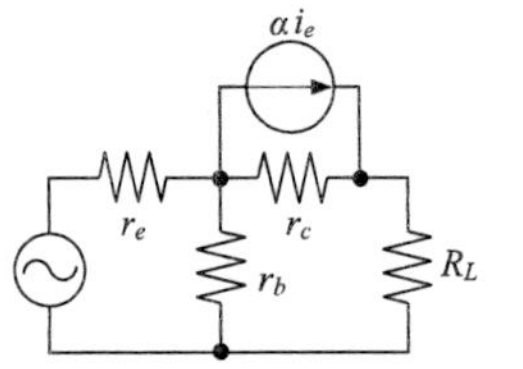	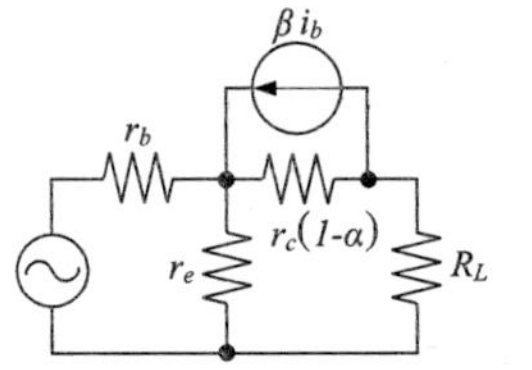	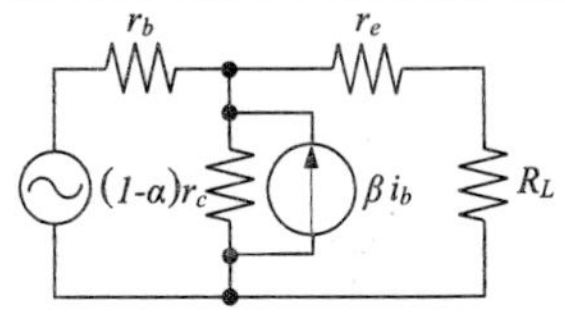
정전압원 등가회로	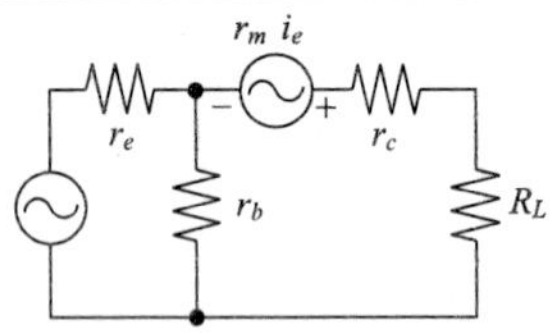	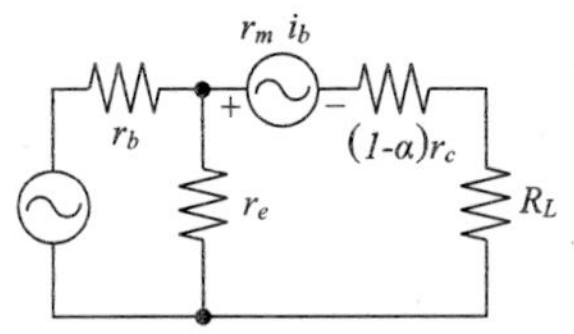	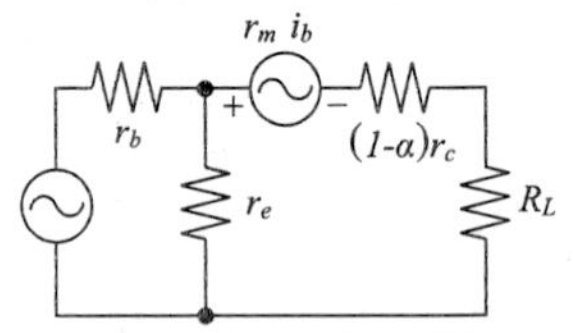
h파라미터 등가 회로	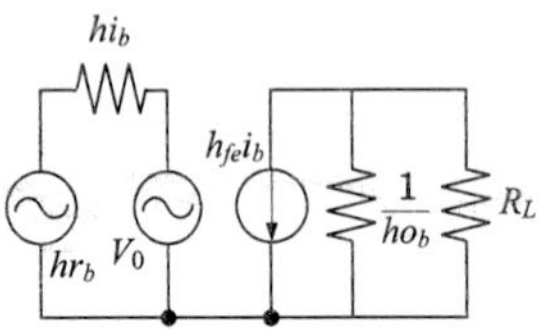	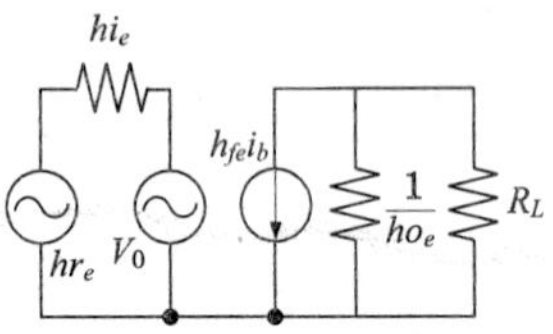	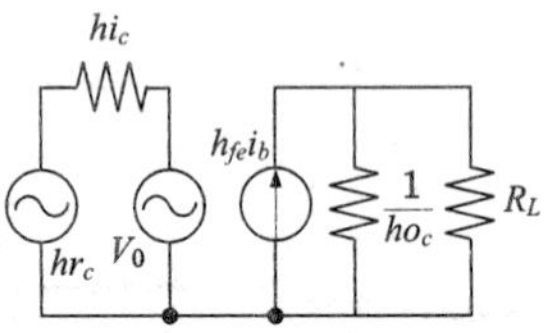
입력 저항	작다(수[Ω]~수십[Ω])	중간(수백[Ω]~수십[kΩ])	크다(수십[kΩ] 이상)
출력 저항	크다(수십[kΩ] 이상)	중간(수[kΩ]~수십[kΩ])	작다(수[Ω]~수십[Ω])
입 · 출력 위상	동상	위상 반전	위상
전압 증폭도	높다	높다	낮다(〈1)
전류 증폭도	≒ 1	높다	높다
전력 증폭도	낮다	높다	낮다
용 도	전압 증폭용	전압 증폭용	임피던스 변환용

(2) 에미터접지 증폭회로(Common Enitter : CE)

CE 증폭회로만이 전압이득과 전류이득의 절대값이 모두 1보다 큰 값이다. 그러므로 3가지 회로 중 가장 많이 사용되는 회로이다. 인력저항과 출력저항은 CB와 CC회로의 중간정도의 크기를 갖는다. 전압 이득은 크고 위상이 180° 이므로 출력전압은 반전된다.

① 입력저항

*TR*의 이미터와 베이스에서 바라본 저항

$$R_i = \frac{V_i}{I_i} = \frac{I_b h_{ie}}{I_b} = h_{ie} \qquad (2.32)$$

② 전류이득

입력전류에 대한 출력전류의 비

$$A_i = \frac{V_i}{I_i} = \frac{-h_{fe} I_b}{I_b} = -h_{fe} \qquad (2.33)$$

③ 전압이득

입력전류에 대한 출력전류의 비

$$A_V = \frac{V_O}{V_i} = \frac{-h_{fe} I_b \cdot R_L}{I_b h_{ie}} = -\frac{h_{fe} R_L}{h_{ie}}$$

$$\therefore\ A_V = \frac{A_i R_L}{R_i} \qquad (2.34)$$

④ 출력저항

신호전압 $V_S = 0$ 일 때 출력전력에 대한 출력전압의 비

$$R_O = \frac{V_O}{I_O} \qquad (2.35)$$

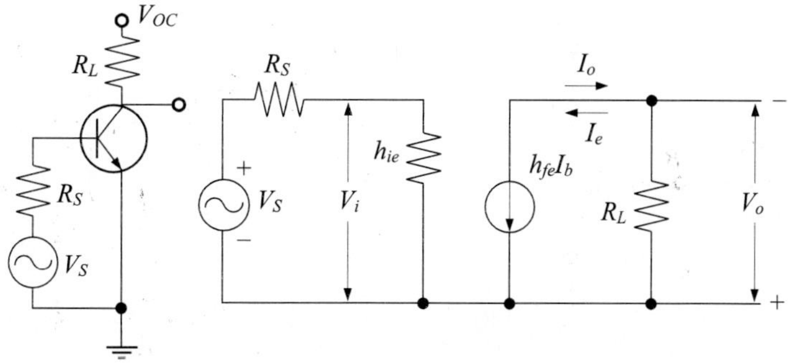

[그림2.15] CE 증폭회로

(3) 콜렉터 접지 증폭회로(Common Collector : CC)

전압이득이 1에 가깝고 입력과 출력전압이 거의 비슷한 크기의 파형을 가진다. 즉 에미터의 출력전압은 베이스의 입력 전압을 따른다. 그러므로 이 회로를 에미터 플라워(emitter follower)라고도 한다.

전류이득(A_i), 입력임피던스(R_i), 전압이득(A_v), 출력어드미턴스(Y_o)는 다음과 같다.

① 전류이득 $(A_V) = \dfrac{I_O}{I_i} = \dfrac{I_e}{I_b} = \dfrac{(1+h_{fe})I_b}{I_b} = (1+h_{fe}) \fallingdotseq h_{fe}$

② 입력저항 $(R_i) = \dfrac{V_i}{I_i} = \dfrac{h_{fe}I_b + (1+h_{fe})I_bR_L}{I_b} = h_{fe} + (1+h_{fe})R_L$

③ 전압이득 $(A_v) = \dfrac{V_o}{V_i} = \dfrac{R_L(1+h_{fe})I_b}{h_{fe}I_b + (1+h_{fe})I_bR_L} = \dfrac{(1+h_{fe})R_L}{h_{fe} + (1+h_{fe})R_L} \fallingdotseq 1$

④ 전압이득 $(A_v) = \left.\dfrac{V_o}{V_i}\right|_{V_S=0,\ R_L=\infty} = \dfrac{-(R_S+h_{ie})I_b}{(1+h_{fe})I_b} = \dfrac{R_S+h_{ie}}{1+h_{fe}}$ (2.36)

1) 특징

① 전압이득이 1보다 적어 ($A_V \approx 1$) 다단증폭기의 중간단에 사용하는 일이 없다.

② 입력임피던스는 대단히 높고 출력임피던스는 대단히 낮아 임피던스 변성용(버퍼 단,정합용)으로 많이 사용한다.

③ 전류이득이 대단히 크므로 전력증폭용으로 많이 사용된다.

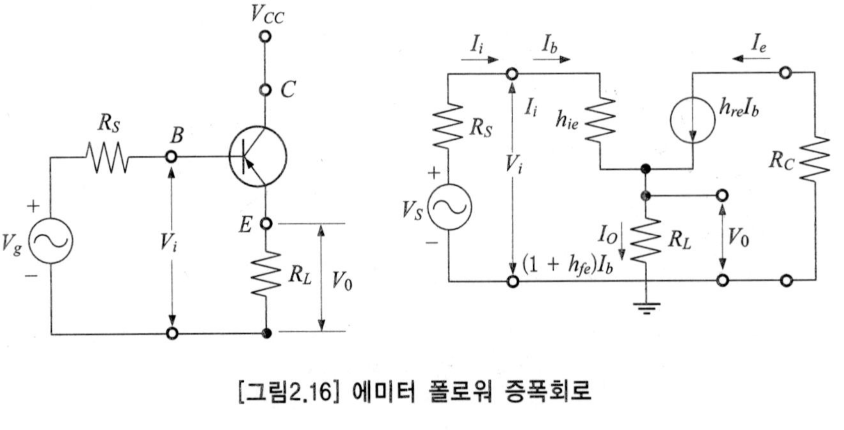

[그림2.16] 에미터 폴로워 증폭회로

1-5. FET증폭회로

접합 전계효과 트랜지스터(junction effect transisror; JFET)은 n채널이라 불리는 n형 반도체의 양 쪽으로 2개의 p형 반도체를 확산시켜 게이트(gate; G), 소스(source;S), 드레인(drain;D)이라 불리는 3개 단자로 구성되어 있으며, 이를 n 채널 JFET라 한다. 또한 P채널 이라고 불리는 p형 반도체의 양쪽으로 2개의n형 반도체를 확산시켜 게이트, 소스, 드레인등의 3개 단자로 구성된 것을 p 채널 JFET라 한다.

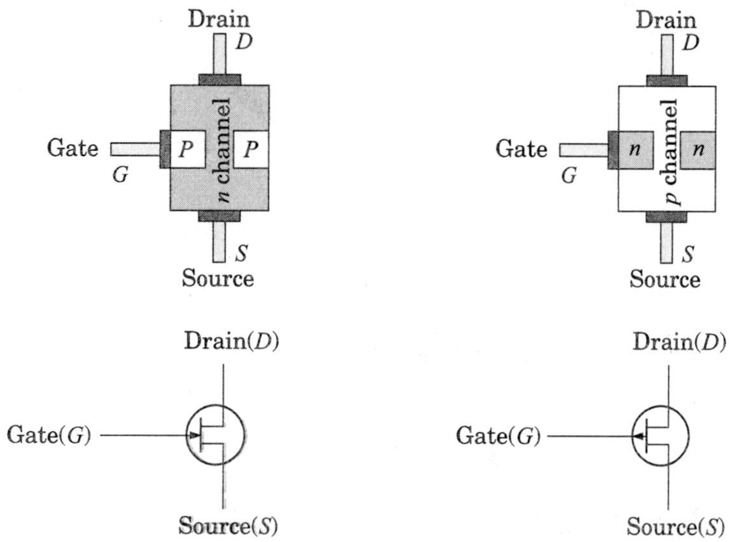

(a) n채널 FET　　　　(b) p채널 FET

[그림2.17] JFET 심볼 및 구조

(1) FET 증폭회로

1) FET의 3정수

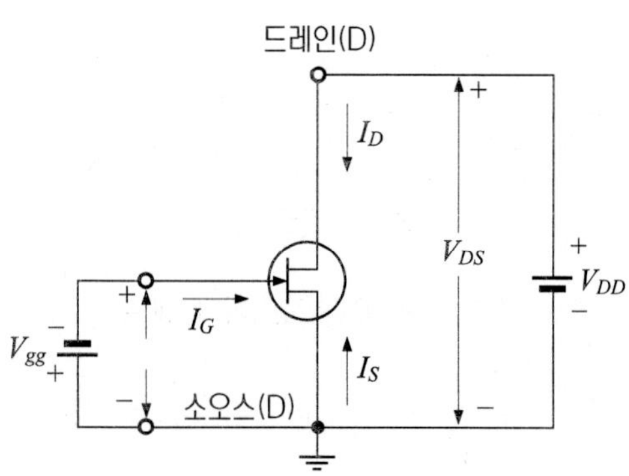

[그림2.18] JFET의 기본회로

① 전달 콘덕턴스 : $g_m = \left.\frac{\partial I_D}{\partial V_{GS}}\right|_{V_{DS}=\text{일정}}$

② 드레인 저항 : $r_d = \left.\frac{\partial V_{DS}}{\partial I_D}\right|_{V_{GS}=\text{일정}}$

③ 증폭 상수 : $\mu = \left.\frac{\partial V_{DS}}{\partial V_{GS}}\right|_{I_D=\text{일정}}$ (2.37)

따라서 $\mu = g_m \cdot r_d$

2. 되먹임(궤환) 증폭회로

2-1. 궤환 증폭기의 개요

되먹임(feedback)의 개념은 증폭 회로에서 출력의 일부를 적절한 방법으로 입력 측으로 되돌리는 것으로 양 되먹임(positive feedback, PFB)회로와 음 되먹임(negative feedback, NFB) 회로가 있다.

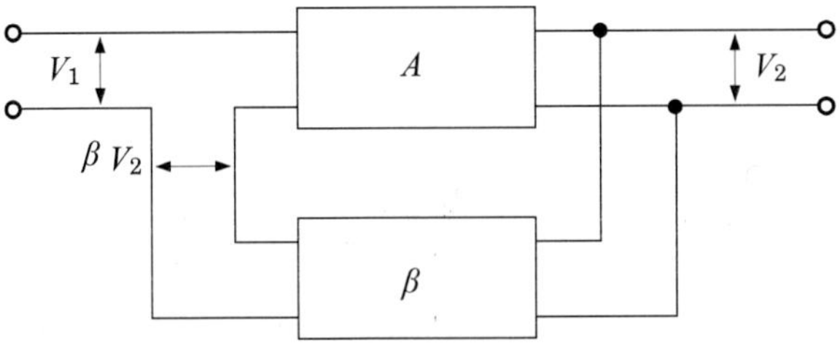

되먹임 증폭회로

[그림2.19] 궤환 증폭기의 개요

1) 궤환회로의 증폭도 $A_f = \frac{V_2}{V_1} = \frac{A}{1 - A\beta}$ 여기서 A : 되먹임이 없을 때의 전압 증폭도 β : 되먹임 계수

2) 음 되먹임(부궤환)과 정 되먹임(정궤환)

① | $1-A\beta$ | 〉 1 일 때 $|A_f|$ 〈 $|A|$로 부궤환이고 이득이 감소한다.

② | $1-A\beta$ | 〈 1 일 때 $|A_f|$ 〉 $|A|$로 정궤환이고 이득이 증대된다.

③ | $1-A\beta$ | = 0 일 때 $|A_f|$ = ∞ 로 발진이라고 하며, 외부 신호 없이 출력이 유한한 값을 갖는다.

3) 정궤환(Positive feedback) 증폭기

입력 전압이 실질적으로 증가하도록 궤환되거나, 궤환 된 전압의 위상이 입력 전압의 위상과 동위사이며, 궤환 신호 β 가 (+)값을 갖는 회로이다.

① 증폭도

$$A_f = \frac{X_o}{X_S} = \frac{A}{1-A(+\beta)} = \frac{A}{1-A\beta} \tag{2.38}$$

4) 음의 되먹임 (부궤환) 증폭기의 특징

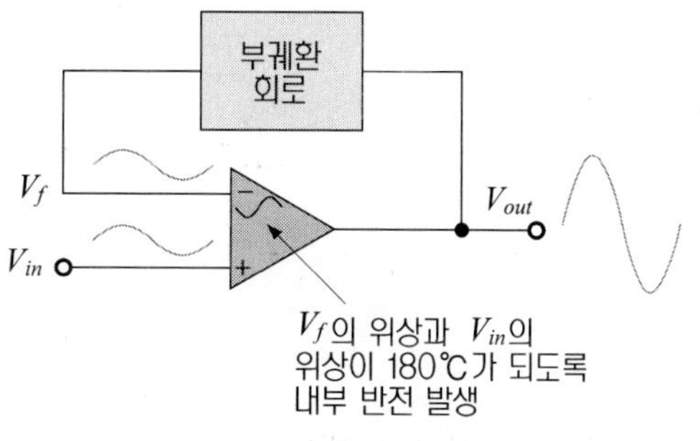

[그림2.20] 부궤환 증폭회로

① 음 되먹임 증폭회로의 증폭도

$$A_f = \frac{X_o}{X_S} = \frac{A}{1-A(-\beta)} = \frac{A}{1+A\beta} \tag{2.39}$$

② 주파수 특성이 개선된다.

$$A = \frac{A}{1+\beta A_0} = \frac{1}{\frac{1}{A_0}+\beta}$$

의 관계에서 A가 A_o보다 작게 되는 비율은 A_o이 클수록 크다. 증폭도 A는 A_o보다 작게 되지만, 저주파나 고주파의 영역에서는 A_o보다 크게 작아지지 않아 주파수 대역폭이 넓어져 주파수 특성이 개선된다.(대역폭이 | $1-A\beta$ |배 만큼 넓어진다.)

③ 이득이 $\left|\frac{1}{1-A\beta}\right|$배 만큼 감소한다.

④ 출력의 비직선 일그러짐이$\left|\frac{1}{1-A\beta}\right|$배 만큼 감소한다.

⑤ 증폭이의 이득이 안정해진다.
⑥ 잡음이 감소한다.
⑦ 입출력 임피던스가 변화한다.

2-2. 궤환 증폭기의 종류

(1) 직렬전압 되먹임 회로

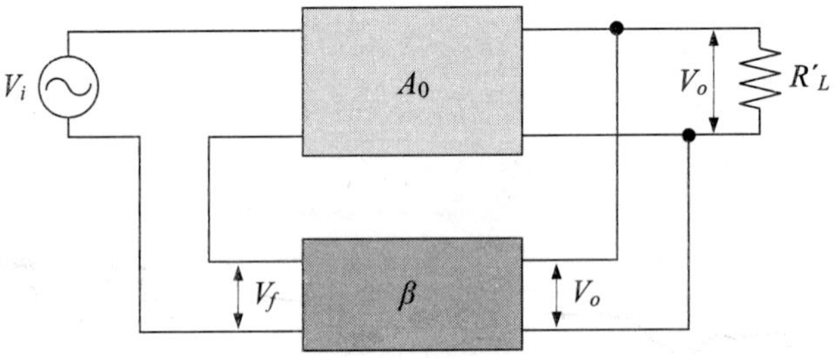

[그림2.21] 직렬전압 되먹임 회로

출력전압 V_o이 바로 궤환 전압 $V_f = (-V_o)$로 궤환 되므로 전압 궤환이며, 궤환회로와 출력 부하 회로가 직렬이므로, 직렬궤환이다.

① 궤환비 $$\beta = \frac{V_f}{V_o} = \frac{-V_o}{V_o} = -1 \tag{2.40}$$

(2) 병렬 전압 궤환 회로

트랜지스터의 컬렉터에서 출력전압 V_o가 출력되므로, 궤환 전류 I_f가 V_o에 비례하므로, 전압 궤환 회로이고 궤환 회로가 출력회로와 병렬이므로 병렬 궤환 회로이다.

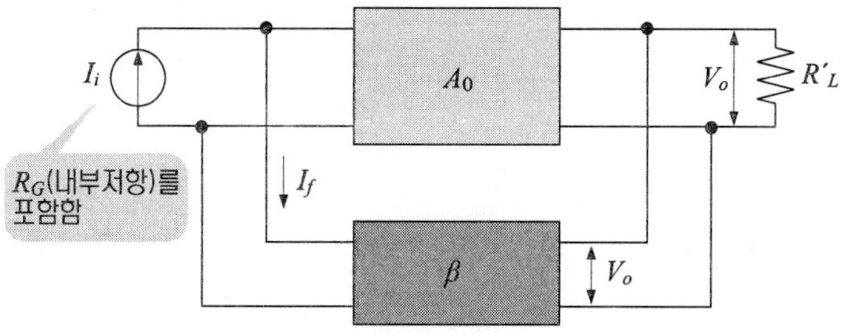

[그림2.22] 병렬 전압 되먹임 회로

$$\beta = \frac{I_f}{V_o} = \frac{V_o - V_f}{R_f} \doteqdot \frac{V_o}{R_f} \ (V_o \gg V_i \text{ 일경우})$$

① 궤환비 $$\beta = \frac{I_f}{V_o} = \frac{-\frac{V_o}{R_f}}{V_o} = -\frac{1}{R_f} \qquad (2.41)$$

(3) 직렬 전류 궤환 회로

출력전압 V_o가 궤환 전압 V_f에 의하야 출력 전류 I_o가 비례하여 흘러 $VI = -I_o \cdot R_e$ 가 되므로 전류 부궤환 회로이다. 궤환 회로와 출력 부하 회로가 직렬이므로 ,직렬접속 궤환 회로가 된다.

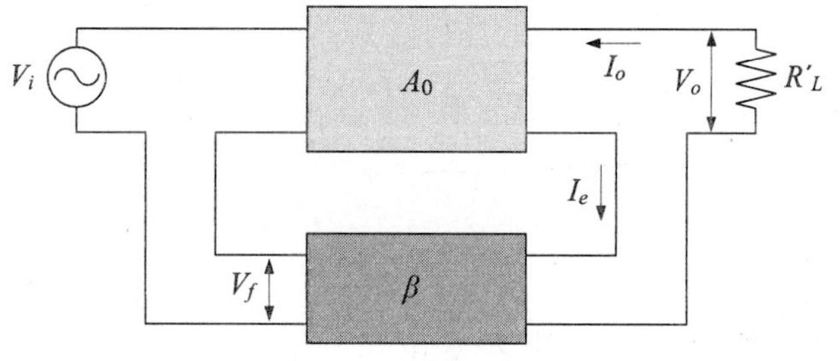

[그림2.23] 직렬전류 궤환 회로

① 궤환비 $$\beta = \frac{V_f}{I_o} = \frac{-I_o \cdot R_E}{I_o} = -R_E \qquad (2.42)$$

(4) 병렬 전류 궤환 회로

궤환 전류 I_f 가 궤환 저항 R_f 를 지나 출력 회로 쪽으로 흘러, 출력 전류 I_0에 비례하므로 전류궤환이고, 궤환 회로가 출력 부하 회로와 병렬이므로 병렬 궤환 회로이다.

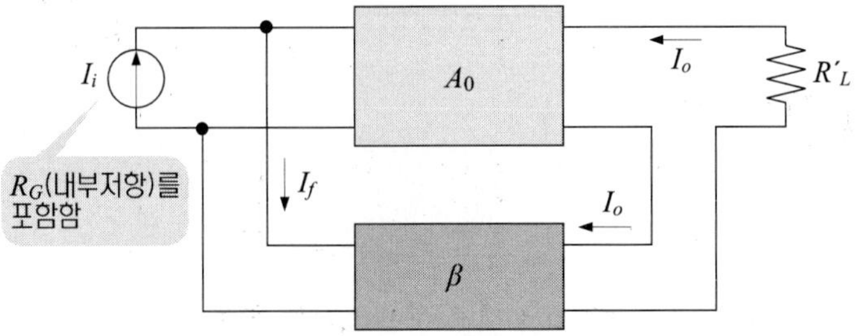

[그림2.24] 병렬전류 궤환 회로

① 되먹임계수 β 는 $\beta = \dfrac{I_f}{I_0}$

$$I_f = \frac{V_{e2} - V_{i1}}{R_f} \fallingdotseq \approx -\frac{V_{e2}}{R_f} \; (R_f \gg R_e, V_{e2} \gg V_{i1})$$

$$\beta = \frac{I_f}{I_o} = \frac{\dfrac{-R_e \cdot I_e}{R_f}}{I_o} = -\frac{R_e}{R_f} \tag{2.43}$$

3. 연산증폭회로

3-1. 연산증폭회로(operational amplifier)의 특성

연산증폭기는 직류로부터 특정한 주파수 범위 사이에서 되먹임 증폭기를 이용하여 일정한 연산을 할 수 있도록 한 직류증폭기이다. 연산 증폭기기는 부 궤환의 방법에 따라서 덧셈이나 적분 등의 연산기능을 갖게 할 수 있다.

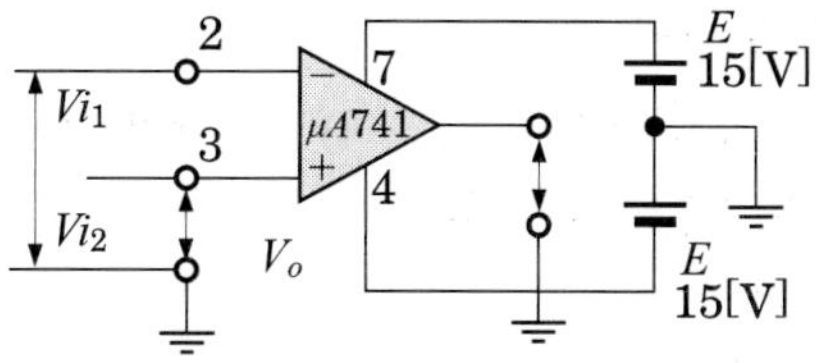

[그림2.25] 연산증폭기의 구성

(1) 연산증폭기의 정확도를 높이기 위한 조건

① 큰 증폭도와 높은 안정도가 필요하다.

② 많은 양의 음 되먹임을 안정하게 걸 수 있어야 한다.

③ 좋은 차단 특성을 가져야 한다.

④ 연산증폭기는 직렬차동 증폭기를 사용하여 구성한다.5

⑤ 되먹임에 대한 안정도를 높이기 위하여 특정주파수에서 주파수 보상회로를 사용한다.

(2) 이상적인 연산증폭기의 특성

① 입력저항이 무한대이다. ($R_i = \infty$)

② 출력저항은 0 이다. ($R_0 = 0$)

③ 전압이득이 무한대이다. ($A_V = \infty$)

④ 대역폭이 무한대이다. ($B_W = \infty$)

⑤ 오프세트 (offset) 가 0 이다.

3-2. 기본적인 연산증폭기회로

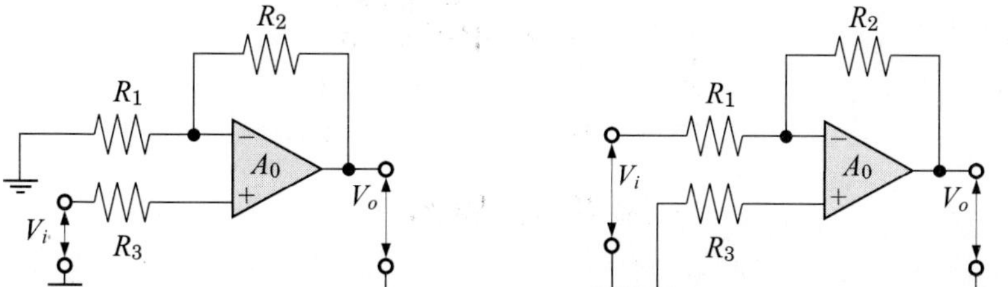

[그림2.26] 기본 연산 증폭기회로

(1) 동상 증폭 회로(비반전 연산증폭기)

① 입력 전압 V_i는 동상 입력 단자에 가함.

② 출력 V_O가 저항 R_2를 통해 역상 입력 단자에 접속되어, 음되먹임 증폭 회로를 구성됨.

③ 입력과 동상의 출력 전압이 얻어지는 증폭회로.

④ 증폭도 $A = V_O / V_i = 1 + R_2 / R_1$

(2) 역상 증폭 회로(반전 연산증폭기)

① 입력 전압 V_i는 역상 입력 단자에 가함.

② 출력 V_O가 R_2를 통하여 역상 입력 단자에 접속되므로 음되먹임 증폭 회로가 구성됨.

③ 입력과 역상의 출력 전압이 얻어지는 증폭회로.

④ 증폭도 $A = V_O / V_i = -R_2 / R_1$

(3) 연산 증폭 회로의 응용

1) 부호 변환기

$Z = Z_f$ 이면 $A = -1$이 되므로 입력의 부호만 바뀌므로 부호 변환기가 된다.

$$V_0 = -\frac{Z_f}{Z_i} V_i = -\frac{\frac{1}{j\omega c}}{R} V_i = -\frac{1}{j\omega CR} V_i \quad , \quad V_0 = -\frac{1}{RC}\int V_i \, dt \tag{2.44}$$

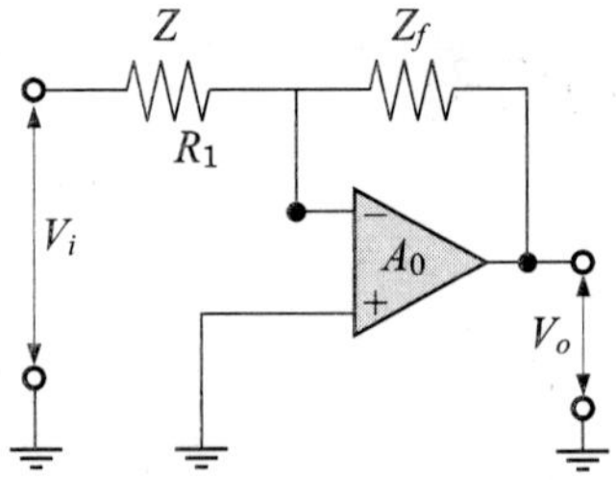

[그림2.27] 부호변환기

2) 배수기

반전 연산 증폭기에서 $Z_f / Z = K$ 즉, 정의 실수라 하면 $A = -K$ 가 되므로 배수기가 된다.

3) 가산기

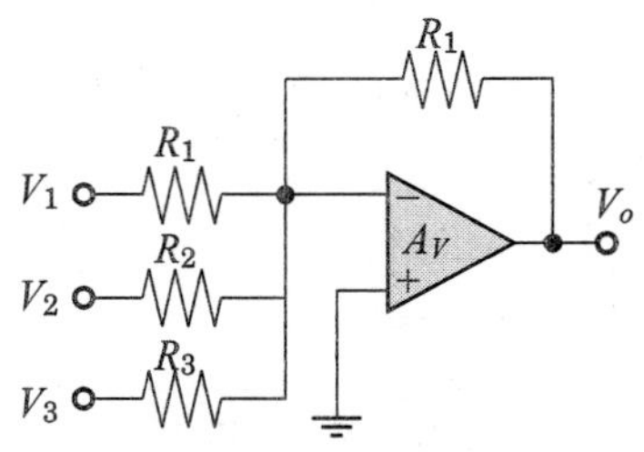

[그림2.28] 가산기

$$V_0 = -\left(\frac{R_f}{R_1}V_1 + \frac{R_f}{R_2}V_2 + \frac{R_f}{R_3}V_3\right)$$ 만일 $R_1 = R_2 = R_3 = R_f$ 이면 $V_0 = -(V_1 + V_2 + V_3)$

(2.45)

4) 미분기

$$V_0 = \frac{Z_f}{Z_i}V_i = \frac{R}{\frac{1}{j\omega c}}V_i = -j\omega CRV_i \qquad V_0 = -RC\frac{dV_i}{dt}$$

(2.46)

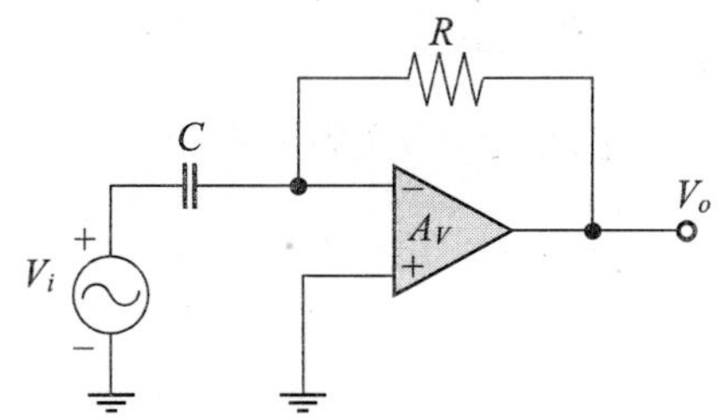

[그림2.29] 미분기

5) 적분기

$$V_0 = -\frac{Z_f}{Z_i}V_i = -\frac{\frac{1}{j\omega c}}{R}V_i = -\frac{1}{j\omega CR}V_i \quad , \quad V_0 = -\frac{1}{RC}\int V_i\, dt$$

(2.47)

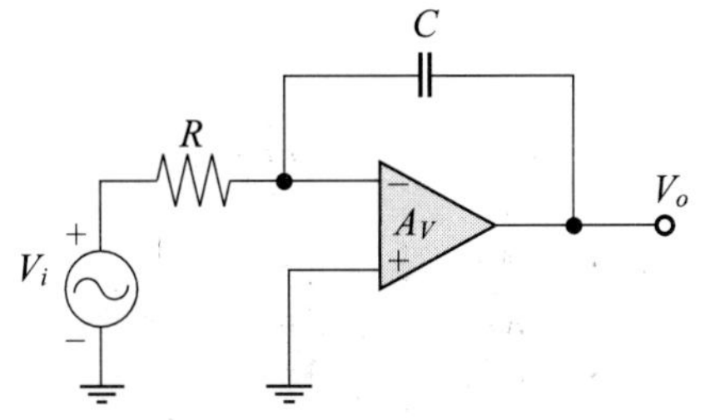

[그림2.30] 적분기

6) DC 전압 플로워

전압플로워는 전압이득이 1이다. 출력전압이 입력전압을 그대로 따라서 변한다. 이 회로는 입력 임피던스가 높고 출력 임피던스가 낮아서, 구동 회로의 부하 효과를 막는 완충 증폭 회로(buffer)로 적합하다.

$$(V_i - V_0)A_V = V_0,\quad V_0 = \frac{A_V}{1 + A_V}V_i$$

$$A_V = \infty \text{ 이므로 } V_0 = V_i \qquad A_{Vf} = \frac{V_O}{V_i} = 1 \tag{2.48}$$

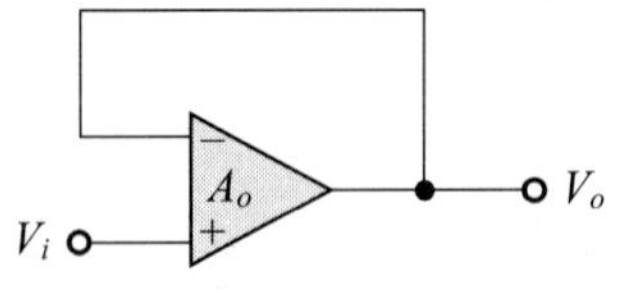

[그림2.31] DC 전압 플로워

7) 반전 연산증폭기

$$V_O = -\frac{R_f}{R_i}V_i \tag{2.49}$$

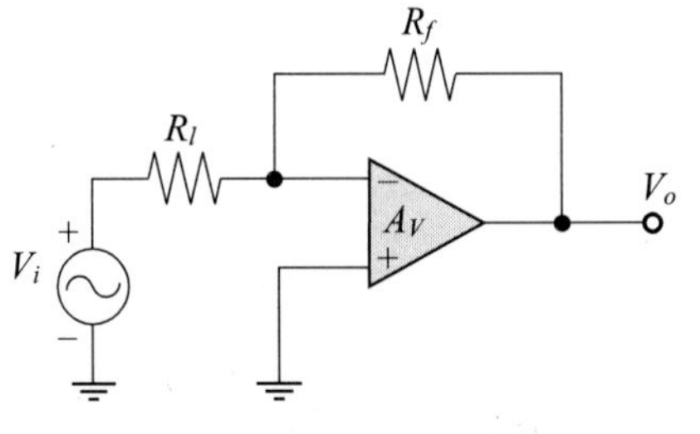

[그림2.32] 반전 연산 증폭기

8) 비반전 연산증폭기

$$V_0 = \left(1 + \frac{R_f}{R_i}\right) V_i \qquad (2.50)$$

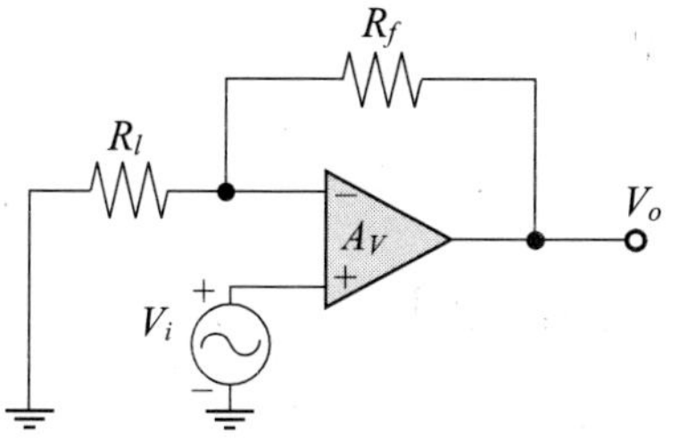

[그림2.33] 비반전 연산 증폭기

3-3. 차동증폭회로의 개요

2개의 입력단자에 가해진 2개의 신호차를 증폭하여 출력으로 하는 회로

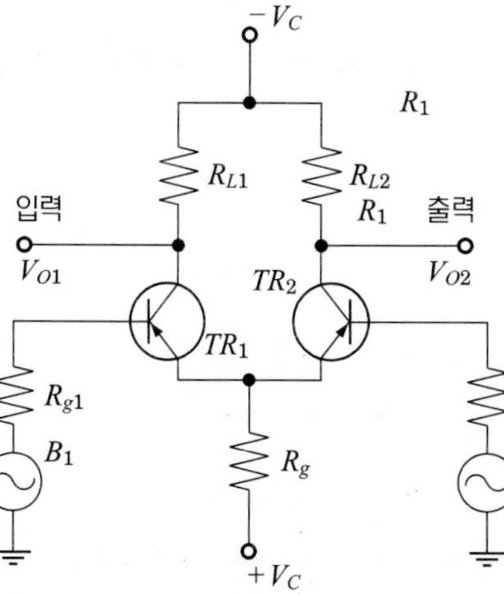

[그림2.34] 차동 증폭기

(1) 동작 원리

① 2개의 트랜지스터 TR_1과 TR_2의 베이스에 2개의 입력신호를 가하여 그 두 신호의 차로 나타나는 출력을 트랜지스터 TR_1과 TR_2의 컬렉터로부터 나오도록 한다.

② 동위상 신호제거비 (CMRR ; common mode rejection)

$$CMRR = \frac{\text{차동이득}}{\text{동위상이득}} = A_d/A_c$$

$$CMRR = 20\log 10(A_d/A_c)[\text{dB}] \tag{2.51}$$

③ 이상적인 연산증폭기의 $CMRR = \infty$ 이어야 한다.

④ $CMRR$이 클수록 우수한 차동특성을 나타낸다.

4. 전력증폭회로(power amplifier)

부하를 동작시키는데 필요한 전력을 공급하기 위한 증폭 회로이다. 전력증폭기는 부하에 큰 전력을 공급하고 효율이 좋고 일그러짐이 최소가 되도록 부하의 임피던스를 결정해야 한다.

전력증폭방식의 형태를 분류하는 기준으로는 베이스에 흐르는 전류를 어느 정도로 하느냐에 따라 결정되는데 , 이는 부하선의 동작점(Q, Quiescent)의 위치에 따라서 결정된다.

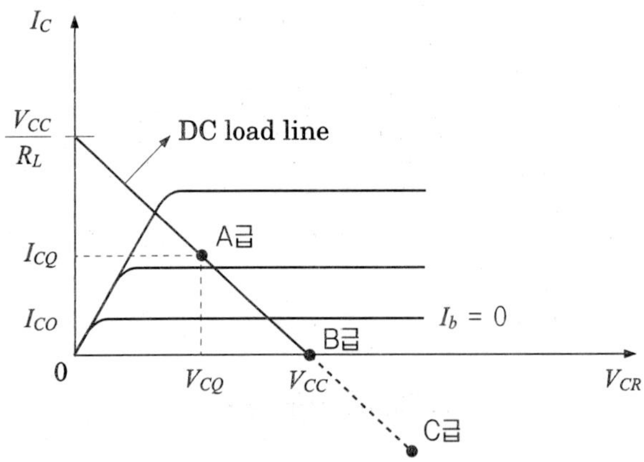

[그림2.35] 트랜지스터의 동작점 위치

4-1. A급 싱글 전력 증폭 회로

A급 전력증폭기는 직렬 부하인 경우와 병렬부하인 경우로 나눌 수 있으며 직렬 부하 증폭기는 입력 신호가 없는 경우에도 직류전류가 컬렉터에 흘러 전력손실이 커서 효율이 낮으므로 ,전력증폭기로 적합하지 않다. 또한 효율을 보다 개선을 할 목적으로 병렬부하 증폭기를 사용한다.

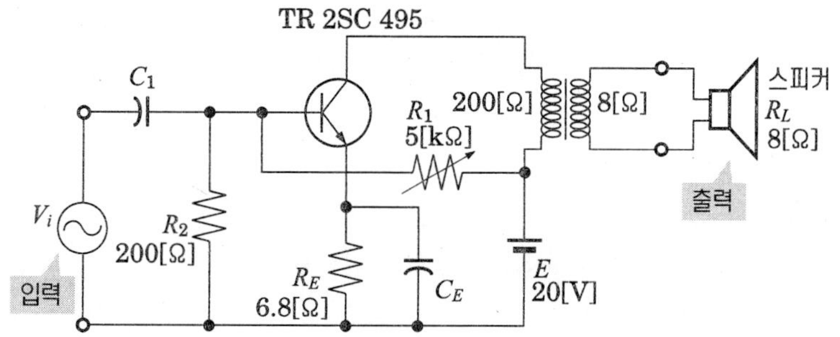

[그림2.36] A급 전력증폭회로

1) 직류 회로와 교류 회로로 나누어 회로 동작을 생각해야 한다.

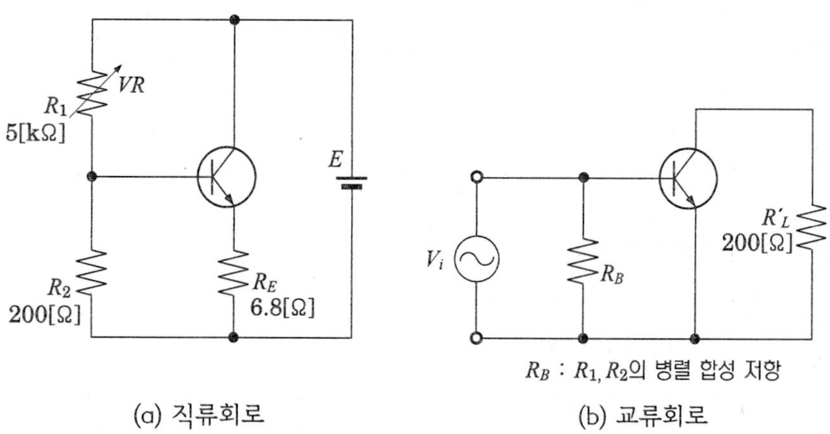

[그림2.37] 직류회로와 교류회로

2) 직렬부하의 경우

[그림2.36]에서 $I_{CQ} = I_Q = \frac{V_{CC}}{2R_L}$, $V_{CQ} = V_Q = \frac{V_{CC}}{2}$, 기울기 = $\frac{1}{R_L}$ 가 된다. (2.52)

① 교류출력 Pac

Pac = 전압의 실효값 × 전류의 실효값

$$Pac = \frac{1}{\sqrt{2}} I_m \times \frac{1}{\sqrt{2}} V_m = \frac{1}{2} I_m V_m = \frac{I_m^2 R_L}{2} \tag{2.53}$$

② 부하에 전달되는 신호전력

$$P_O = \frac{V_{CC}(2I_{CQ})}{8} = \frac{V_{CC}(I_{CQ})}{4} \quad (I_{CQ}: \text{동작점 } Q\text{의 컬렉터 전류}) \tag{2.54}$$

여기서 $I_{CQ} = I_Q = \frac{V_{CC}}{2R_L}$ 대입 하면 $P_O = \frac{V_{CC}}{4} \cdot \frac{V_{CC}}{2R_L} = \frac{V_{CC}^2}{8R_L}$

$$P_{dc} = V_{CC} \cdot I_{CQ} = \frac{V_{CC} I_C}{2} = \frac{V_{CC}^2}{2R_L}$$

③ 직류출력 Pdc는 $\left(I_C = \frac{V_{CC}}{R_L}, \ I_{CQ} = \frac{1}{2} I_C \right)$ (2.55)

④ 효율

$\eta = \frac{P_{ac}}{P_{dc}} \times 100[\%]$ 이므로 직렬 부하인 경우 $\eta = \dfrac{\frac{V_{CC}^2}{8R_L}}{\frac{V_{CC}^2}{2R_L}} \times 100[\%] = 25[\%]$ (2.56)

⑤ 트랜스 결합 A급 전력 증폭기(병렬)

효율 η 는 $\eta = \dfrac{\frac{V_{CC}}{2R_L}}{\frac{V_{CC}^2}{2R_L}} \times 100[\%] = 50[\%]$ (2.57)

∴ R_L의 교류저항 $R_{ac} = \left(\frac{n_1}{n_2}\right)^2 \cdot R_L$, 권선비 $n = \frac{n_1}{n_2}$

4-2. B 급 푸시풀 전력 증폭 회로

(1) B급 푸시풀 증폭 회로

출력 변성기를 사용하지 않은 푸시풀 증폭 회로 이다.

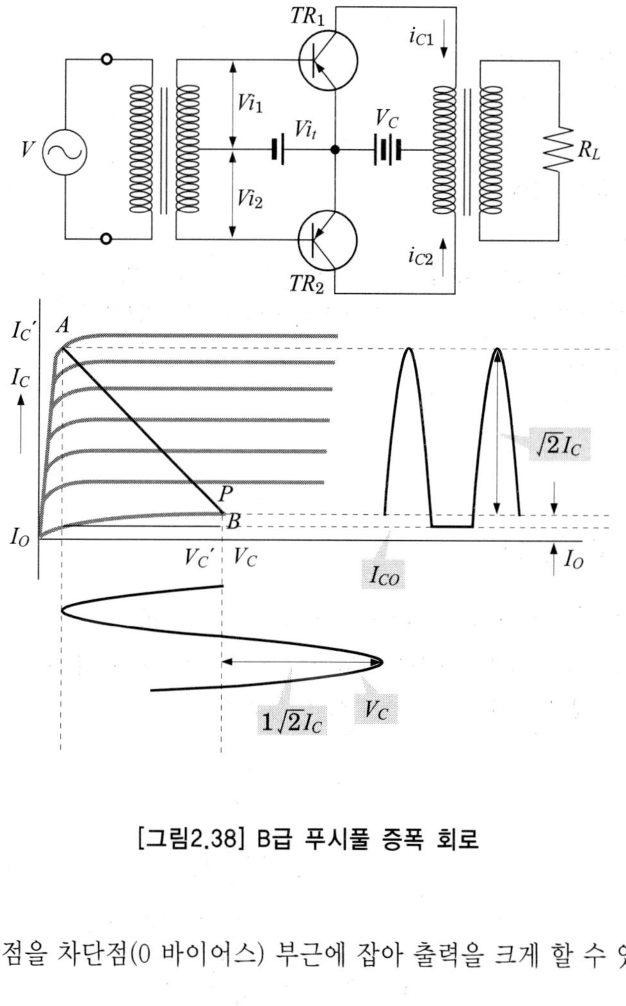

[그림2.38] B급 푸시풀 증폭 회로

1) B급증폭에서는 동작점을 차단점(0 바이어스) 부근에 잡아 출력을 크게 할 수 있고 효율이 비교적 높다. (78.5[%])

2) 동작점Q에서 낭비되는 전력을 없애고, 효율을 높이기 위해 동작점 Q를 차단점으로 선정한 뒤 두 개의 TR을 사용 입력파형의 (+)와 (−) 부분을 각각 분할 증폭하도록 만든 증폭기이다.

3) 입력 신호의 반주기 동안에 TR_1의 베이스에 (−)전압이 되면 TR_1의 베이스에 전류가 흘러 TR_1의 컬렉터에도 전류가 흐르므로 부하 R_L에 전류가 흐른다. 이 때 TR_2는 차단 상태가 된다. 입력 신호가

다음의 반주기가 되면 TR_1은 차단되고 TR_2가 도통이 되어 R_L에 반대 방향으로 전류가 흐른다. 입력 신호를 반주기씩 맡아 TR_1과 TR_2가 교대로 동작하지만 유도된 전압에 의해 R_L에는 입력 신호와 같은 파형으로 된다.

4) V_B와 V_C는 TR_1과 TR_2의 바이어스용 전원이다.

5) 특징

① 직류 바이어스 전류가 매우 작아도 된다.
② 입력이 없을 때에 컬렉터 손실이 작다.
③ 큰 출력을 낼 수 있다.
④ 짝수(우수)고조파 성분이 상쇄된다.
⑤ 출력 증폭단에 많이 쓰인다.
⑥ TR_1과 TR_2가 동일하지 않을 경우 출력 전압의 0V 부근에서 찌그러짐이 발생한다. 이것은 바이어스가 맞지 않을 때도 발생하며 크로스오버 일그러짐이라 한다. (TR의 차단 전압은 0.7V이다)
⑦ 험(hum)잡음이 소거된다.

4-3. C급 전력 증폭기

C급 대 신호 증폭기의 동작은 트랜지스터는 입력 교류신호의 짧은 기간도안만 도통되고 대부분의 시간동안에는 차단영역에 있게 되는 동작을 의미한다. C급 전력 증폭기는 큰 출력을 얻을 수 있으나, 출력파형에 심한 왜곡이 생기기 때문에 고주파 동조 증폭기에만 제한적으로 사용된다.

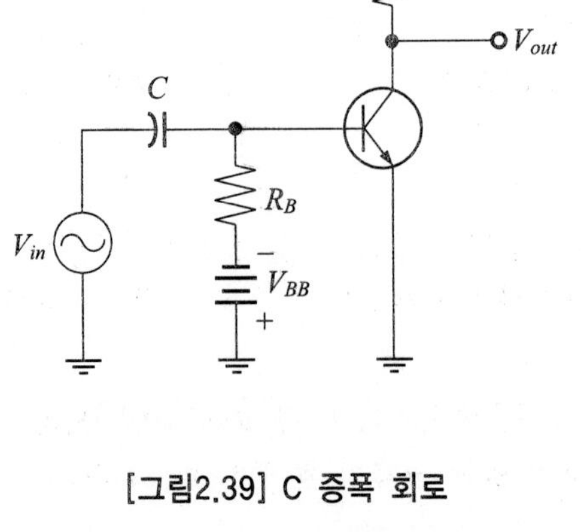

[그림2.39] C 증폭 회로

(실험2.1)

연산 증폭기(OPERATIONAL AMPLIFIER)의 특성

1. 목적

① 연산증폭기의 개요 및 특성 이해 할 수 있다.
② 연산증폭기의 입력 및 출력 임피던스 측정할 수 있다.
③ 연산증폭기의 오프셋(off-set) 전압 측정 및 조정할 수 있다.

2. 실험준비

1) 장비 및 공구

구분	공구명	규격
1	디지털 멀티미터(Digital Multimeter: DMM)	Digital
2	디지털오실로스코프	1대
3	Bread Board	1대
4	함수제네레이터(Function Generator)	1대
5	DC 전압공급기	1대
6	공구세트(롱노즈 플라이어 , 드라이버, 니퍼 등)	1세트

2) 재료

재료명	규격	수량	안전 및 유의 사항
IC	741(c)	1개	① Bread Board 기판에 조립하여 실험하며 안전에 주의한다. ② 공급전원은 정격전압의 공급되도록 한다. ③ 부품의 극성에 주의한다. ④ 계측 사용시 계기 파손되지 않도록 한다.
저항	100kΩ, 1/4W	1개	
저항	10kΩ, 1/41W	2개	
저항	20kΩ, 1/41W	1개	
전해콘덴서	1μF,50V	2개	

3. 관계 이론

(1) OP AMP(operational amplifier)(연산 증폭기)

Op Amp는 operational amplifier(연산 증폭기)의 약칭으로 덧셈, 미적분등의 수학적인 연산(operation)을 수행하기 위해 고안된 증폭기(amplifier)이다.

1) 역상 증폭 회로(반전 연산증폭기, Inverting Amplifier)

[그림2.40]은 Op-Amp의 반전증폭기이다. 이것은 입력신호를 R_i를 통해서 반전입력(−)에 가해진다. R_i을 입력요소라 하고, R_f를 궤환 요소라 한다.

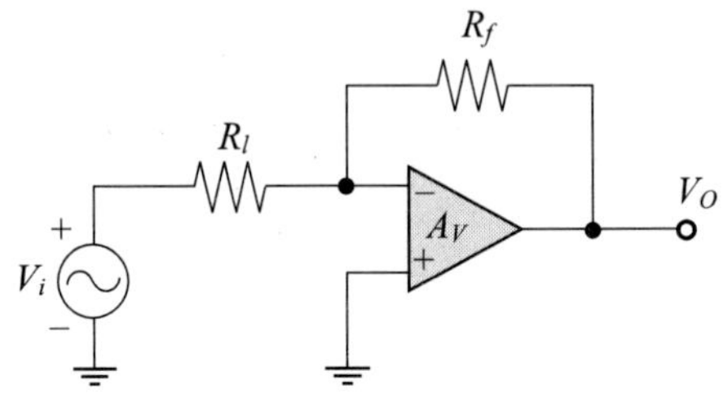

[그림2.40] 반전증폭기

① 입력 전압 V_i는 역상 입력 단자에 가한다.

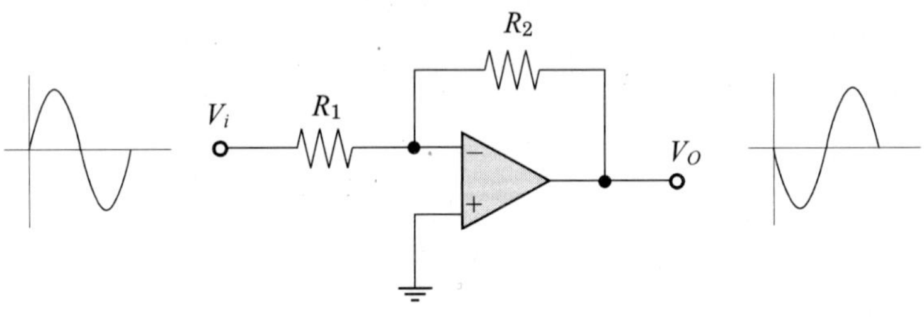

[그림2.41] 반전증폭기 파형

② 출력 V_o가 R_f를 통하여 역상 입력 단자에 접속되므로 음 되먹임 증폭 회로가 구성된다.

③ 입력과 역상의 출력 전압이 얻어지는 증폭회로이다. $V_0 = -[\frac{R_f}{R_i}]\, V_i$

④ 증폭도 = $A = \frac{V_o}{V_i} = -\frac{R_f}{R_1}$

$$V_O = -\frac{R_f}{R_i} V_i$$

2) 동상 증폭 회로(비반전 연산증폭기, Non inverting Amplifier)

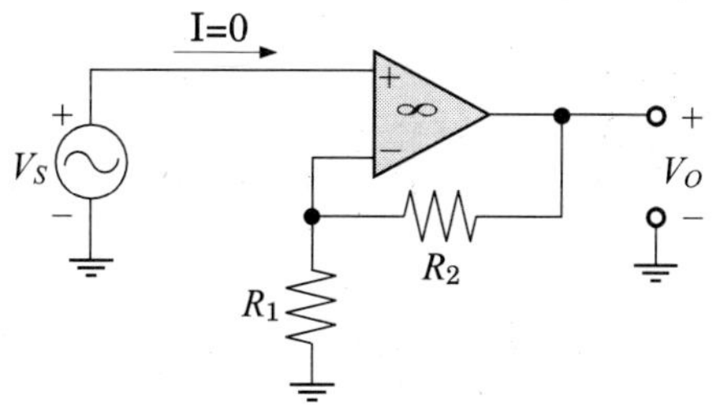

[그림2.42] 비반전증폭기

① 입력 전압 V_i 는 동상 입력 단자에 가한다.

② 출력 V_0가 저항 R_2를 통해 역상 입력 단자에 접속되어, 음 되먹임 증폭 회로를 구성된다.

③ 입력과 동상의 출력 전압이 얻어지는 증폭회로이다.

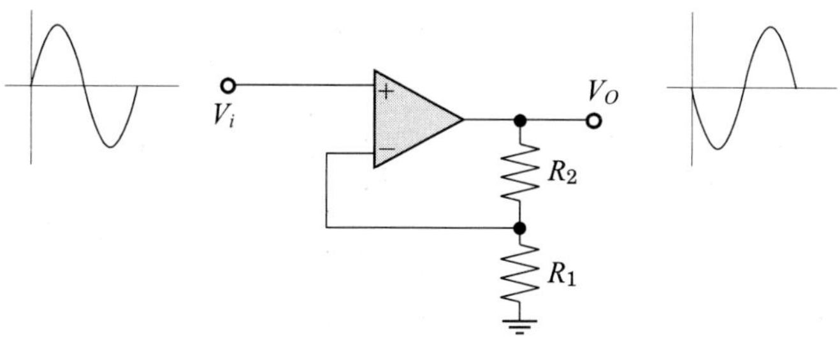

[그림2.43] 비반전 증폭기 파형

④ 증폭도 $A = \frac{V_o}{V_i} = 1 + \frac{R_2}{R_1}$

4. 실험

① [그림2.44] 반전 증폭기회로를 Bread Board에 구성한다.
출력전압 V_0과 입력 Offset 전압를 실험보고서에 기록하시오

$$(Gain = \frac{R_2}{R_1},\ V_i = \frac{V_o}{Gain})$$

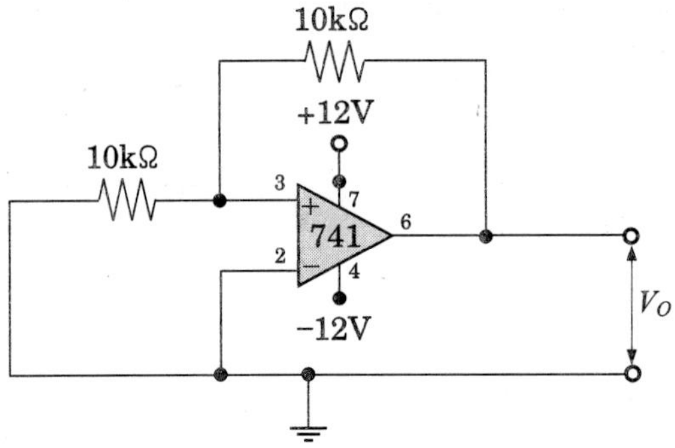

[그림2.44] 반전 증폭기회로

② [그림2.45]과 같이 비 반전 회로를 구성하고, 함수 제네레이터(Function Generator)로 $1kHz$, $1V_{pp}$를 입력시킨다. 이 때 출력파형의 주파수 전압을 실험보고서에 기입하고 파형을 그린다. 또 입력(V_i)를 변화시킬 때 출력이 변화하는가를 확인하시오

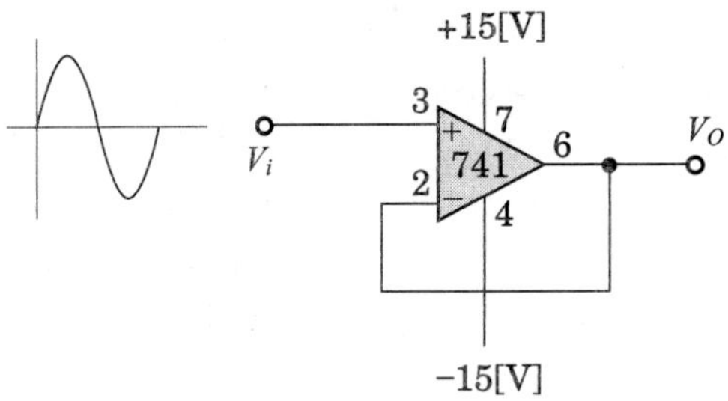

[그림2.45] 비 반전 증폭기회로

③ [그림2.46]를 구성하고 V_i에 주파수 $1kHz$, $1V_{pp}$을 가하고 출력 파형의 주파수 전압, 위상, 이득을 실험보고서에 작성하고 파형을 그린다.

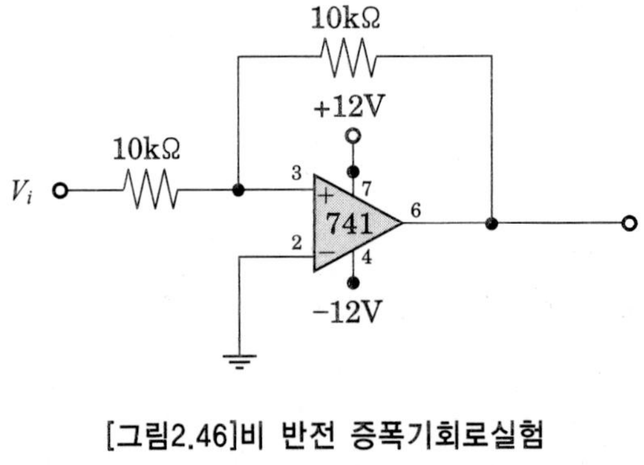

[그림2.46]비 반전 증폭기회로실험

5. 정리정돈

① 주변정리를 한다.
② 계측장비 및 공구를 반납한다.
③ 사용전원을 Off시키고 화재 및 안전에 주의한다.

6. 결과보고서 작성

① 예비보고서를 작성한다.
② 보고서를 작성한다.

〈〈실험보고서〉〉

실험1의결과

(가) 출력전압
(나) 입력 OFF set 전압

실험2의 결과

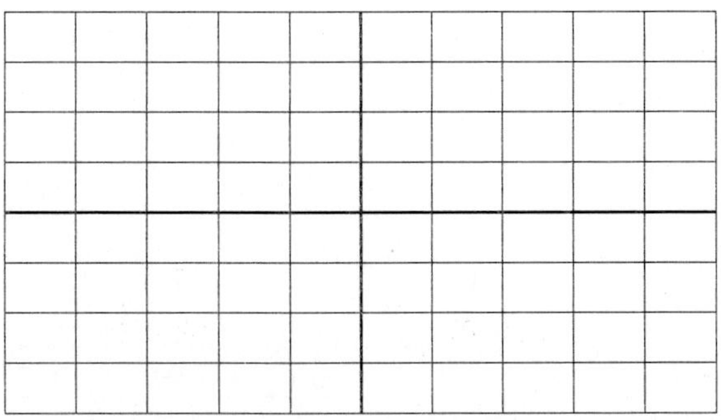

(가) 입력 주파수: $1kHz$ 출력주파수
(나) 입력전압 : $1V_{pp}$ 출력전압
(다) $V_i =$ $V_o =$

실험3의 결과

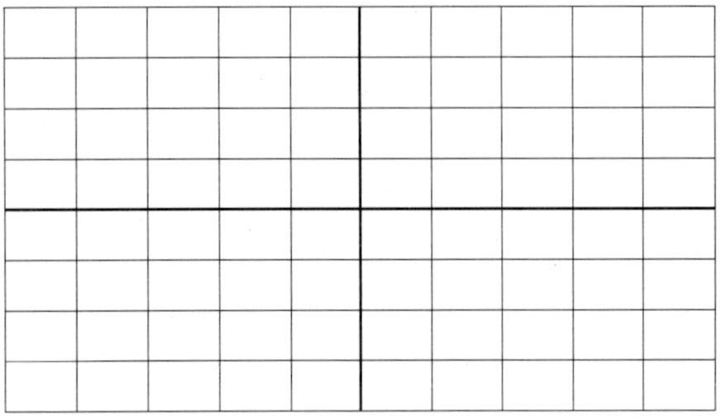

(가) 입력 주파수 : $1kHz$ 출력주파수
(나) 입력전압 : $1V_{pp}$ 출력전압
(다) Gain

(실험2.2)

차동 증폭기

1. 목적

① 차동 증폭기의 개요 및 특성 이해 할 수 있다.
② 차동 증폭기 증폭기의 입력 및 출력 임피던스 측정할 수 있다.
③ 두 입력 신호에 대한 차동증폭기의 출력파형을 알 수 있다.

2. 실험준비

1) 장비 및 공구

구분	공구명	규격
1	디지털 멀티미터(Digital Multimeter: DMM)	Digital
2	디지털오실로스코프	1대
3	Bread Board	1대
4	함수제네레이터(Function Generator)	1대
5	DC 전압공급기	1대
6	공구세트(롱노즈 플라이어 , 드라이버, 니퍼 등)	1세트

2) 재료

재료명	규격	수량	안전 및 유의 사항
IC	741(c)	1개	① Bread Board 기판에 조립하여 실험하며 안전에 주의한다. ② 공급전원은 정격전압의 공급되도록 한다. ③ 부품의 극성에 주의한다. ④ 계측 사용시 계기 파손되지 않도록 한다.
저항	1kΩ, 1/4W	2개	
저항	10kΩ, 1/41W	개	

3. 관계 이론

(1) 차동증폭기(differential amplifier)

OP-Amp의 반전 입력(-)단자와 비반전 입력(+)단자에 동시에 입력전압이 가해질 때, 차동증폭기로 구성된다.

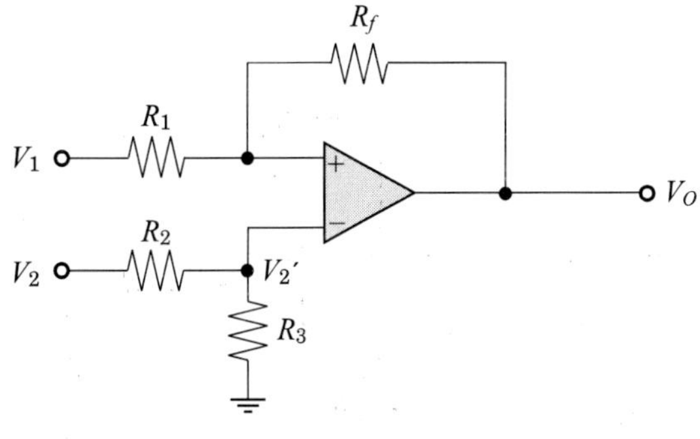

[그림2.47] 차동증폭기

(2) 트랜지스터에 의한 차동증폭기

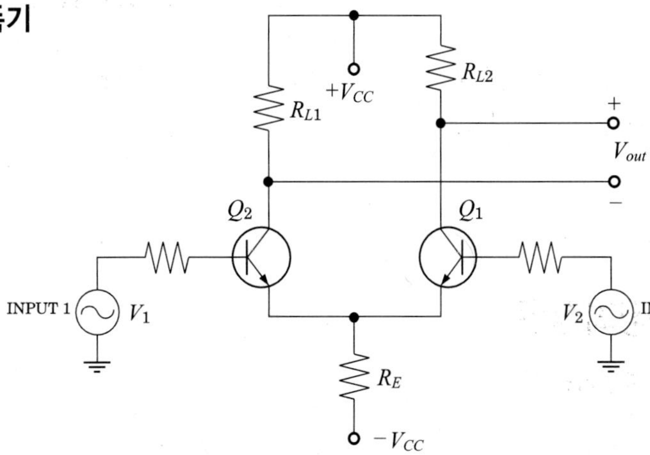

[그림2.48] 차동증폭기

① Q_1, Q_2 : 동일한 특성을 갖는 트랜지스터

② 입력 : V_1, V_2

③ 출력 : $V_{OUT}(=V_{OUT}^{+} - V_{OUT}^{-}) = A(V_1 - V_2)$

(A : 각 트랜지스터 Q_1, Q_2의 이득)

4. 실험

① 두 신호의 차이를 증폭하는 회로가 차동증폭기회로로서 [그림2.49]회로와 같이 차동증폭기를 구성한다.

$$V_o = (\frac{R_B}{R_A})(V_2 - V_1)$$ 로서 $R_A = R_B = 1k\Omega$ 이다.

$R_L = 10k\Omega$

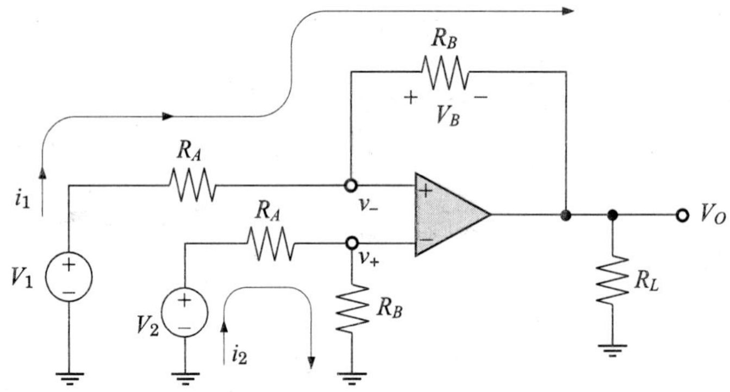

[그림2.49] 차동증폭기실험

② 함수발생기의 정현파입력 1kHz, $1V_{pp}$의 신호를 넣는다.

③ 출력 값을 측정한다.

5. 정리정돈

① 주변정리를 한다.

② 계측장비 및 공구를 반납한다.
③ 사용전원을 Off시키고 화재 및 안전에 주의한다.

6. 결과보고서 작성

① 예비보고서를 작성한다.
② 보고서를 작성한다.

(예상문제)

[문제1] 트랜지스터의 안정도 S를 옳게 나타낸 것은? (단, I_{CO} : 컬렉터 차단 전류, I_C : 켈렉터 전류, I_b : 베이스 전류)

㉮ $S=\frac{\Delta I_{CO}}{\Delta I_C}$ ㉯ $S=\frac{\Delta I_{CO}}{\Delta IB}$ ㉰ $S=\frac{\Delta IB}{\Delta I_{CO}}$ ㉱ $S=\frac{\Delta I_C}{\Delta I_{CO}}$

〈해설〉 안정도 S는 $S=\frac{\Delta I_C}{\Delta I_{CO}}$ 로 정의하고 S가 작을수록 안정도가 좋다.

[문제2] 고정 바이어스 회로의 안정도 의 값은?

㉮ $S=\frac{1+\beta}{1-\beta\frac{dI_B}{dI_C}}=1+\beta$

㉯ $S=1-\frac{1+\beta}{1\text{-}\beta\frac{dI_B}{dI_C}}=\frac{1+\beta}{1+\beta\cdot R_e/(R_e+R_b)}$

㉰ $S=\frac{1+\beta}{1-\beta\frac{dI_B}{dI_C}}=\frac{1+\beta}{1+\beta\frac{R_c}{R_C+Rb}}$

㉱ $S=1-\frac{1+\beta}{1-\beta\frac{dI_B}{dI_C}}=\frac{1+\beta}{1+\beta\cdot R_b/(R_e+R_b)}$

〈해설〉 ㉮ 고정바이어스 회로의 안정도 ㉯ 전류 궤환 바이어스의 안정도 ㉰ 전압 궤환 바이어스의 안정도

[문제3] 고정 바이어스회로에서 V_{BE} = 0.7[V], β = 50, R_C = 5[KΩ], V_{CC} = +10[V] 일 때 동작점 직류 출력 전압 V_{CO} = 6[V]로 하려면 R_B의 값은 얼마로 해야 하는가?

㉮ 약 523[KΩ]　　㉯ 약 648[KΩ]
㉰ 약 581[KΩ]　　㉱ 약 750[KΩ]

〈해설〉 컬렉터 전류 $I_C = \frac{V_{CC} - V_{CO}}{R_C} = \frac{10-6}{5000} = 8\times10^{4}[A]$,

베이스전류 $I_B = \frac{I_C}{\beta} = \frac{8\times10^{-4}}{50} = 1.6\times10^{-5}[A]$

$\therefore R_B = \frac{V_{CC} - V_{BE}}{I_B} = \frac{10-0.7}{1.6\times10^{-5}} \fallingdotseq 581[\text{K}\Omega]$

[문제4] 다음 [그림1]과 같은 회로에서 베이스의 전류 I_B를 구하면? (단 R_B = 100[KΩ], E = 6[V])이다.

㉮ 2.7[mA]　　㉯ 2.7[μA]　　㉰ 54[μA]　　㉱ 54[mA]

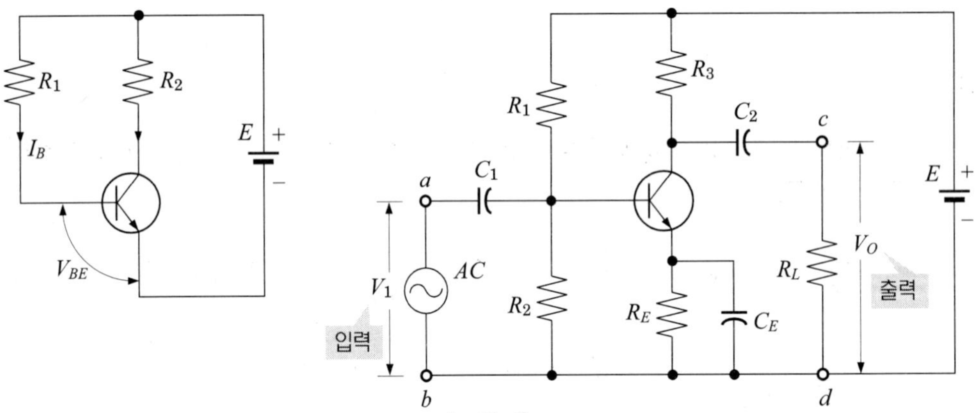

[그림 1]

〈해설〉

$$I_B = \frac{V_{CC} - V_{BE}}{R_B} = \frac{6-0.6}{100\times10^{3}} = 54[\mu\text{A}]$$

[문제5] 다음 그림 **[그림 1]**은 어떤 바이어스(bias)회로인가?

㉮ 전압 궤환 bias　　㉯ 고정 bias　　㉰ 전류 궤환 bias　　㉱ 전압 궤환 bias

[문제6] 어떤 부궤환 증폭기에서 궤환이 없는 경우의 전압이득을 60[dB], 입력측에 궤환되는 궤환율이 0.009라면 이 부궤환 증폭기의 이득은 얼마인가?

㉮ 약 10배　　㉯ 약 100배　　㉰ 약 111배　　㉱ 약 125배

〈해설〉 전압이득 60[dB]는 60≒20log$_{10}$ A에서 증 폭도 A=1000이다. 그러므로 궤환을 걸었을 때 증폭도 A_f 는

$$A_f=\frac{A}{1-\beta A}=\frac{1000}{1-(-0.009\times1000)}=100$$

[문제7] 이득 40[dB]의 저주파 증폭기가 10[%]의 의율을 가지고 있을 때 이것을 1[%]이내로 개선키 위해서는 얼마만큼의 부궤환을 걸어 주어야 하는가?

㉮ ≒10[dB]　　㉯ ≒20[dB]　　㉰ ≒30[dB]　　㉱ ≒40[dB]

〈해설〉 40[dB]의 이득은 40 = 20log$_{10}$$A$ 에서 A는 100배 증폭이다. 따라서 $D_2=\frac{D_1}{1-\beta A}$에서 $1=\frac{10}{1-\beta\times100}$ 이므로 $\beta=\frac{1}{10}$ 이다. 그러므로 $G=20\log_{10}\ \beta=20\log_{10}\frac{1}{10}=-20$ [dB]

[문제8] 궤환이 없을 때의 증폭도 100의 증폭회로에 궤환율−0.01의 부궤환을 걸었을 때 증폭도는 얼마인가?

㉮ 500　　㉯ 50　　㉰ 0.2　　㉱ 0.02

〈해설〉

$$A_f=\frac{A}{1-\beta A}=\frac{100}{1-(-0.01\times100)}=50$$

[문제9] 무궤환(non−feed beak)시의 증폭도 A_0 = 100인 증폭기에 궤환율 β_2 = −0.005의 부궤환을 걸면 증폭도 A는 얼마가 되는가?

㉮ 약 67　　㉯ 약 50　　㉰ 약 43　　㉱ 86

〈해설〉 부궤환증폭기의 증폭도 $A_f=\frac{A}{1-\beta A}$ 에서 $\therefore A_f=\frac{A}{1-\beta A}=\frac{100}{1-(-0.005\times100)}\fallingdotseq 67$

[문제10] $\frac{\Delta I_{C'}}{\Delta I_{CO'}}$ 를 안정지수(stability factor)라 하는데 안정지수가 어떤 값을 가질 때 안정도가 가장 높은가?

㉮ 1 ㉯ 3.14 ㉰ 9 ㉱ 10

〈해설〉 안정지수 ($S=\frac{\Delta I_C}{\Delta I_{CO}}$) 는 작을수록 안정도가 좋다.

[문제11] 고정 바이어스 회로에서 V_{BE} = 0.7[V], β = 50, R_C = 5[kΩ], V_{CC} = +10[V] 일 때 동작점 직류출력 전압 V_{CO} = 6[V] 로 하려면 RB의 값은 얼마로 해야 하는가?

㉮ 약 523[kΩ] ㉯ 약 648[kΩ]
㉰ 약 581[kΩ] ㉱ 약 750[kΩ]

〈해설〉 컬렉터 전류 $I_C = \frac{V_{CC}-V_{OO}}{R_C} = \frac{10-6}{5000} = 8\times10^{-4}$ [A],

베이스전류 $I_C = \frac{I_C}{\beta} = \frac{8\times10^{-4}}{50} = 1.6\times10^{-5}$ [A]

$$\therefore\ R_B = \frac{V_{CC}-V_{BB}}{I_B} = \frac{10-0.7}{1.6\times10^{-5}} \fallingdotseq 581\,[\text{k}\Omega]$$

[문제12] 어느 증폭기의 최대출력이 30[mW] 일 때 V_C = 6 [V], I_C = 20 [mA] 이라면 효율은 몇 [%]인가?

㉮ 20 ㉯ 25 ㉰ 33 ㉱ 50

〈해설〉

$$\eta = \frac{P_o}{P_{dc}} \times 100\,[\%] = \frac{30\times10^{-3}}{6\times20\times10^{-3}} = 25\,[\%]$$

[문제13] 다음 증폭 방식 중 효율이 가장 좋은 것은?

㉮ A급 증폭기 ㉯ B급 증폭기
㉰ AB급 증폭기 ㉱ A급 증폭기

〈해설〉 C급 증폭기는 78.5[%] 이상의 높은 효율을 가지고 있으나 일그러짐에 매우 크다. 주파수 체배 증폭기에 사용한다.

[문제14] 연산 증폭기의 연산의 정확도를 높이기 위해 요구되는 사항이 아닌 것은 어느 것인가?

㉮ 큰 증폭도와 좋은 안정도를 필요로 한다.
㉯ 많은 양의 음되먹임을 안정하게 걸 수 있어야 한다.
㉰ 좋은 차단 특성을 가져야 한다.
㉱ 높은 주파수의 발진 출력을 내야 한다.

〈해설〉 연산증폭기는 연산의 정확도를 높이기 위하여 큰 증폭도와 높은 안정도가 필요하며 또한 많은 양의 음되먹임을 안정하게 걸 수 있어야 하고 좋은 차단특성을 가져야 한다.

[문제15] 반전연산기회로에서 R_i = 1000[kΩ], R_f = 100[kΩ] 이라면 $\frac{e_o}{e_i}$ 는 얼마나 되는가?

㉮ −0.1　　㉯ −0.2　　㉰ −0.3　　㉱ −0.4

〈해설〉 반전 역산증폭기의 출력전압 e는

$e_o = \frac{R_f}{R_i} e_i$ 이므로　　$\frac{e_o}{e_i} = -\frac{100\times10^3}{1000\times10^3} = -0.1$

[문제16] 반전연산증폭기에서 전압증폭도 $\frac{V_o}{V_S}$ 는?

㉮ $\frac{R_2}{R_1}$　　㉯ $-\frac{R_2}{R_1}$　　㉰ $\frac{R_1}{R_2}$　　㉱ $-\frac{R_1}{R_2}$

〈해설〉 반전 연산증폭기에서 출력전압 $V_O = -\frac{R_2}{R_1}V_S$ 에서 전압 증폭도 $\frac{V_O}{V_S} = -\frac{R_2}{R_1}$

[문제17] 다음 그림은 덧셈기(adder)를 나타내는 회로이다. 이 가산기의 출력 e_o 는?
(단, R_1, R_2, R_3, R_f 는 모두 같다.)

㉮ $\frac{-R_f}{R_1}e_1$　　㉯ $-(\frac{R_f}{R_1+R_2+R_3})e_2$　　㉰ $-(e_1+e_2+e_3)$　　㉱ $+(e_1+e_2-e_3)$

〈해설〉 연산층폭기의 가산기 출력전압 e_o 는

$e_o = -(\frac{-R_f}{R_1}e_1 + \frac{-R_f}{R_2}e_2 + \frac{-R_f}{R_3}e_3)$ 에서 $R_1 = R_2 = R_3 = R_f$

$e_o = -(e_1+e_2+e_3)$

[문제18] 다음 전압 플러워(voltage-follorwer) 회로를 옳게 나타낸 것은?

㉮ Z_f = 0(단락), Z_i = ∞(개방), 폐루우프 이득은 1이다.
㉯ Z_f = 0(단락), Z_i = ∞(개방), 폐루우프 이득은 0이다.
㉰ 반전형 궤화 회로의 일종이다.
㉱ 낮은 임피던스 신호원에서 신호를 검출할 때 쓴다.

〈해설〉

$$(V_i - V_o)A_V = V_o', \quad V_o = \frac{A_V}{1 + A_V} V_i \text{ 에서 } A_V = \infty \text{ 이므로 } V_o = V_i$$

[문제19] 연산 증폭기를 사용한 고입력 저항 차동증폭기의 입력 저항은?

㉮ 궤환 저항(R_f)에 의해 결정
㉯ 증폭기의 입력 저항(R_1) 그 자체
㉰ 부하 저항에 의해 결정
㉱ 궤환 저항(R_f)과 증폭기의 입력 저항(R_1)의 합

〈해설〉 입력 저항 증폭기의 입력 저항은 증폭기 입력 단자의 전압 e_1 이 e_0에 비해 작고, 근사적으로 이 점의 전압은 0으로 생각할 수 있으므로, 입력 저항은 R_1 만으로 정해진다고 볼 수 있다. 즉, 기본이 되는 증폭기의 입력 저항 그 자체가 된다.

〈해답〉

1) 라 2) 라 3) 다 4) 다 5)} 다 6) 나 7) 나 8) 나 9) 가 10) 가 11) 다 12) 나
13) 라 14) 라 15) 가 16) 나 17) 다 18) 가 19) 나

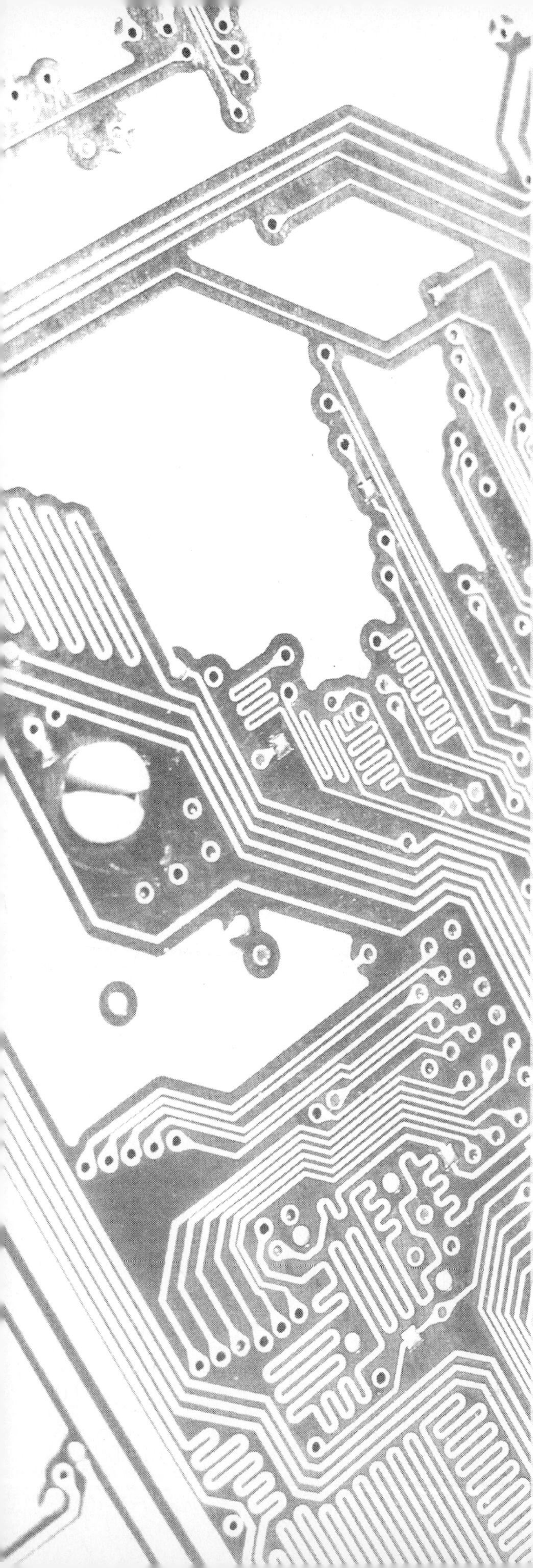

발진회로

1. 발진(Oscillator)의 개요

1-1. 발진회로의 원리

되먹임 증폭회로에서 양 되먹임이 되면 외부의 입력 없이 증폭작용이 계속되는데 이와 같은 증폭 작용을 이용하여 전기 진동을 발생시키는 회로(되먹임 발진 회로)이다. 즉 외부의 입력 없이 회로 자체에서 교류 파형(주파수)을 얻을 수 있다.

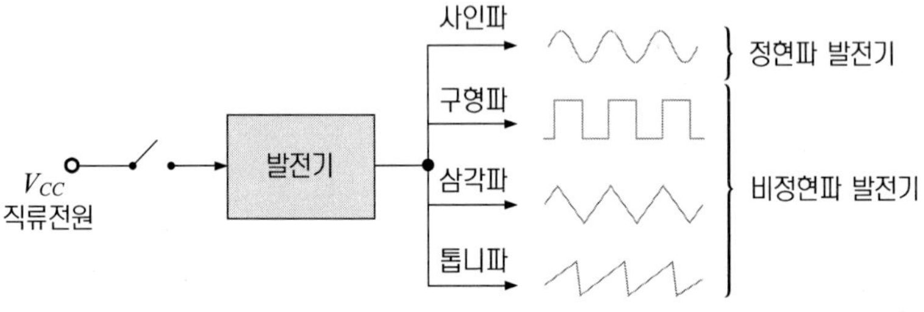

[그림3.1] 발진기의 기본 개념도

1-2. 발진 조건

[그림3.1] 에서 전압 증폭도를 A, 되먹임 계수를 β 라 할 때 증폭도 A_f 는 $A_f = \frac{A}{1-\beta A}$

여기서 $1 - \beta A = 0$. 즉 $\beta A = 1$ 이 되면, A_f는 ∞가 된다. 이것은 외부에서 입력이 없어도 출력을 얻을 수 있다는 것을 뜻한다. $\beta A = 1$을 Barkhausen의 발진 조건 이라고 한다.

$|\beta A| > 1$: 발진 진폭이 증대되고 $|\beta A| < 1$: 발진진폭소멸 된다.

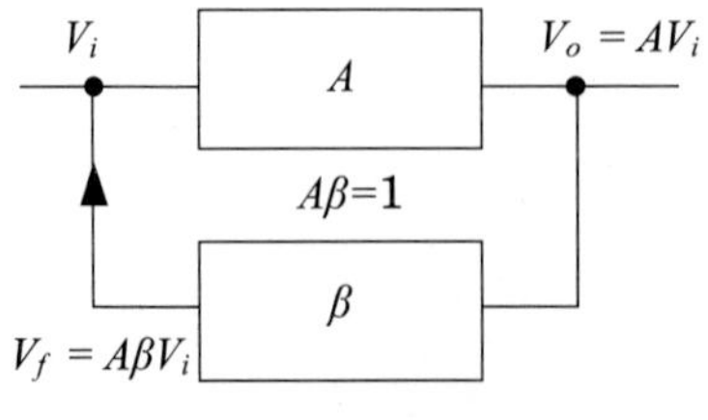

[그림3.2] 궤환 발진기

2. 발진회로의 종류

- 발진기
  - 정현파발진기
    - LC발진기
      - 동조형발진기
      - 하아틀리(HartLey)발진기
      - 콜피츠(colpitts)발진기
    - 수정발진기
      - 피어스(pierce)BE형발진기
      - 피어스(pierce)CB형발진기
    - RC발진기
      - 이상형발진기
      - 비인브리지(Wien Bridge)
  - 이상발진기(비정현파발진기)
    - 멀티바이크레이터(Multivibrator)
    - 블로킹(blocking)발진기
    - 톱니파발진기

2-1.LC발진회로

(1) 콜렉터 동조 LC 발진회로

교류회로

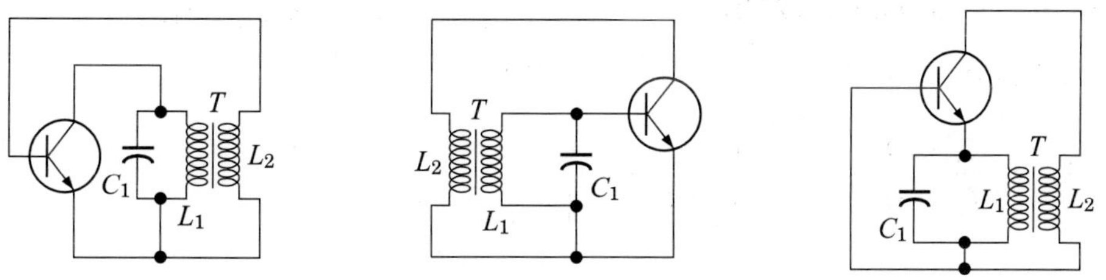

컬렉터 동조형　　베이스 동조형　　이미터 동조형

[그림3.3] 동조형 발진회로

동조형 발진회로는 컬렉터측에 동조회로를 가지는 것으로 수신기의 국부 발진회로에 사용된다. 트랜지스터 이미터 접지 때의 출력전류가 입력에 비해서 역위상이 되므로 코일의 L_1과 L_2의 극성을 반대로 결합하여 정궤환을 시킨다.

① 발진주파수

$$f \fallingdotseq \frac{1}{2\pi\sqrt{L_1 C_1}}$$

(2) 하아틀리(Hartley) 발진회로

출력의 일부를 코일에서 뽑아내어 입력으로 되돌리는 회로이다. Barhausen의 발전조건인 βA=1이 되면서 성장을 멈추며, 그 후에는 진폭이 일정한 진동으로 지속된다.

최소의 미소진동에 의하여 L_2 양단에는 트랜지스터의 입력전압과 반대 위상의 출력 전압이 걸린다. 한편 코일 L_1는 L_2와 같은 위상으로 권선이 감겨져 있으나 트랜지스터의 이미터 접지를 기준으로 하면 코일 L_1의 양단에는 입력전압의 위상과 동일 위상이 되므로 발진이 지속된다.

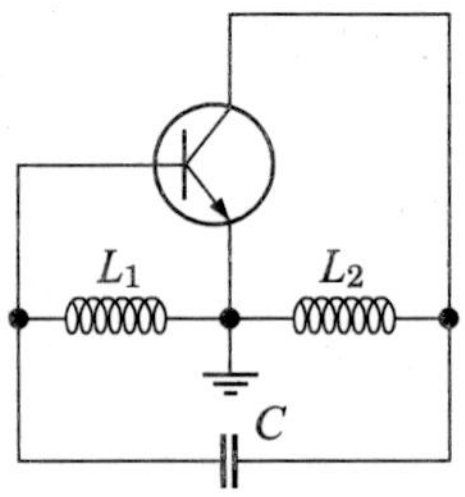

[그림3.4] 하아틀리(Hartley) 발진회로

1) 발진 주파수 f_0

$$j\omega(L_1+M)+j\omega(L_2+M)+\frac{1}{j\omega C}=0 \quad j\omega(L_1+L_2+2M)-\frac{1}{\omega^2 C}=0$$

따라서, $f_0=\frac{1}{2\pi\sqrt{(L_1+L_2+2M)C}}$ [Hz] 여기서 M은 상호 인덕턴스이다.

발진을 지속하기 위한 트랜지스터의 최소전류 증폭률

$h_{fe} \geq \frac{L_1+M}{L_2+M}=\frac{1}{w^2(L_2+M)C}-1$ 이다.

2) 특징

① 코일의 탭을 조정하여 발진 강도의 세기를 쉽게 변화 시킬 수 있다.

② 콜피츠 회로보다 발진 출력이 크다.

③ 발진 주파수를 변화시키기 쉬우며 저주파에서 발진출력이 안정하다.

④ 상호 인덕턴스 M을 변화시켜서 파형을 개선시킬 수 있다.

⑤컬렉터 동조형이나 이미터 동조형보다 낮은 주파수에서 높은 주파수 까지의 발진이 가능하다.

⑥ 10MHz 이하의 비교적 낮은 주파수 발진에 많이 사용된다.

3) 발진조건(L분할형)

B-E 사이 : 유도성, E-C 사이 : 유도성, B-C 사이 : 용량성

(4) 콜피츠(colpitts) 발진회로

출력의 일부를 콘덴서에서 뽑아내어 입력으로 되돌리는 발진 회로이다.

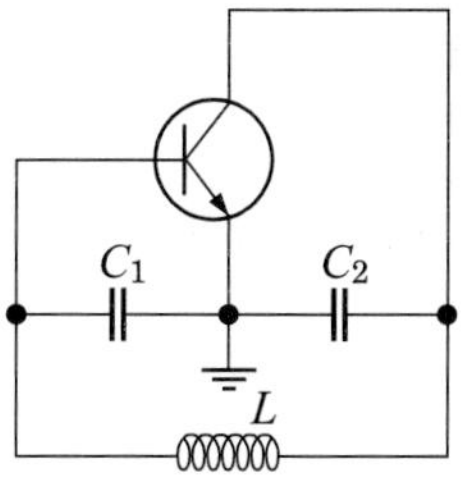

[그림3.5] 콜피츠(colpitts) 발진회로

1) 발진 주파수 f_0는 $\frac{1}{j\omega C_1} + \frac{1}{j\omega C_2} + j\omega L = 0$

$$j\omega\ [L - \frac{1}{\omega^2}(\frac{1}{C_1} + \frac{1}{C_2})] = 0$$

따라서

$$f_0 = \frac{1}{2\pi}\sqrt{\frac{1}{L}(\frac{1}{C_1} + \frac{1}{C_2})} = \frac{1}{2\pi\sqrt{L\ (\frac{1}{C_1} + \frac{1}{C_2})}}\ [\mathrm{Hz}]$$

지속발진을 위한 전류증폭율 h_{fe}는 $h_{fe} \geq \frac{C_2}{C_1} = w^2 L C_2$

2) 특징

① 고주파에 대한 임피던스가 매우 낮으므로 발진 주파수의 파형이 좋다.

② 코일의 인덕턴스를 작게할 수 있기 때문에 매우 높은 주파수를 얻을 수 있다.

③ 주파수 안정도가 좋으며 전극간의 용량 등의 영향이 적다.

④ C_1, C_2로 발진 주파수를 변화시킬 수 있으나 가변주파 발진기로는 불편하다.

3) 발진조건(C분할형)

B-E 사이 : 용량성, E-C 사이 : 용량성, B-C 사이 : 유도성

2-2. 수정발진회로

(1) 전기 현상

수정, 로셀염, 전기석, 티단산바륨 등의 결정에 압력을 가하면 표면에 전하가 나타나 기전력이 발생한다.(압전 현상 또는 피에조 전기 효과)

외부에서 전자을 가하면 기계적으로 변형한다.(압전기 역현상)

(2) 수정진동자

수정을 얇게 잘라 양면을 도금한 다음 리이드선을 붙인 것이다. 따라서 콘덴서와 같은 동작을 하지만, 어떤 주파수에서서는 인덕턴스와 같은 동작을 한다.

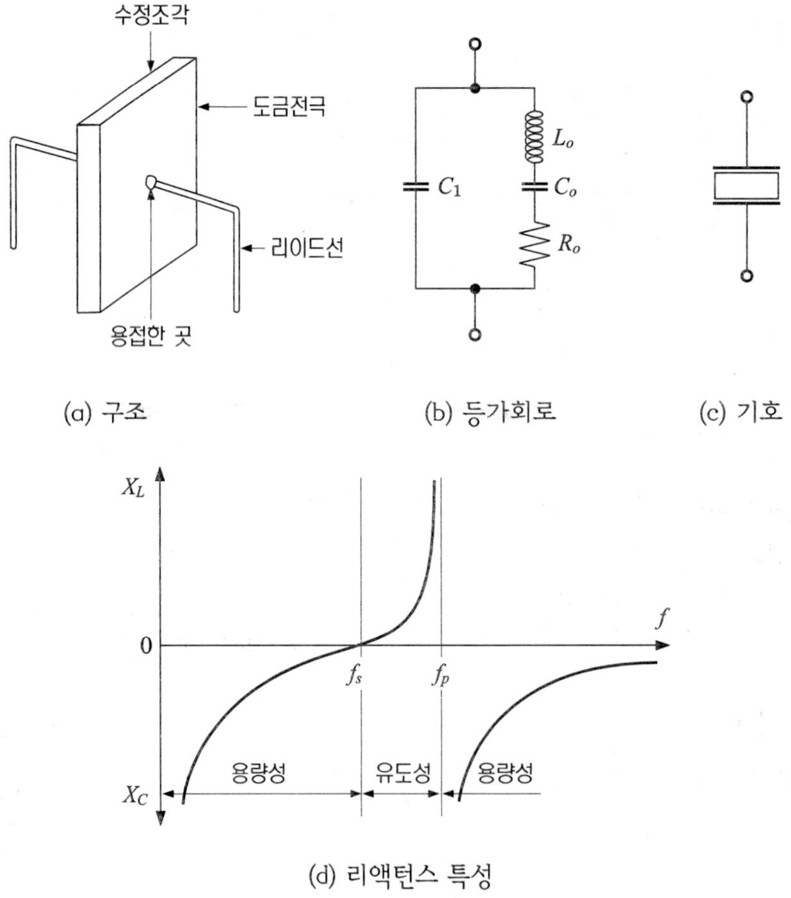

[그림3.6] 수정 발진자와 특성

(3) 수정진동자의 등가회로 및 리액턴스 특성

직렬공진 주파수 f_s은 $f_s = \frac{1}{2\pi\sqrt{L_o C_o}}$

병렬 공진 주파수 f_p 은 $f_p = 2\pi\sqrt{L_o \frac{C_o C_1}{C_o + C_1}} = f_s\sqrt{1+\frac{C_o}{C_1}} \simeq f_s(1+\frac{C_o}{2C_1})$

$(f_s \le f \le f_p)$ $\quad \therefore f_p - f_s = \frac{C_o}{2C_1} f_s$ (유도성 범위)

[그림3.6]의 (d)의 리액턴스 특성에서 보듯이 직렬공진 주파수 f_s와 병렬공진 주파수 f_p의 두 주파수 사이에 유도성이 되며 그 범위가 매우 좁아서 안정된 발진이 가능하다.

(4) 수정발진회로

피어스 BE형 발진 (pierce BE type oscillation) 회로

수정진동자가 에미터와 베이스사이에 있으며 하틀리발진회로와 비슷하다.

피어스 BC형 발진(pierce BC type oscillation) 회로

수정진동자가 콜렉터와 베이스 사이에 있으며 콜피츠발진회로와 비슷하다.

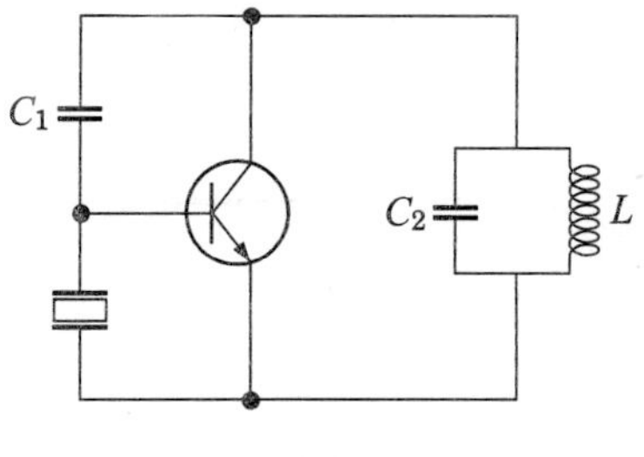

(a) 피어스 BE형

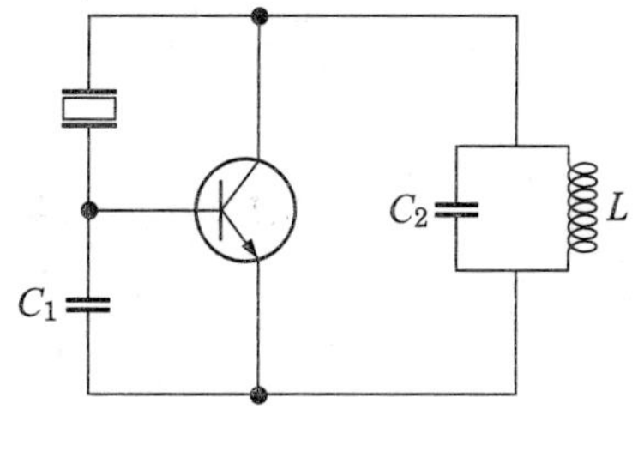

(b) 피어스 BC형

[그림3.7] 피어스 수정발진회로

(5) 수정발진기의 장단점

1) 장점

① 수정편의 Q가 높다 ($10^4 \sim 10^6$)

② 수정 진동자는 기계적으로나 물리적으로 안정하다.

③ 발진 조건을 만족하는 범위가 매우 좁으므로 주파수 안정도가 매우 양호 하다
(발진할 때 수정 진동자는 유도성으로 되어야 한다.)

2) 단점

① 발진 주파수를 바꿀 때는 수전편 자체를 바꿔야 하므로 불편하다.
② 수정 진동자를 많이 갖추려면 비용이 많이 든다.
③ 수정편이 엷을수록 높은 주파수 발진이 가능하므로 초단파 이상의 발진은 곤란하다.
④ 수정 발진 주파수 변동의 원인을 제거하는 조건하에 동작시켜야 한다.

2-3.RC 발진회로

(1) 이상형 병렬 RC형 발진회로

컬레터측의 출력 전압의 위상을 180° 바꾸어 입력 측 베이스에 양 되먹임 되어 발진하는 발진기이다.

1) 발진원리

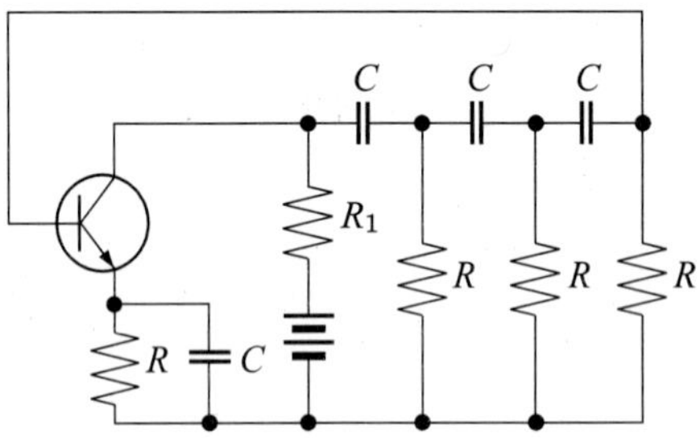

[그림3.8] 이상형 RC발진회로

① 바오하우젠의 발진조건 β A = 1에서

$$\frac{1}{\beta} = A = 1 - 5(\frac{1}{WCR})^2 - j\frac{1}{WCR}[6 - (\frac{1}{WCR})^2]$$

여기서 Vo와 Vi의 위상차를 180° 로 하기 위해서는 허수부가 0 이어야 한다.

따라서 발진주파수 $f_o = \frac{1}{2\pi\sqrt{6}CR}$ [Hz]가 된다.

② 발진하고 있을 때의 증폭도 A는 실수부가 되므로 $A = 1 - 5(\frac{1}{WCR})^2$ 이 된다. 여기에 발진주파수 식을 대입하면 다음과 같다.

$A = 1 - 30 = 29$

따라서 전압증폭도가 29 이상이 되어야 발진한다.

2) 특징

① 구조가 간단하고 소형으로 할수 있다.
② 파형이 깨끗하고 주파수가 안정하다.
③ 가청주파수 이하의 발진기로 적합하다.

(2) 이상형 병렬 C형 발진회로

전역통과형 이상형 발진회로이며 C병렬회로에서 발진조건은 같다.

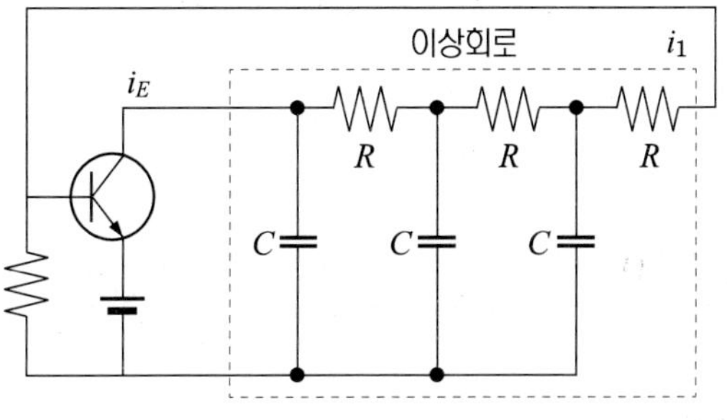

[그림3.9] 이상형 C발진회로

1) 발진 주파수

$f = \frac{\sqrt{6}}{2\pi CR}$ [Hz] 증폭기 증폭률은 병렬저항 이상형과 같이 29이상이어야 한다. (AV ≧ 29)

2) 특징 및 적용

① 이미터 폴로우어를 사용한다면 M[Hz]에서 FM발진기로 사용할 수 있다.
② 가변주파 발진기로 사용하기에는 불편하지만 분포정수 회로를 이용하고 대지 용량 등을 이용하면 수 M[Hz]의 가변 주파 발진기를 제작할 수 있다.
③ 소자의 형태의 크기상 1000[Hz]이상에서 사용된다.

(3) 브리지형 RC발진회로

브리지형 발진회로는 증폭기와 *R*과 *C* 성분으로 설정되는 발진주파수를 갖는 *RC* 브리지 회로를 구성된다.

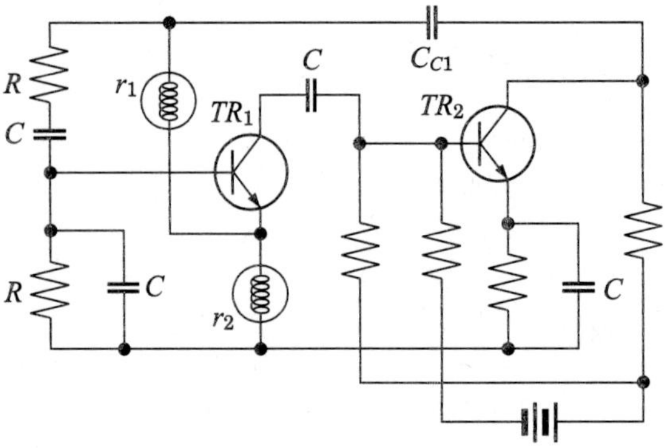

[그림3.10] 브리지형 RC발진회로

1) 발진주파수(f)

$$f = \frac{1}{2\pi\sqrt{R_1 R_2 C_1 C_2}} \text{ [Hz]}$$

$R_1 = R_2 = R,\ C_1 = C_2 = C$ 이면

$$f = \frac{1}{2\pi RC}$$ 전압 증폭도 (AV) $A \geqq 3$

2) 특징

① 발진 주파수가 안정하고 A급으로 동작하므로 파형이 좋다.

② 발진 주파수 가변이 용이하다.

③ LC 발진기는 발진 주파수가 평방근에 반비례하나 CR발진기는 주파수 용량에 반비례하여 눈금이 직선 비례에 가깝게 된다.

④ 저주파 발진기 등에 많이 쓰인다.

2-4. 멀티바이브레이터(astable multivibrator)

(1) 비 안정 멀티 바이브레이터

안정된 상태가 없는 세트 상태와 리셋 상태를 번갈아 가면서 변환시키는 발진 회로이며, 직사각형과 발생 회로 또는 시간 발생기로 사용한다.

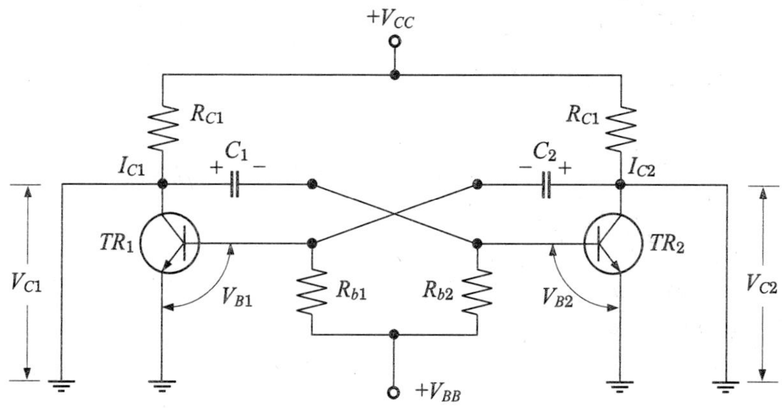

[그림3.11] 비 안정 멀티 바이브레이터회로

TR_1이 통전(on) 상태일때는 TR_2가 차단(off)상태로 되고 TR_1이 off상태이면 TR_2가 on상태로 되며 이 동작이 반복되므로 주기적으로 펄스를 만들어 낸다.

● 반복주기

$$T_1 \fallingdotseq 0.69 R_{B1} C_2 [s]$$

$$T_2 \fallingdotseq 0.69 R_{B2} C_1 [s]$$

$$T = T_1 + T_2 \fallingdotseq 0.69(R_{B1} C_2 + R_{B2} C_1)[s]$$

● 반복 주파수

$$f = \frac{1}{T} \fallingdotseq \frac{1}{0.69\,(R_{B2} C_2 + R_{B2} C_1)}\ [\mathrm{Hz}]$$

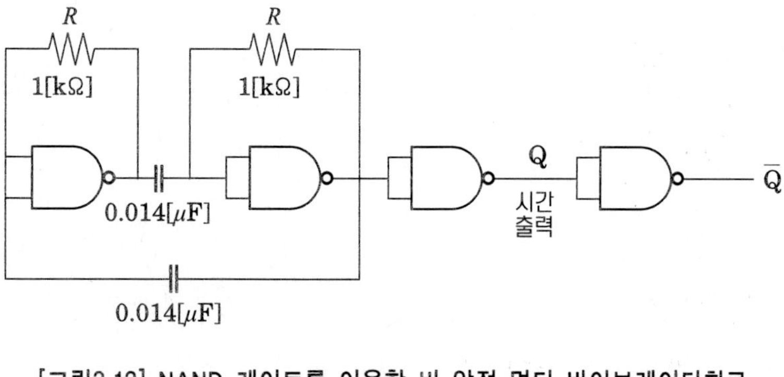

[그림3.12] NAND 게이트를 이용한 비 안정 멀티 바이브레이터회로

(2) 단안정 멀티바이브레이터

한 상태는 안정되고 다른 상태는 불안정하며, 불안정 상태는 일정 시간이 지나면 자동적으로 안정 상태가 되는 회로. 단일 쇼트(single shot)라고도 한다.

입력 펄스가 없는 상태에서는 TR_1이 R_1과 R_2에 의해 분압된 전압이 베이스에 가해져서 차단 상태로 되고, TR_2는 통전 상태를 유지된다. TR_2가 차단되면 컬렉터 전류가 흐르지 못하고 컬렉터 전압이 높아져서 $+VCC$에 도달하므로 상승 전압이 TR_1에 가해져 통전 상태로 됨. 이때, 충전되어 있던 C_1의 전하가 $+C_1 \rightarrow TR_1 \rightarrow -VCC \rightarrow RB_1 \rightarrow -C_1$의 경로를 통하여 방전되고, TR_2는 다시 통전상태로 되면서 TR_1은 차단 상태로 안정하게 된다. 반복주기

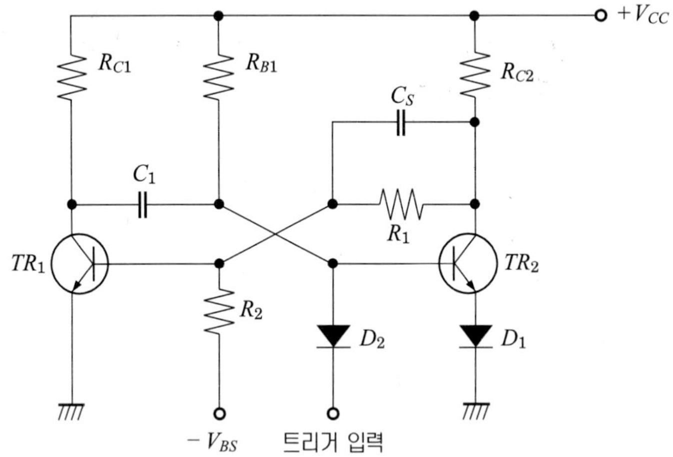

[그림3.13] 단안정 멀티바이브레이터

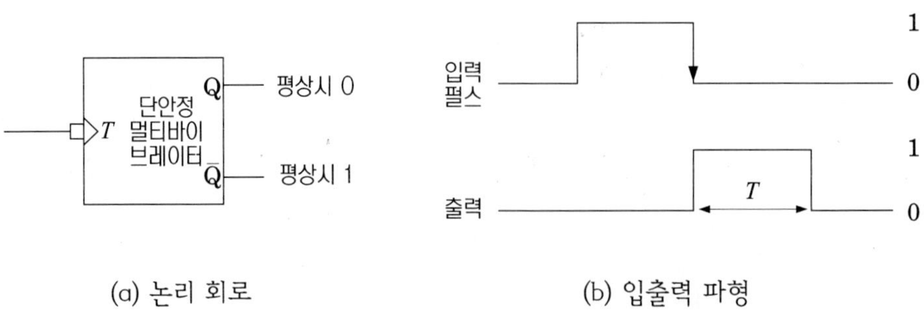

[그림3.14] 단안정 멀티바이브레이터의 기호와 입출력 파형

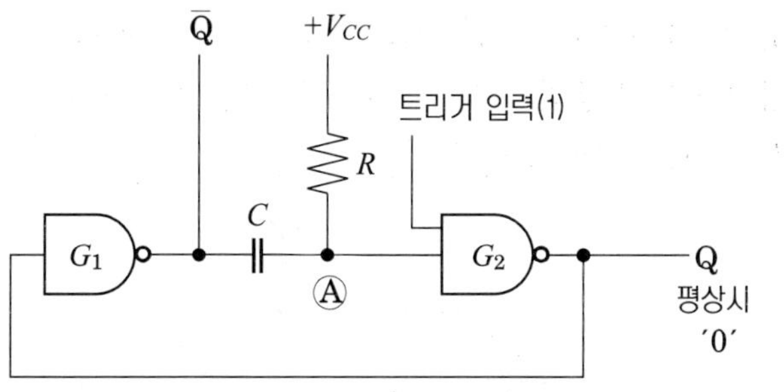

[그림3.15] NAND 게이트 단안정 멀티바이브레이터

(3) 쌍안정 멀티바이브레이터

1을 의미하는 세트와 0을 의미하는 리셋의 안정된 두 가지 상태를 유지하는 회로이며, 일명 플립플롭 회로라 부르기도 한다.

입력 I_1에서 펄스가 입력되면 TR_1은 통전 상태가 되며, TR_2는 차단 상태가 되어 출력 Q는 1이 되고, 이 상태는 I_2에서 새로운 펄스가 입력되지 않으면 안정된 상태로 지속하게 된다. I_2의 입력 펄스가 가해지면 TR_2가 통전 상태가 되고, TR_1이 차단 상태로 바뀌어 출력은 Q'가 되고, 이 상태도 I_1에서 새로운 펄스가 입력될 때까지 안정된 상태로 유지하게 된다.

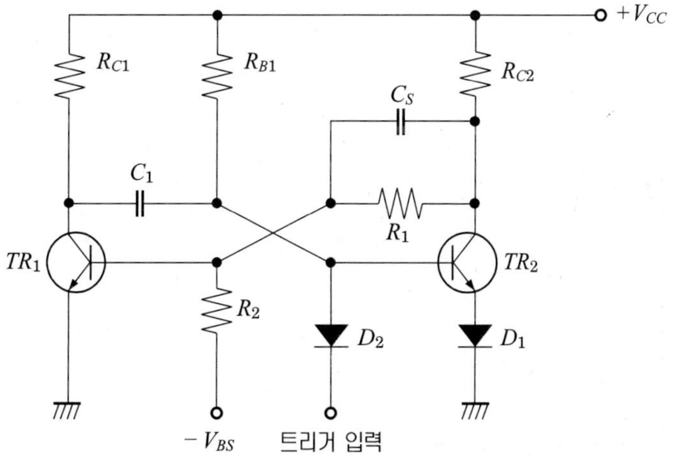

[그림3.16] 쌍안정 멀티바이브레이터

(4) 슈미트 트리거회로

안정된 두 가지의 상태를 가지고 있고, 쌍안정 멀티바이브레이터와 같이 상반된 두 가지의 동작 상태를 가지며, 파형 발생에 사용된다.

입력 전압이 없을 때 TR_1은 차단 상태, TR_2의 베이스에는 TR_1의 컬렉터 전압이 두 개의 저항으로 분압되어 걸리므로 포화 상태가 되어 통전 상태가 되며 입력 전압이 높아지면 TR_1이 통전 상태가 되면서 컬렉터 전압이 낮아져서 TR_2는 차단 상태가 된다.

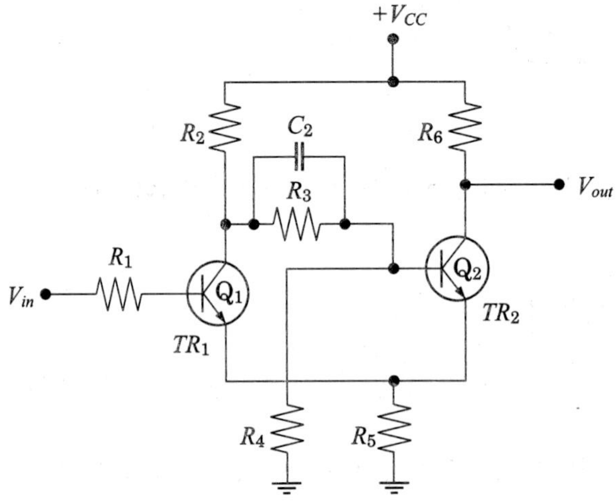

[그림3.17] 슈미트 트리거회로

입력파형은 서서히 변하는 사인 곡선과 같은 파형이고, 출력은 높고 낮은 두 개의 논리 상태를 형성하는 구형파가 된다.

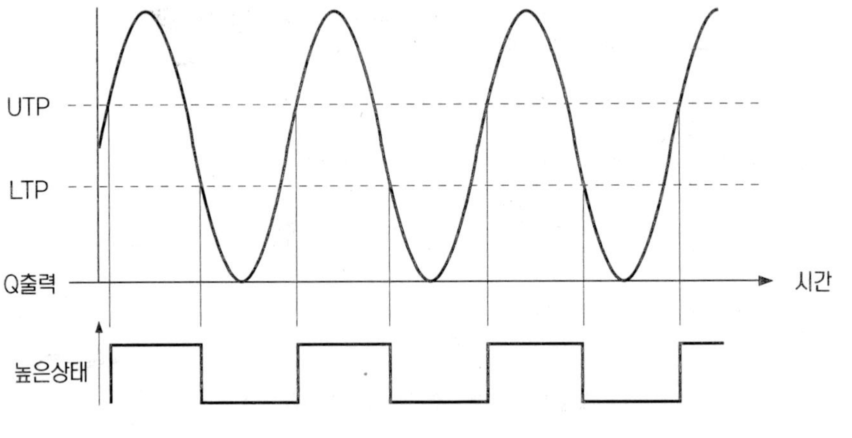

[그림3.18]슈미트 트리거회로의 입출력 파형

(실험3.1)

발진회로 실험

1. 목적

① 발진조건을 이해한다.

② 멀티바이브레이터 종류와 원리를 이해한다.

2. 실험준비

1) 장비 및 공구

구분	공구명	규격
1	디지털 멀티미터(Digital Multimeter: DMM)	Digital
2	디지털오실로스코프	1대
3	Bread Board	1대
4	함수제네레이터(Function Generator)	1대
5	Voltage Meter	1대
6	Current Meter	1대
7	DC 전압공급기	1대
8	공구세트(롱노즈 플라이어 , 드라이버, 니퍼 등)	1세트

2) 재료

<table>
<tr><th>재료명</th><th>규격</th><th>수량</th><th>안전 및 유의 사항</th></tr>
<tr><td>저항</td><td>470Ω</td><td>2개</td><td rowspan="8">① Bread Board 기판에 조립하여 실험하며 안전에 주의한다.
② 공급전원은 정격전압의 공급되도록 한다.
③ 부품의 극성에 주의한다.
④ 계측 사용시 계기 파손되지 않도록 한다.</td></tr>
<tr><td>저항</td><td>22kΩ</td><td>6개</td></tr>
<tr><td>저항</td><td>1kΩ</td><td>4개</td></tr>
<tr><td>저항</td><td>10kΩ</td><td>3개</td></tr>
<tr><td>저항</td><td>100kΩ</td><td>2개</td></tr>
<tr><td>저항</td><td>68kΩ</td><td>1개</td></tr>
<tr><td>전해콘덴서</td><td>22μF,20V</td><td>3개</td></tr>
<tr><td>LED</td><td>적색,흰색, 초록색</td><td>각 2개</td></tr>
</table>

3. 관계이론

(1) 비 안정 멀티바이브레이터

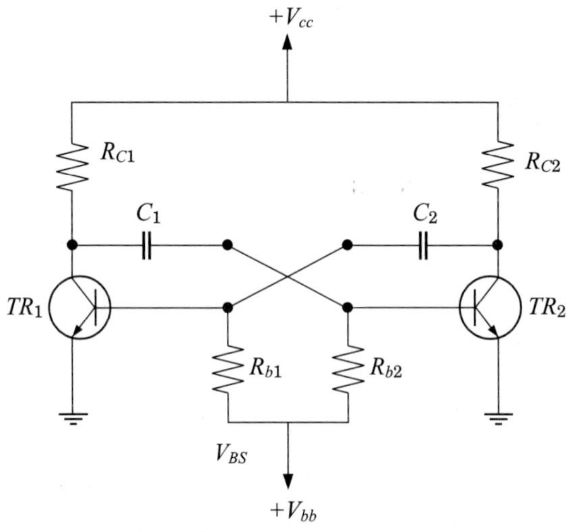

[그림3.19] 비 안정 멀티바이브레이터

① TR_1:ON, TR_2:OFF, TR_1:OFF, TR_2:ON의 2개의 준안정 상태(일시적 안정상태)가 있어,이것이 일정한 주기로 되풀이 된다. 외부의 입력이 없어도 준안정 상태가 반복하여 직사각형 펄스를 발생시킨다.

② 처음에는 TR_1-ON, TR_2-OFF에 있다고 가정 -TR_2는 언제까지나 OFF는 아니다. -TR_1, TR_2의 ON, OFF의 반전. TR_1은 항상 OFF가 아니다

③ 반복주기

$$T_1 \fallingdotseq 0.69 R_{B1} C_2 [s]$$

$$T_2 \fallingdotseq 0.69 R_{B2} C_1 [s]$$

$$T = T_1 + T_2 \fallingdotseq 0.69(R_{B1} C_2 + R_{B2} C_1)[s]$$

④ 반복 주파수

$$f = \frac{1}{T} \fallingdotseq \frac{1}{0.69\,(R_{B2} C_2 + R_{B2} C_1)}\ [\mathrm{Hz}]$$

(2) 단안정 멀티바이브레이터

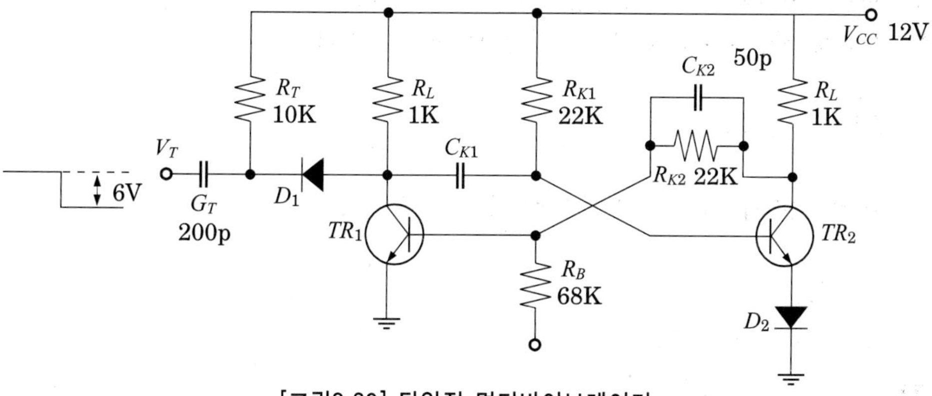

[그림3.20] 단안정 멀티바이브레이터

1) 하나의 안정상태나 하나의 준안정상태를 가지며, 외부로부터(−)의 트리거 펄스를 가하면 안정 상태에서 준안정상태로 되었다가 어느 일정시간 경과 후 다시 안정 상태로 돌아오는 동작을 한다.

2) 입력 v_{ab} 가 가해지지 않을 때, TR_1은 ON, TR_2는 OFF임.

① 입력 v_{ab} 가 가해지면 TR_1, TR_2의 ON, OFF는 반전함.

② 입력 v_{ab} 가 0으로 되어도 일정시간만 TR_1은 OFF, TR_2는 ON의 상태가 계속됨.

반복주기 $T = 0.7(R_2 \cdot C_1)$[sec]

3) 쌍안정 멀티바이브레이터

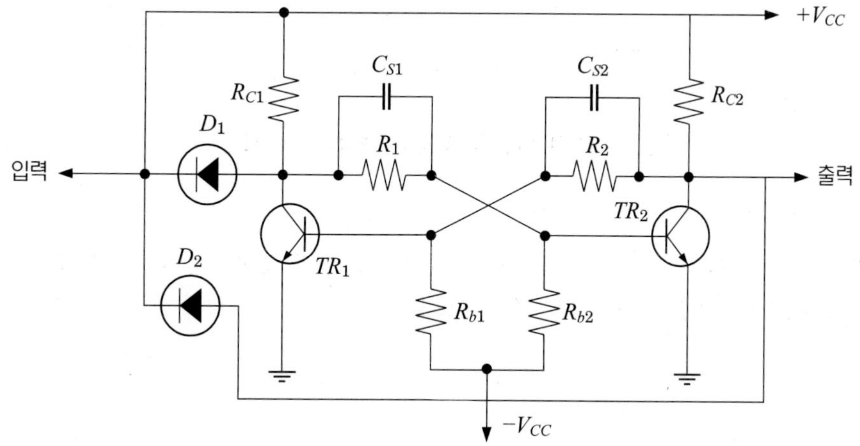

[그림3.21] 쌍안정 멀티바이브레이터

1) 처음 어느 한쪽의 트랜지스터가 ON이면 다른 쪽의 트랜지스터는 OFF의 안정 상태로 되었다가, 트리거 펄스가 가해지면 다른 안정 상태로 반전되는 동작을 한다.

2) 플립플롭 회로

3) 분주기, 계산기, 계수기억회로, 2진 계수회로 등에 사용.

4. 실험

1) 비안정 멀티바이브레이터 회로[그림3.22]를 구성하고 트랜지스터 Q_1, Q_2의 에미터에 LED를 연결한 회로 실험보고서에 그리고 시정수 t_1, t_2의 계산한 값과 측정한 값을 비교하시오.

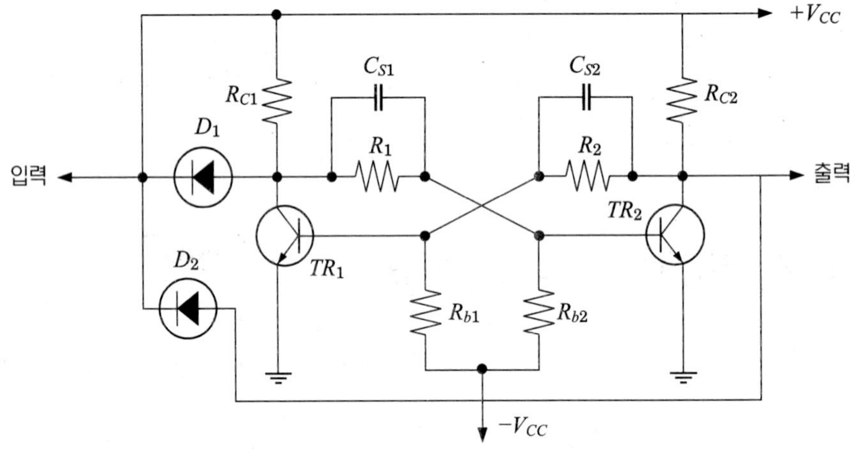

[그림3.22] 비안정 멀티바이브레이터 회로

2) 단안정 멀티바이브레이터 회로[그림3.23]를 구성하고 트리거 입력단자에 (−) 전압을 공급했을 때 원상태로 회귀하는 시정수를 계산하고 측정하시오.

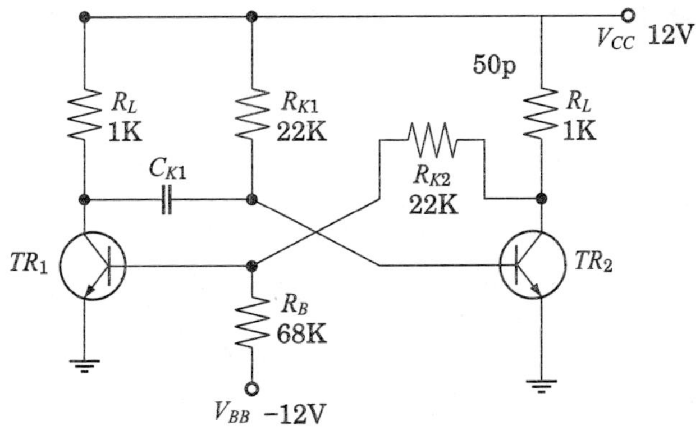

[그림3.23] 단안정 멀티바이브레이터 회로

3) 쌍안정 멀티바이브레이터 회로[그림3.24]를 구성하고 시정수를 계산하고 측정하시오

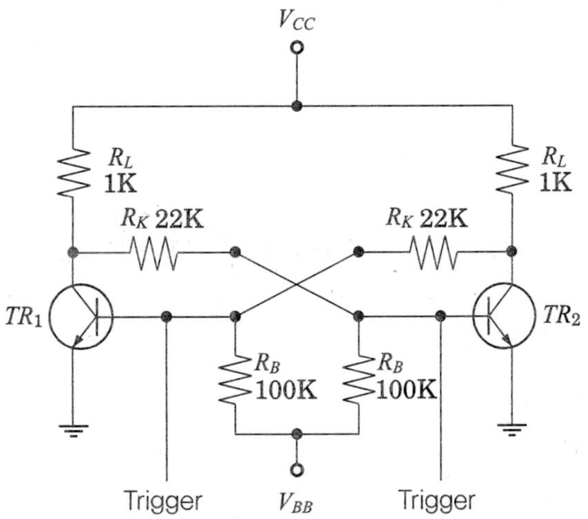

[그림3.24] 쌍안정 멀티바이브레이터

5. 정리정돈

① 주변정리를 한다.

② 계측장비 및 공구를 반납한다.

③ 사용전원을 Off시키고 화재 및 안전에 주의한다.

6. 결과보고서 작성

1) 예비보고서를 작성한다.
① LED 측정법을 설명한다.
② 멀티바이브레이터의 종류와 동작 법을 설명할 수 있다.
③ 비안정 멀티바이브레이터 회로를 제작하고 LED가 동작 되는 것을 구현할 수 있다.

2) 보고서를 작성한다.
① 사용 장비의 사용법에 대하여 작성한다.
② LED가 교대로 점멸 되도록 하며 원리를 기록한다.
③ LED의 측정법을 설명한다.

(실험3.2)
이상발진기 및 IC 555발진회로 실험

1. 목적

① 발진조건을 이해한다.
② 이상 발진기(Phase Shift Oscillator)원리이해 한다.
③ 멀티 바이브레이터의 종류와 원리를 이해한다.
④ IC 555를 이용한 파형 발생기 원리 이해 및 제작.

2. 실험준비

1) 장비 및 공구

구분	공구명	규격
1	디지털 멀티미터(Digital Multimeter: DMM)	Digital
2	디지털오실로스코프	1대
3	Bread Board	1대
4	함수제네레이터(Function Generator)	1대
5	DC 전압공급기	1대
6	공구세트(롱노즈 플라이어 , 드라이버, 니퍼 등)	1세트

2) 재료

TR	2SC1815	2개	① Bread Board 기판에 조립하여 실험하며 안전에 주의한다. ② 공급전원은 정격전압의 공급되도록 한다. ③ 부품의 극성에 주의한다. ④ 계측 사용시 계기 파손되지 않도록 한다.
발광다이오드	TLR105	2개	
저항	3.3kΩ 1/4W	3개	
저항	5kΩ 1/4W	3개	
저항	6.8kΩ 1/4W	2개	
저항	33kΩ 1/4W	2개	
저항	150kΩ 1/4W	1개	
저항	22kΩ 1/4W	2개	
전해콘덴서	16μF 10V	2개	
세라믹	0.1	μF	
세라믹	0.01	μF	
세라믹	0.001	μF	

3. 관계 이론

(1) 이상 발진기

회로는 출력이 180° 위상변위 부 궤환을 가진 연산 증폭기를 이용하여 만들 수 있다.

발진기 주파수는 다음 식을 이용하여 계산할 수 있다.

$f = \frac{1}{2\pi\sqrt{6RC}}$ 발진하기 위한 회로의 연산 증폭기에 대해 연산 증폭기는 이득이 29인 것을 필요로 한다.

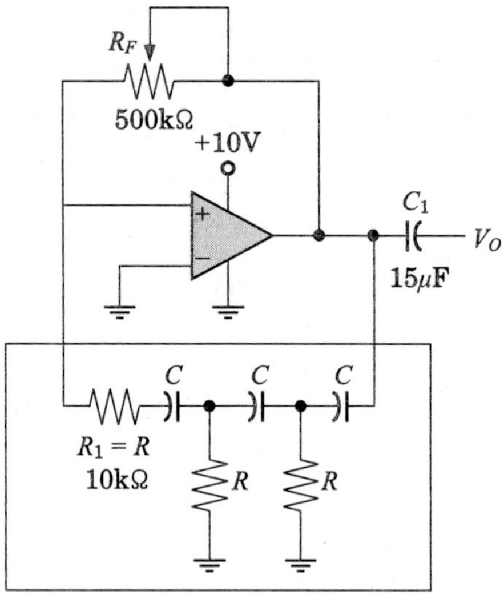

[그림3.25] 이상발진기

1) 빈-브릿지 회로(Wien-Bridge)

브릿지 회로는 [그림3.26]에 나타난 것과 같이 180° 위상변위를 공급하기 위하여 사용될 수 있다. 회로의 주파수는 다음 식으로부터 계산되어 진다.

$$f = \frac{1}{2\pi\sqrt{R_1 C_1 R_2 C_2}}$$ 만약 $R_1 = R_2$ 이고, $C_1 = C_2 = C$ 라면 $f = \frac{1}{2\pi RC}$

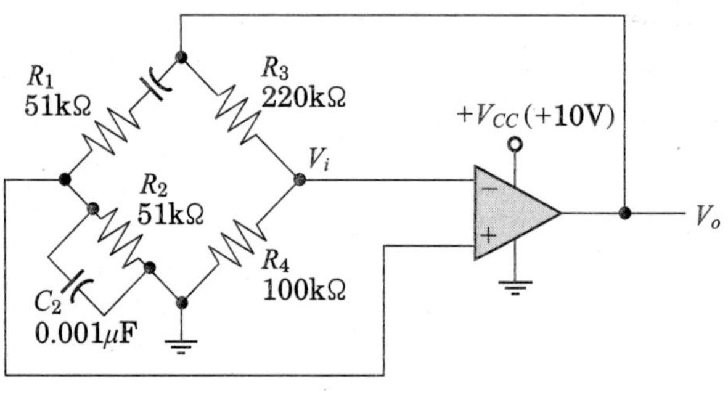

[그림3.26] 빈-브릿지회로(Wien-Bridge)

2) 구형파 발진기

555 타이머 IC는 [그림3.27]에 나타낸 것과 같이 발진기로서 동작에 대해 결선될 수 있는 다용도의 선형 디지털IC이다. 이 회로에서 나타나는 출력은 주파수의 펄스 클럭 파형이다.

$$f = \frac{1.44}{(R_A + 2R_B)\ C}$$

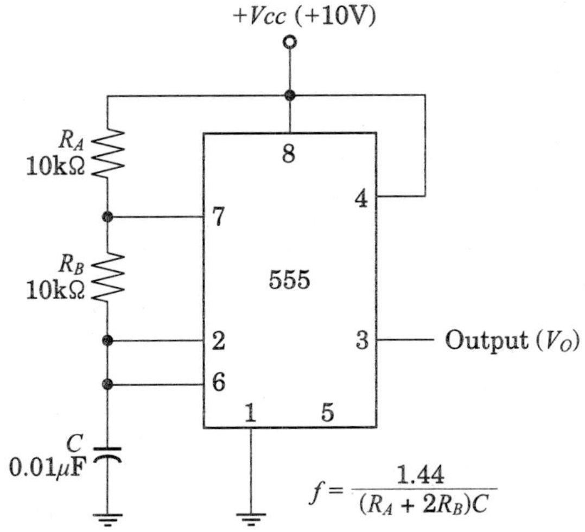

[그림3.27] 구형발진기

3) 슈미트 트리거 발진기

단일 슈미트 트리거 IC, 저항, 커패시터는 [그림 3.28]에 나타낸 것과 같이 펄스형 발진기회로를 구성하는데 사용될 수 있다. 발진기 주파수는 보통 다음 식을 이용하여 계산되어 진다.

$$f = \frac{k}{RC}$$

여기서 k는 전형적으로 0.3~0.7이고, 슈미트 트리거 IC의 내부 트리거 레벨에 의존한다.

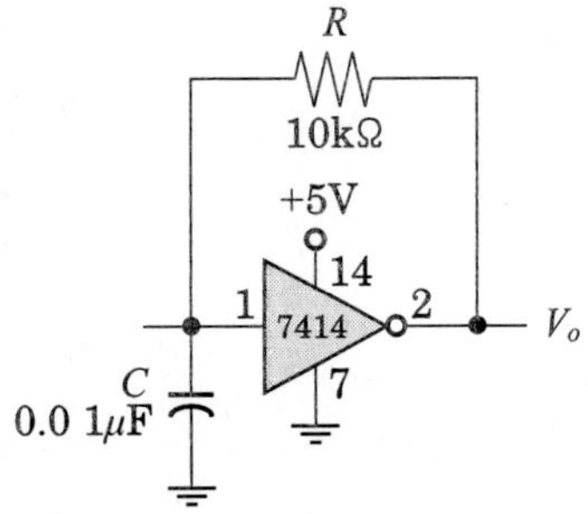

[그림3.28] 슈미트 트리거 발진기

4. 실험

1) [그림3.29]에서 이상발진기 (Phase Shift Oscillator)로 동작하기 위해 R_f 값과 발진 주파수를 계산하고, 측정 하여라

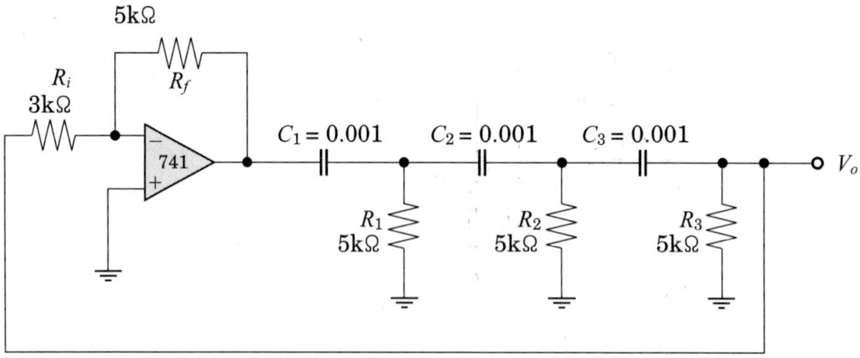

[그림3.29] 이상발진기

$$A_V = \frac{R_f}{R_i}, f_r = \frac{1}{2\pi\sqrt{6}RC}$$

2) [그림3.30]회로를 구성하고 C_1에 걸린 전압과 출력전압(V_0)를 측정하고 파형을 그리시오.
단($R_1(SVR) = 3k\Omega$, $R_2 = 6.8k\Omega$, $C_2 = 0.01\mu F$)

3) [그림3.30]회로에서 백분율 충격계수(Duty Cycle)를 구하시오.

$$D = \frac{R_1 + R_2}{R_1 + 2R_2} \times 100(\%) = \frac{t}{T} \times 100(\%)$$

$\therefore T$: 주기, t : 펄스폭

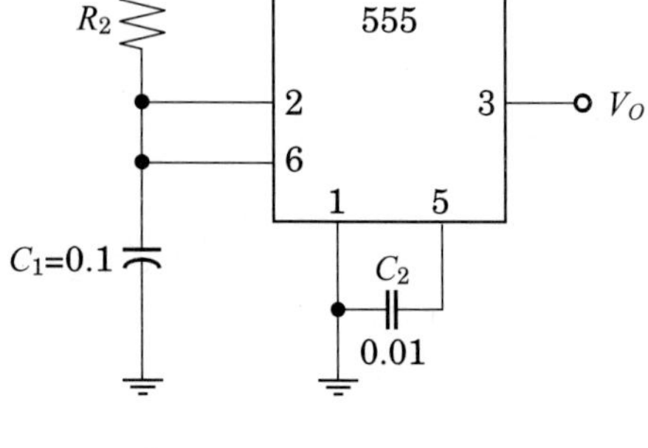

[그림3.30] IC555를 이용한 발진회로

《 실험보고서》

실험(1)의 결과

(가) 의 저항 값
(나) 계산치
(다) 측정치

실험(2)의 결과

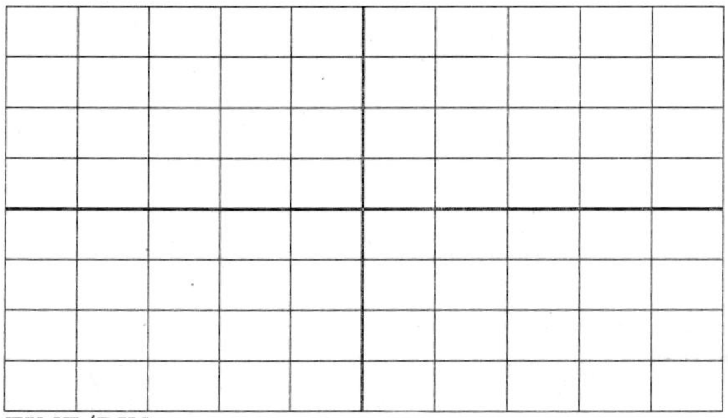

TIME/DIV=

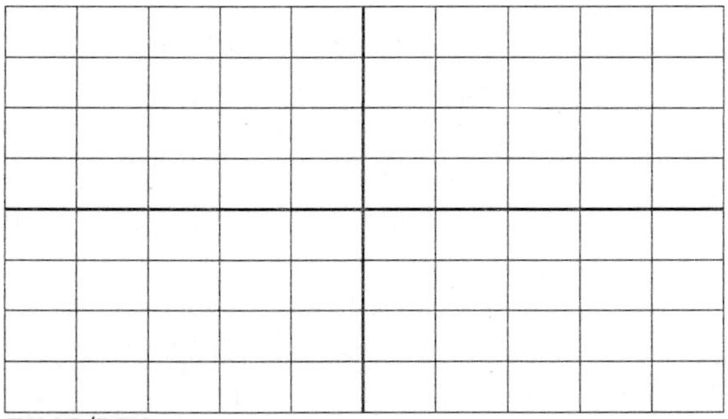

TIME/DIV=

(가)의 전압
(나) 출력전압

실험3의 결과

(가) 이론치
(나) 측정치

〈 검토 및 고찰〉

5. 정리정돈

1) 주변정리를 한다.
2) 계측장비 및 공구를 반납한다.
3) 사용전원을 Off시키고 화재 및 안전에 주의한다.

6. 결과보고서 작성

1) 예비보고서를 작성한다.
2) 보고서를 작성한다.

〈예상문제〉

[문제1] 발진 조건을 만족하려면 어떻게 하면 되는가?

㉮ 정궤환(positive feedback)을 해야 한다.
㉯ 부궤환(negative feedback)을 해야 한다.
㉰ 캐도우드 플로워(cathode follower)로 해야 한다.
㉱ 그리드리이크저항(grid leak resistance)을 줄여야 한다.

〈해설〉 발진조건은 $A_f = \frac{A}{1-\beta A}$ 에서 $1 - \beta A = 0$ 이며 정궤환(양되먹임)을 해야 한다.

[문제2] 증폭도 A인 증폭기에 되먹임률 β로 양되먹임을 걸 경우 발진이 되는 조건은?

㉮ $A\beta < 1$ ㉯ $A\beta = 0$ ㉰ $A\beta > 1$ ㉱ $A\beta = 1$

〈해설〉 증폭도 A_f는 $A_f = \frac{A}{1-\beta A}$ 에서 발진기가 발진하기 위해서는 $1 - \beta A = 0$ 이어야 한다. 즉 $\beta A = 1$ 이면 발진 하는데 이 조건을 Barkhausen 의 발진조건이라 한다.

[문제3] 다음 발진기 중 발진 주파수의 범위가 가장 넓은 것은?

㉮ 음차 발진기 ㉯ RC발진기
㉰ LC반결합발진기 ㉱ 수정발진기

〈해설〉 LC의 공진특성을 이용하는 LC반결합발진기는 발진주파수의 가변범위가 가장 넓다.

[문제4] 하아틀리형 발진 회로에서 컬렉터와 이미터 사이의 리액턴스는?

㉮ 저항성 ㉯ 유도성 ㉰ 용량성 ㉱ 유도성 또는 용량성

〈해설〉 컬렉터와 에미터 사이의 리액턴스는 유도성이다.

[문제5] 콜피츠 발진회로에서 L=200[μH], C_1=2200[pF], C_2=220[pF] 일 때 발진주파수는?

㉮ ≒600[KHz] ㉯ ≒800[KHz]
㉰ ≒1000[KHz] ㉱ ≒1200[KHz]

〈해설〉

$$f = \frac{1}{2\pi}\sqrt{\frac{1}{L}\left(\frac{1}{C_1}+\frac{1}{C_2}\right)} = \frac{1}{2\pi}\sqrt{\frac{1}{200\times10^{-6}}\ \frac{1}{2200\times10^{-12}}+\frac{1}{220\times10^{-12}}}$$
$$= \frac{1}{2\pi}\sqrt{2.5\times10^{13}} = 796\ [KHz]$$

[문제6] 피어스 BC형 발진회로는 어떤 발진회로의 원리와 같은가?

㉮ 콜피츠 발진회로 ㉯ 하아틀리 발진회로
㉰ 비인브리지 발진회로 ㉱ 이상형 발진회로

〈해설〉 피어스 B-C발진회로는 유도성의 수정 진동자를 트랜지스터의 베이스와 컬렉터 사이에 접속하므로 콜피츠 발진 회로와 비슷하다.

[문제7] 수정발진기의 특징 중 가장 중요한 점은?

㉮ 발진이 용이하다. ㉯ 주파수 안정도가 크다.
㉰ 발진 세력이 강하다. ㉱ 소형이며 잡음이 적다.

〈해설〉 수정발진자 자체의 Q(10^4~10^6)가 매우 높고 기계적으로나 물리적으로 안정하여 발진 주파수의 안정도가 좋다.

[문제8] 다음 중 CR 발진기의 설명으로 틀린 것은?

㉮ C와 R를 사용하여 정궤환에 의해 발진을 시킨다.
㉯ 발진 주파수는 LC 동조 주파수로 결정된다.
㉰ CR발진기는 이상형과 브리지형이 있다.
㉱ 음성 주파수 이하의 주파수 발진에 많이 쓰인다.

〈해설〉 RC발진회로는 저주파 발진회로의 일종으로 콘덴서C와 저항R로 발진주파수가 결정되며, 정궤환에 의하여 발진을 시키는 것으로 이상형 발진기와 비인브리지 발진기가 있다.

[문제9] 이상형 CR발진 회로의 발진 주파수를 구하는 식은 어느 것인가?

㉮ $f_0 = \dfrac{1}{2\pi\sqrt{6CR}}$ ㉯ $f_0 = \dfrac{1}{2\pi\sqrt{6}\,CR}$

㉰ $f_0 = \dfrac{1}{4\pi\sqrt{6CR}}$ ㉱ $f_0 = \dfrac{\sqrt{6}}{2\pi CR}$

〈해설〉 이상형 CR 발진회로는 C와 R을 3계단형으로 조합시켜 컬렉터측과 베이스측의 총위상 편차가 180°되게 설계 된 것으로 발진주파수 f_0는 다음과 같다.

$$f_0 = \frac{1}{2\pi\sqrt{6}\,CR}\ [Hz]$$

[문제10] 다음 중에서 발진의 원리와 발진회로가 잘못 연결된 것은?

㉮ 수정 발진회로 - 압전효과
㉯ 음차 발진회로 - 음차의 고유 진동수
㉰ 자기 일그러짐 발진회로 - 자전관을 이용
㉱ 트랜지트론 발진회로 - 부성저항 특성 이용

〈해설〉 자기 일그러짐 발진회로는 자기 왜형현상을 이용한다.

[문제11] 콜피츠 발진 회로에서 지속 발진을 하기 위해서 트랜지스터의 전류 증폭률 h_{fe}는 어떤 조건 이어야 하는가?

㉮ $h_{fe} \geqq w^2LC^2$ ㉯ $h_{fe} \geqq w^2L^2C_2$
㉰ $h_{fe} \leqq w^2L^2C_2^2$ ㉱ $h_{fe} \geqq wLC_2$

〈해설〉 콜피츠 발진회로(colpotts oscillation circuit)이므로 발진 주파수 f_o 와 계속해서 발진을 하기 위한 트랜지스터의 최소 전류 증폭률 h_{fe}는 다음 식으로 표시된다.

$$f_0 = \frac{1}{2\pi\sqrt{L(1+C_2+1/C_2)}}$$
$$h_{fe} = w^2LC_2$$

[문제12] 피어스 BE 수정발진기는 컬렉터 회로의 임피이던스가 어떻게 될 때 가장 안정된 발진을 계속하는가?

㉮ 유도성 ㉯ 용량성 ㉰ 저항성 ㉱급전점에서 무한대

〈해설〉 발진할 때 수정발진자는 유도성으로 되어야 하므로 컬렉터 회로도 유도성이 되어야 한다.

[문제13] 수정발진기의 특징 중 가장 중요한 점은?

㉮ 발진이 용이하다. ㉯ 주파수 안정도가 크다.
㉰ 발진 세력이 강하다. ㉱ 소형이며 잡음이 적다.

〈해설〉 수정발진자 자체의 Q(10^4~10^6)가 매우 높고 기계적으로나 물리적으로 안정하여 발진주파수의 안정도가 좋다.

[문제14] 이상형 병렬 C형 회로에서 발진 주파수는 얼마인가?(단 C=0.01[μF], R=100[kΩ]이다.)

㉮ 약 400[Hz] ㉯ 약 1000[Hz]
㉰ 약 1400[Hz] ㉱ 약 600[Hz]

〈해설〉 이상형 C형 발진회로의 발진주파수 f는

$$f = \frac{\sqrt{6}}{2\pi CR}\ [\text{Hz}] = \frac{\sqrt{6}}{2\times3.14\times0.01\times10^{-6}\times100\times10^{3}}$$
$$\fallingdotseq 400\ [\text{Hz}]$$

[문제15] RC비인 브리즈 발진기의 발진 주파수는?(단 $R_1 = R_2 = R, C_1 = C_2 = C$ 이다.)

㉮ $f = 1/2\pi\sqrt{CB}$ ㉯ $f = 1/2\pi CR$

㉰ $f = 1/2\pi\sqrt{LC}$ ㉱ $f = 1/2\pi LC$

〈해설〉 RC 비인브리지의 발진주파수 f는

$f = \frac{1}{2\pi\sqrt{R_1 R_2 C_1 C_2}}$ [Hz] 에서 $R_1=R_2=R$, $C_1=C_2=C$ 이면 $f = \frac{1}{2\pi RC}$ [Hz] 이다.

[문제16] 원 브리지(wien bridge)형 발진회로에서 $C_1=C_2$, $R_1=R_2$ 일 때 증폭도 A는 얼마 이상인가?

㉮ A〉29 ㉯ A≤29 ㉰ A≧3 ㉱ A〈3

〈해설〉 증폭도 A≧3 이어야 한다.

〈해답〉

1) 가 2) 라 3) 다 4) 나 5) 나 6) 가 7) 나 8) 나 9) 라 10) 다 11) 가 12) 가
13) 나 14) 가 15) 나 16) 라

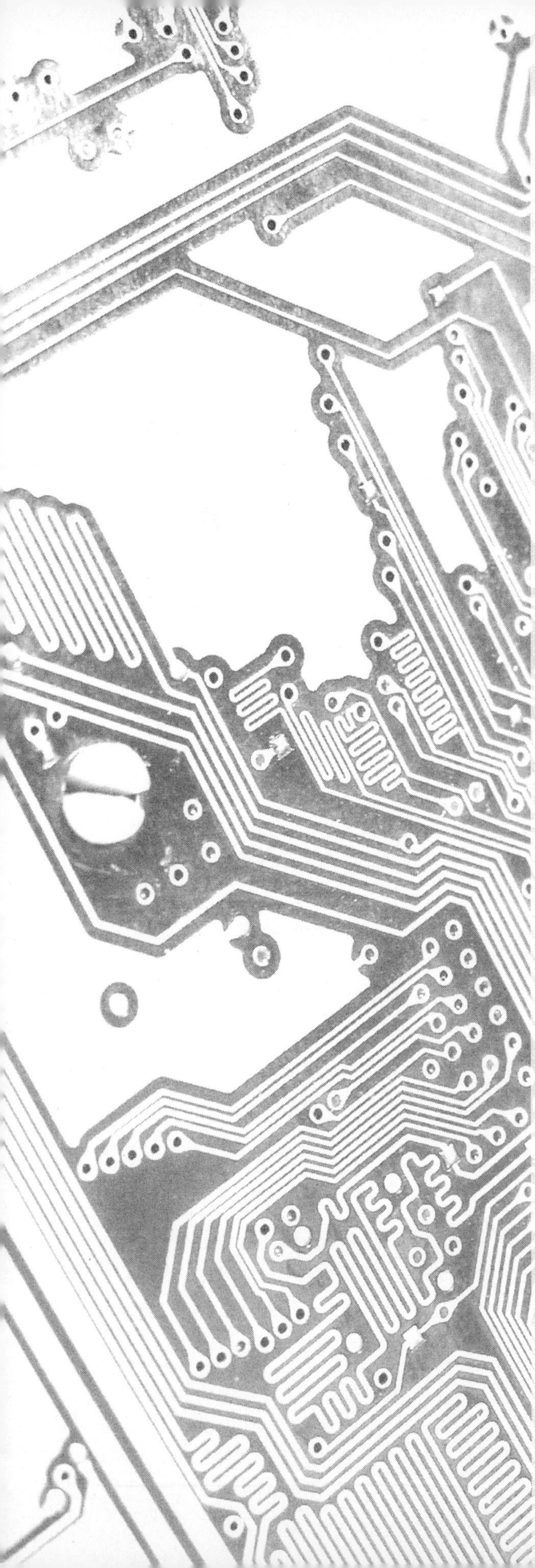

방송전자공학의 기초 II Chapter 4.

변복조회로

Basic Broadcasting and Electronic Engineering II

1. 아날로그 변 · 복조회로(Modulation and Demodulation circuits)

1-1. 아날로그 변복조의 개념

(1) 변복조회로의 기초

① 변조(modulation)란 음성 신호와 같이 저주파 신호를 무선이나 유선으로 먼 거리로 전송할 때 높은 주파수의 반송파에 옮기는 것을 말하는데, 음성 신호에 따라 반송파의 진폭을 변조시키는 진폭 변조, 주파수 변조, 위상 변조 등이 있다.

② 복조(demodulation)란 피변조파를 수신하여 이것에 포함된 신호파를 재생하여 가청할 수 있게 하는 과정을 복조 또는 검파(detection)라 한다.

(2) 변조 방식의 종류

1) 진폭 변조

진폭변조(AM : Amplitude Modulation)란 반송파의 진폭을 정보 신호의 진폭과 같은 형태로 변화시키는 것을 말한다. 디지털 정보를 아날로그 신호로 변화시키는 방식으로, 디지털 정보의 비트 0을 반송파가 없는 것에, 그리고 비트 1을 반송파가 있는 것에 대응시켜서 변조하는 것이다. 비교적 간단하기 때문에 전송 대역을 유효하게 이용할 수 있는 이점이 있는 반면에, 잡음의 영향을 받기 쉽다는 결점을 가지고 있다. 중파라디오 방송 등에 사용된다.

2) 주파수 변조

주파수 변조(FM : Frequency Modulation)이란 저주파인 음성 신호를 고주파의 반송파에 실어 전송하는 것으로, 진폭의 변화를 주파수의 변화로 바꾸는 변조 방식이다. 즉 단위 시간에 반복되는 파장의 수를 변화시킴에 따라 변조하는 방식으로, 디지털 정보 비트 0 또는 1에 각각 주파수가 다른 반송파를 대응시키는 것이다. 변조된 신호의 주파수 대역은 넓어지지만 잡음이 적어 FM방송, 저속 데이터 전송 모뎀 등에 사용된다.

3) 위상 변조

아날로그 신호의 요소에는 진폭, 주기 외에 위상, 즉 파의 개시 위치가 존재한다. 위상 변조(PM : Phase Modulation)란 그 개시 위치의 변화를 0 또는 1에 할당하는 변조 방식이다.디지털 정보와 같이 변화하는 범위가 한정되어 있는 경우에 적합하여 데이터 전송용 모뎀, 디지털 무선 전송 등에 사용된다.

4) 펄스 변조(pulse modulation)

일전 간격의 펄스열을 반송파로 사용하여 그 파라미터를 변조신호로 바꿔서 정보를 전달한다.

① 펄스 진폭 변조(pulse amplitude modulation, PAM)
펄스 변조(pulse modulation) : 일전 간격의 펄스렬을 반송파로 사용하여 그 파라미터를 변조신호로 바꿔서 정보를 전달한다.

② 펄스 진폭 변조(pulse amplitude modulation, PAM)

③ 펄스 주기 변조(pulse duration modulation, PDM)

④ 펄스 위치 변조(pulse position modulation, PPM)

⑤ 펄스 주파수 변조(pulse freqrency modulation, PFM)

⑥ 펄스폭 변조(pulse width modulation, PWM)

⑦ 펄스 부호 변조(pulse code modulation PCM)

1-2. 아날로그변조의 종류

(1) 진폭변조(Amplitude Modulation)

1) 진폭 변조의 원리

반송파의 진폭을 신호파의 진폭에 따라 변화시키는 것이다.

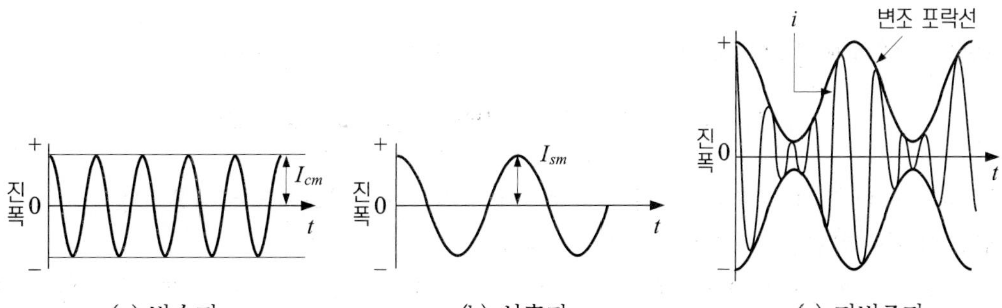

[그림4.1] 진폭변조 된 파형

① [그림4.1] (a)의 반송파를 (b)의 신호파로 변조하면 (c)와 같은 피변조파를 얻게 된다.

② 반송파 $V_C = V_C\cos w\omega_c t$ 의 진폭 V_C을 신호파 $V_S = V_S\cos w\omega_s t$ 에 따라 변화시키면 피변조파

$V_m = V_C(1+\frac{V_S}{V_C}\cos w_s t)\cos\omega_c t = V_C(1+m_a\cos w_s t)\cos\omega_c t$ 로 표시할 수 있다.

$$\therefore m_a = \frac{\text{신호파의 진폭}}{\text{반송파의 진폭}} = \frac{V_S}{V_C},\ \text{또는}\ \frac{I_S}{I_C}$$ 로 변조도(modulation degree)라 한다.

㉠ 변조도는 변조의 정도를 나타낸다.

㉡ $V_S = V_C$ 이면 $m_a = 1$ 일 때 100(%)변조율이 된다.

㉢ m〉1의 상태를 과변조(over modulation)라 하는데, 피변조파의 파형의 일부가 어느 구간 잘려서 일그러짐이 생긴다.

2) 주파수 스펙트럼(frequency spectrum)

피변조파의 주파수 스팩트럼은 반송파 w_c를 기준으로 하면 (w_c+w_s)은 상측파가 되며, (w_c-w_s) 파형은 하측파가 된다. 입력이 사인파일 경우 진폭 변조된 피변조파는 3개의 주파수 성분(반송파 : f_c, 상측파대(upper side band) : $f_c + f_s$, 하측파대(lower side band) : $f_c - f_s$ 으로 되어 있다.

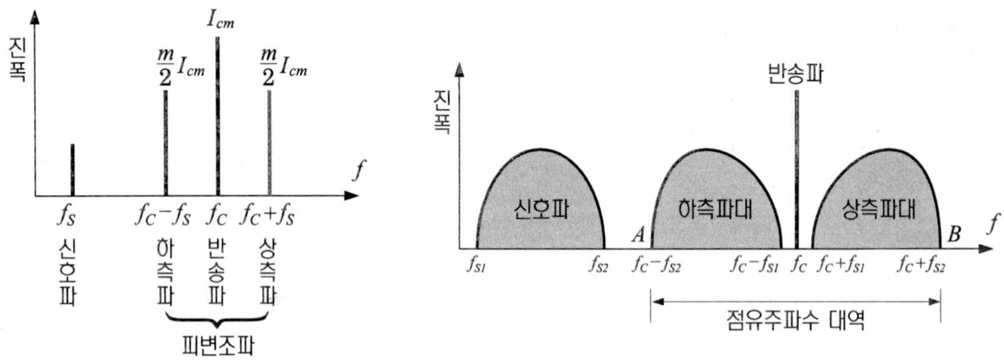

(a) 하나의 f에 따라 변조되었을 때　　　　(a) 하나의 f에 따라 변조되었을 때

[그림4.2] AM파의 주파수 스펙트럼과 점유 주파수 대역

① 피변조파의 주파수 성분 배치를 명확히 알기 위하여 주파수 스펙트럼도가 사용된다.

② [그림4.2](a)는 하나의 주파수 f_s에 따라 변조되었을 때의 스펙트럼도

③ [그림4.2](b)는 여러 가지 주파수 f_s에 따라 변조되었을 때의 스펙트럼도(신호파는 $f_{s1} \sim f_{s2}$ 대역을 차지하고 있다.)

3) 피변조파의 성질

① 점유 주파수 대역

하측파대에서 상측파대까지 피변조파가 점유하는 주파수 대역을 말한다.

② 피변조파의 전력

진폭 변조파가 부하 저항 R에서 소비되는 각 주파수 성분에 대한 전력은 $P = VI = I^2R$에서

저하에 흐르는 실효전류는 $P = V\frac{I}{\sqrt{2}} = (\frac{I}{\sqrt{2}})R \cdot (\frac{I}{\sqrt{2}}) = (\frac{I}{\sqrt{2}})^2 \cdot R$ 에서

㉠ 반송파 전력 : $P_C = (\frac{I_c}{\sqrt{2}})^2 R = \frac{I_c^2}{2} R$

㉡ 상측파 전력 : $P_H = (\frac{m_a V_c}{2}) \cdot \frac{I_c}{\sqrt{2}} = (\frac{m_a I_c}{2} \cdot \frac{1}{\sqrt{2}})^2 R = \frac{m^2 a}{8} I_c^2 R = \frac{m_a^2}{4} Pc$

㉢ 하측파 전력 : $P_L = (\frac{m_a V_c}{2}) \cdot \frac{I_c}{\sqrt{2}} = (\frac{m_a I_c}{2} \cdot \frac{1}{\sqrt{2}})^2 R = \frac{m^2 a}{8} I_c^2 R = \frac{m_a^2}{4} Pc$

따라서 피변조파 전력 $P = P_C + P_H + P_L$ 에서

$$P = \frac{I_{cm}^2}{2} R + \frac{m^2}{8} I_{cm}^2 R + \frac{m^2}{8} I_{cm}^2 R = P_c(1 + \frac{m^2}{2})[\mathrm{W}]$$

㉣ 하측파와 상측파 전력은 같은 값이다.

㉤ m=1(100[%]변조) 일 때는 반송파가 전체전력의 $\frac{2}{3}$를 차지하고, 나머지 $\frac{1}{3}$이 양측파 전력이 된다.

(2) 진폭 변조 회로

1) 직선 변조회로(Linear modulation circuit)

특성 곡선의 직선부를 이용하므로 대진폭 변조라고도 하며 이변조 방식은 신호파의 전압을 충분히 크게 하여 변조하므로, 변조에 의한 일그러짐이 적고 효율이 높은 장점이 있다.

① 컬렉터 변조(Collector)

㉠ 직선성이 대단히 우수하고 거의 100%까지 변조될 수 있다.

㉡ 변조하는 전력이 클 필요가 있다.

㉢ 송신기의 마지막 증폭단에서 실시한다.

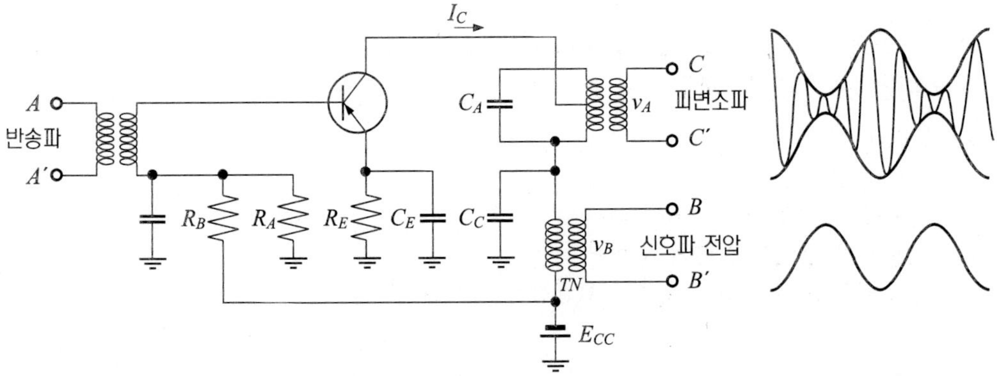

[그림4.3] 컬렉터 변조회로

② 베이스 변조회로(제곱변조회로)(Base modulation circuit)

㉠ 컬렉터 변조에 비교하여 훨씬 작은 변조 신호 전력으로도 된다.

㉡ 이미터 접지 트랜지스터의 베이스에 반송파와 신호파를 가해서 베이스 바이어스가 신호파에 따라서 변화하도록 한 변조회로이다.

㉢ 컬렉터 전류에 대한 베이스-이미터 전압 특성은 그림과 같이 비직선적이다.

㉣ 완전한 제곱 특성을 가지는 능동 소자를 얻기가 곤란하다. 따라서 출력에는 고조파 성분이 포함되어 일그러짐이 컬렉터 변조 회로 보다 크고 효율도 나쁘다.

㉤ 저출력, 변조도가 그다지 문제 되지 않은 경우에 사용된다.

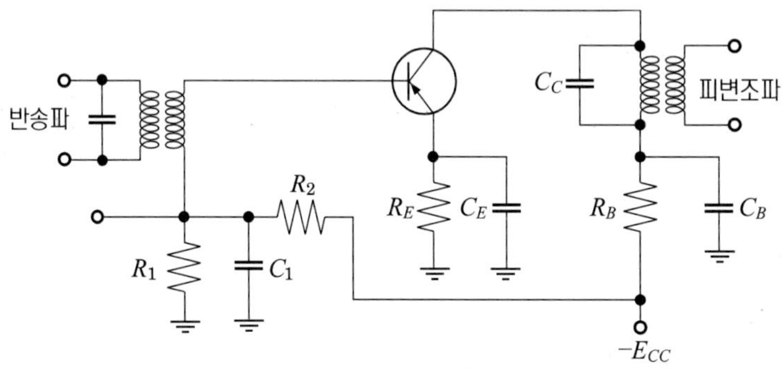

[그림4.4] 베이스 변조회로

③ 링 변조 회로(Ring modulation circuit)

㉠ 피변조파에서 반송파를 제거하고 상측파대와 하측파대만을 얻는 회로를 평형변조 또는 링 변조회로라 한다.

㉡ 단측파 통신에 이용된다.

㉢ 평형 변조 회로도 이 변조 방식을 이용한다.

㉣ 단측파대(SSB)를 얻고자 할 때에는 링 변조 회로의 출력에 한 쪽 측파대만을 선택하는 필터(filter)회로를 부착하면 된다.

㉤ 특징

㉮ 소형이다.
㉯ 전력소비가 적어 경제적이다
㉰ 낮은 전력에서 많이 사용된다.
㉱ 전력 소비가 많은 것에는 진공관을 사용한 회로가 쓰인다.

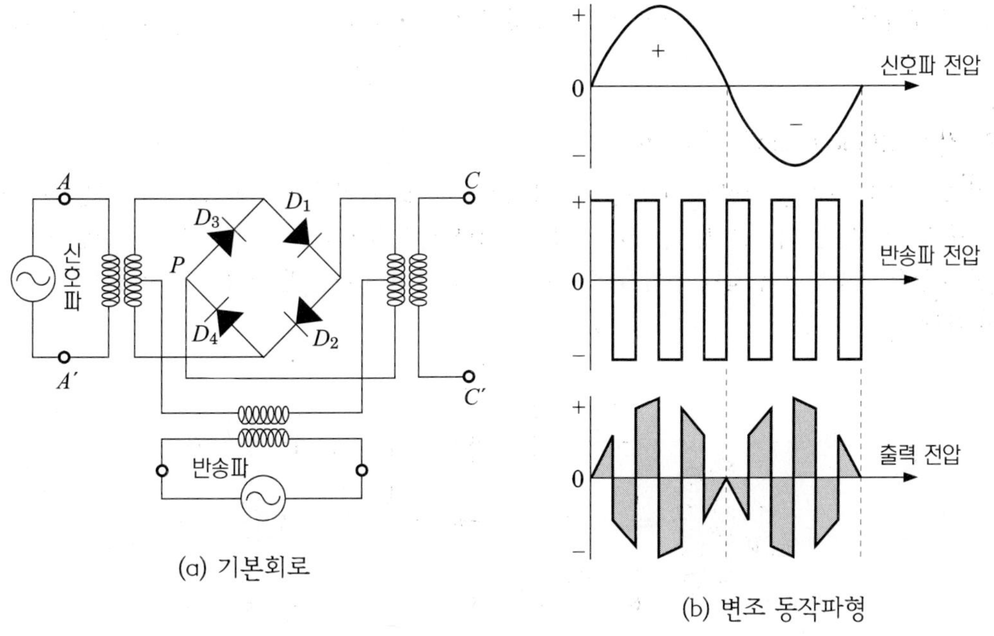

[그림4.5] 링 변조 회로(Ring modulation circuit)

2) 제곱 변조회로(Square-law modulation circuit)

제곱 변조회로는 입력 측에 신호파 f_s 와 반송파 f_c 을 합쳐서 인가하였을 대 부하 측에 나타나는 출력 파형으로부터 저주파 성분을 빼내어 진폭변조파를 만들어 내는 회로로 소 진폭 변조회로로 SSB 방식에 이용된다.

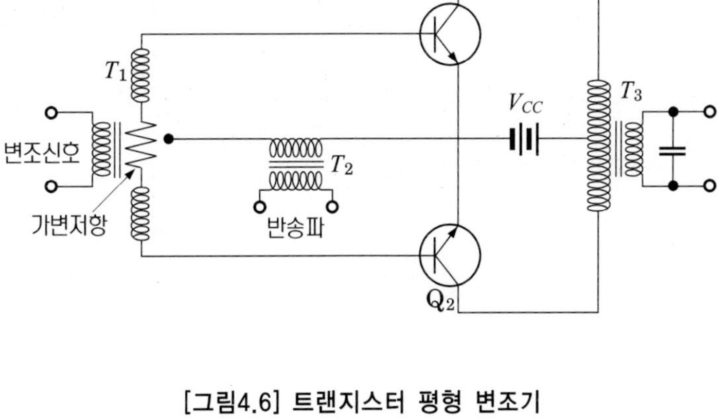

[그림4.6] 트랜지스터 평형 변조기

(3) 진폭 복조 회로

피변조파에서 원래의 신호파를 재생하는 과정을 복조(demodulation) 또는 검파(detection)라고 한다.

1) 직선 검파기(Linear diode detector)

AM변조 회로를 통해서 입력에 가해진 피변조파를 다이오드 검파하여 피변조파와 같은 모양의 포락선을 출력으로 얻는 회로로서, 다이오드 검파기이다. 직선 검파기는 다이오우드의 전압 전류 특성의 직선 부분을 이용하도록 입력 전압을 충분히 크게 하여 복조하는 방식이므로 비직선에 의한 일그러짐이 작다.

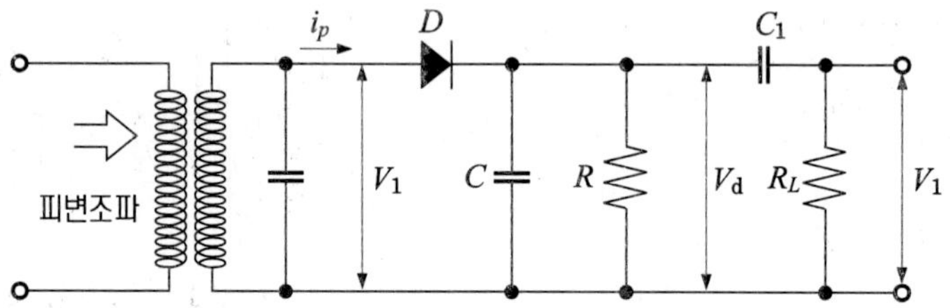

[그림4.7] 직선 검파 회로

2) 자승검파기(Square law detector)

비직선 소자의 제곱 특성을 이용한 복조 방식으로 비교적 진폭이 작은 진폭 변조파의 복조에 사용된다.

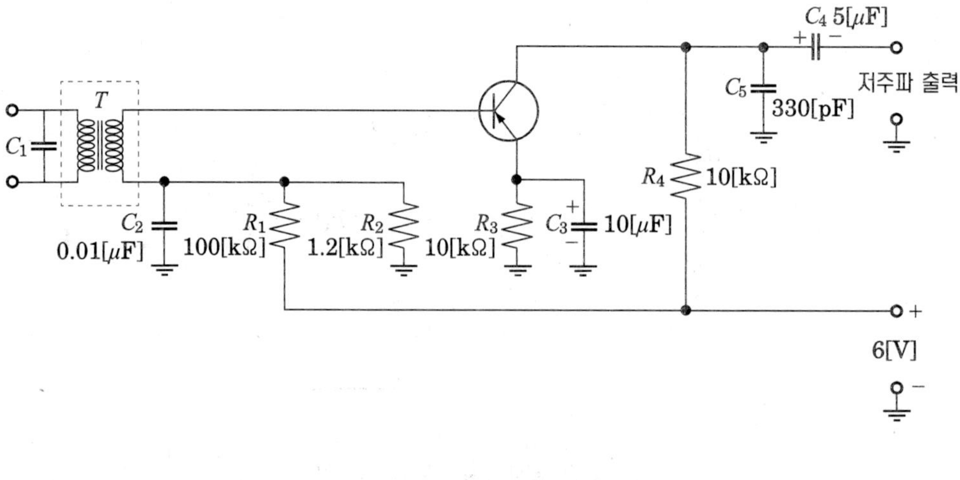

[그림4.8] 자승검파기(Square law detector)

3) 헤테로다인검파기(Heterodyne detector)

수신하고자 하는 반송파 f_s 와 그 주파수에 가까운 주파수를 수신기의 국부 발진기를 통해 발생시킨 국부발진 주파수를 f_i 와 중첩시켜서 반송파의 국부발진주파수와의 차이인 주파수를 갖도록 하는 검파회로이다.

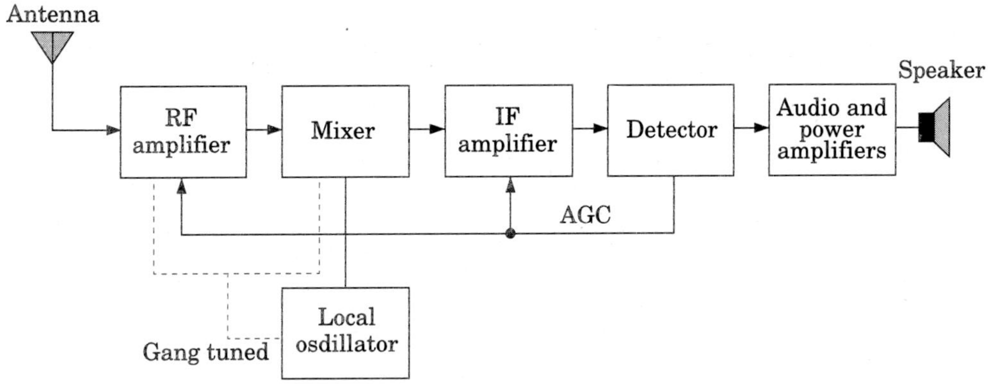

[그림4.9] 슈퍼헤테로 다인 수신기

(4) 주파수 변조(Frequency Modulation)

1) 주파수 변조의 원리

주파수 변조의 원리는 정현파인 반송파의 진폭은 일정하게 유지하고 그 대신 반송파의 순시 주파수를 신호파에 따라서 변화시키는 변조 방식이다.

2) 주파수 변조의 원리

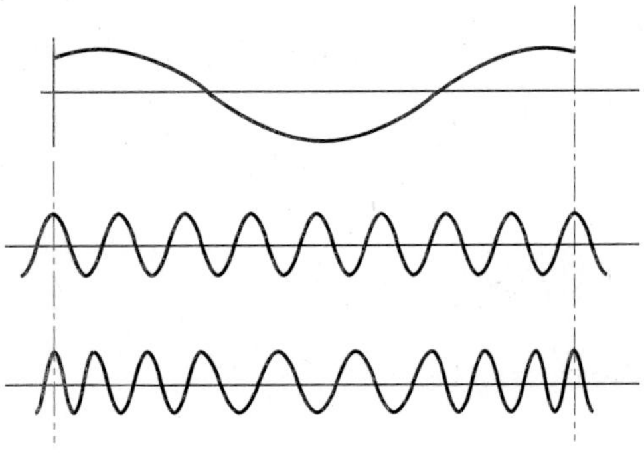

[그림4.10] 주파수 변조파형

① 주파수변조시 피변조파의 순시 각주파수 ω

$\omega = \omega_c + \Delta\omega_c \cos\omega_s t$ 여기서 반송파 : $i_c = I_{cm}\sin\omega_c t$, 신호파 : $i_s = I_{sm}\cos\omega_s t$

최대주파수편이 : $\Delta\omega_c = 2\omega\,\Delta f_c$

② 최대주파수 편이
반송 주파수 f_c를 중심으로 변조에 의한 최대 주파수변화분으로서 FM 방송 $\Delta f_c = \pm 75$[KHz], TV 음성 $\Delta f_c = \pm 25$[KHz], 일반통신 $\Delta f_c = \pm 15$[KHz] 이다.

③ 변조지수 : 최대주파수편이 Δf_c와 신호주파수 f_s의 비로서

$$m_f = \frac{\text{최대주파수편이}}{\text{신호주파수}} = \frac{\Delta f_c}{f_s} = \frac{\Delta\omega_c}{\omega_s}$$

④ 실용적 주파수 대역폭

$B = 2f_s(m_f + 1) = 2(\Delta f_c + f_s)$이며 실제 FM방송에서는 $B = 200$[KHz]이다.

피변조파의 어느 시각 t에서의 위상 ψ는 $\omega_c(t) = \frac{d\psi}{dt}$로부터

$$\psi(t) = \int_o^t \omega dt = \omega_c t + \frac{\Delta\omega_c}{\omega_s} \sin\omega_s t$$

⑤ 주파수 변조된 피변조파 i_{FM}

$$i_{FM} = I_{cm} \sin\psi(t) = I_{cm} \sin(\omega_c t + \frac{\Delta\omega_c}{\omega_s} \sin\omega_s t)$$

(5) 주파수 변조회로

LC 발진기의 공진 회로의 리액턴스를 직접 신호파에 비례하도록 하면 된다. 리액턴스를 변화 시키는 소자는 리액턴스 트랜지스터, 가변 용량 다이오우드, 압분 철심 등이 있다.

리액턴스 트랜지스터에 의한 주파수 변조

여기서 Z_1 : 베이스 – 컬렉터간의 임피이던스, $Z_1 = \frac{1}{j\omega C}$

Z_2 : 베이스 – 이미터간의 임피이던스, $Z_2 = R$

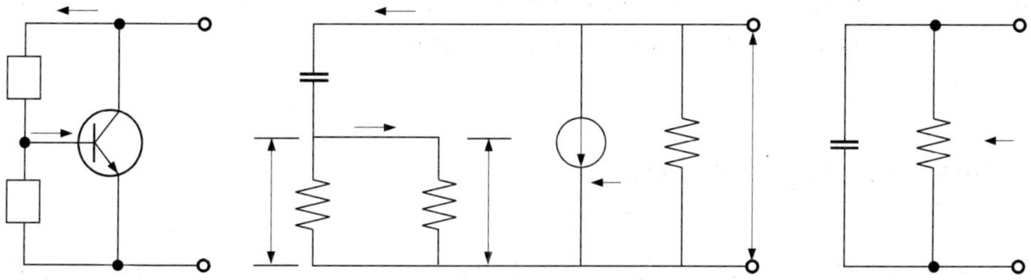

[그림4.11] 리액턴스회로

㉠ 용량성 트랜지스터회로

등가용량 $C_e = \frac{h_{fe}RC}{h_{ie}}$

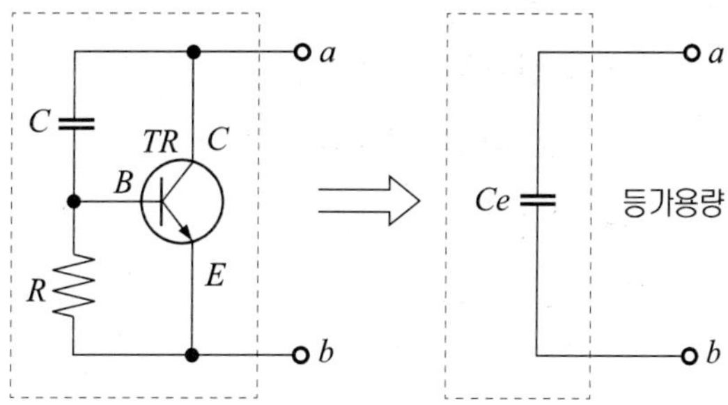

[그림4.12] 용량성 리액턴스회로

㉡ 유도성 트랜지스터회로

등가인덕턴스 $L_e = \frac{h_{ie}RC}{h_{fe}}$

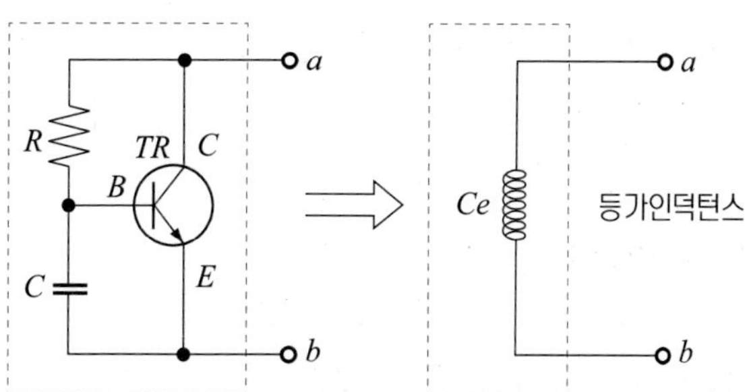

[그림4.13] 유도성 리액턴스회로

㉢ 리액턴스 트랜지스터 회로에서 베이스전압을 신호파에 따라 변화시키면도 $\frac{h_{fe}}{h_{ie}}$이에 따라 변하므로 이것을 이용하면 주파수변조를 할 수 있다.

가변용량 다이오우드에 의한 주파수 변조

㉠ 리액턴스 트랜지스터 회로 대신 가변용량 다이오우드를 사용하여 주파수 변조를 한다.

㉡ 가변 용량 다이오우드의 용량 C는 다음과 같은 관계에 있다.

$$C = \frac{K}{(\psi - V)^{n}}$$

여기서, K : 다이오우드에 의해 정해지는 상수

ψ : 접촉 전위차

V : 다이오우드에 가하는 역전압

n : (+)의 실수로 다이오우드의 접합 형식에 따라 결정된다.

(합금형과 같은 계단형 접합은 $n = \frac{1}{2}$. 확산형과 같은 경사형 접합은 $n = \frac{1}{3}$)

㉢ 가변 용량 다이오우드에 역바이어스 전압을 가하고 신호파를 가하면 역바이어스 전압이 신호파에 따라 변하므로 용량도 함께 변하며 동조 회로에 가변 용량 다이오우드를 접속해서 신호파를 가하면 동조 주파수가 변한다. 따라서 주파수 변조를 할 수 있다.

주파수 복조 회로

주파수 판별 호로란 FM파(주파수 변조파)에 실린 신호를 재생할 때 FM파를 진폭변조파로 변화시킨 다음 이것을 신호파로 복조하는 회로를 말하며 FM복조 판별 회로에는 포스터 시일리 판별회로와 비검파회로가 있다.

포스터시일리 판별회로

㉠ M결합 주파수 판별 회로라고도 한다.

㉡ 입력 진폭에 의한 복조 감도가 변하므로 판별 회로의 앞에 별도의 진폭제한 회로를 삽입해야 한다.

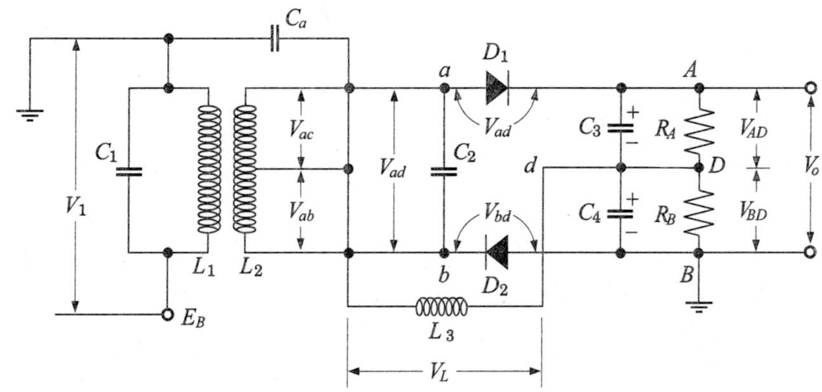

[그림4.14] 포스트실리판별회로

ⓒ L_3의 리액턴스에 비해 C_0, C_3, C_4는 용량이 커서 리액턴스를 무시할 수 있다. 따라서, V_1과 V_2은 위상이 같다.

ⓓ V_{ac}와 V_{cd}의 전압 크기는 V_{ab} 전압의 이고 반대쪽에 있으므로 C점을 기준으로 볼 때 위상은 반대(180도)이다.

따라서 검파기 D_1, D_2에 가해지는 전압 V_{ad}, V_{bd}는 다음과 같다.

$$V_{ad} = V_L + V_{ac} = V_L + \frac{V_{ab}}{2}$$

$$V_{bd} = V_L - V_{cb} = V_L - \frac{V_{ab}}{2}$$

ⓔ V_{ad} 및 V_{bd}는 D_1, D_2로 정류되어 로 되며 출력 전압은 V_{AD}, V_{BD}로 되며 출력 전압은 $V_0 = V_{AD} + V_{BD}$ 로 된다.

ⓕ 주파수 편이가 작은 범위에서는 직선적으로 되나 주파수 편이가 크면 S자형의 특성이 된다.

ⓖ S자형의 특성 곡선의 P-P′를 최대 분리 간격(peak separation)이라 하며, 주파수 편이가 이 범위 안에 있도록 설계 되어야 한다.

ⓗ 이 회로의 앞단에는 진폭 변화를 억제하는 진폭 제한 회로(limiter)를 사용해야 한다.

ⓘ TV전파의 음성 신호의 최대 주파수 편이는 25[KHz]이므로 P-P′의 간격은 100[KHz]정도의 폭으로 한다.

비검파 회로

㉠ 포스터 시일리 판별 회로는 입력 진폭에 의한 복조 감도가 변하므로 반드시 판별회로 앞에 진폭 제한 회로를 삽입해야 한다는 단점이 있으나 비검파 회로는 진폭변동에 민감하지 않도록 설계 되었다.

㉡ 포스터 시일리 회로와 다른 점

㉮ 다이오우드 의 접속 극성이 다르다.

㉯ 단자 $A-C$사이에 용량이 큰 콘덴서 C_5가 병렬로 접속되어 있다. 따라서 시상수 $C_5(R_1+R_2)$가 대단히 커서 펄스 모양의 잡음이나 입력 신호의 급격한 변화에도 $A-C$사이의 전압은 거의 일정하다.

㉰ 출력 전압을 얻는 방법이 다르다.

㉢ 동작 원리

㉮ 그림에서 제 3코일 L_3은 L_1에 밀결합시켜 L_3에 생기는 전압 V_L을 2차 코일의 L_2 의 중점에 가한다. V_L은 V_1과 거의 동위상으로 된다.

㉯ 공진 회로 쪽의 위상과 전압 관계는 반드시 포스터 시일리 주파수 판별기와 같다.

㉰ 그림의 D점에서 보면

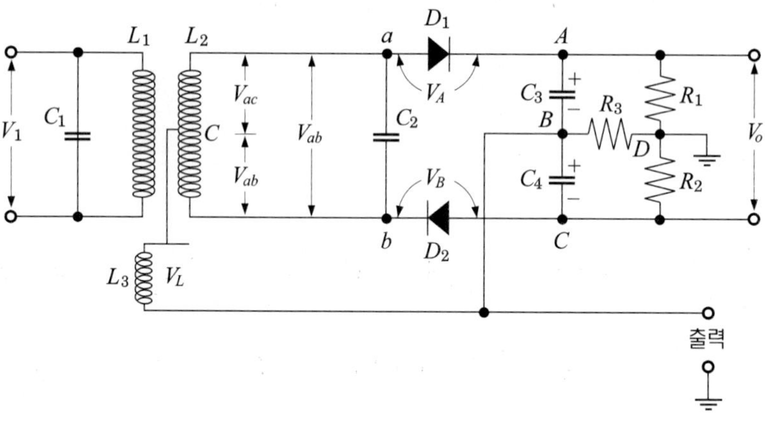

[그림4.15] 비검파 회로

$V_{AB} + V_{BD} = V_{AD}$

$V_{BC} - V_{BD} = V_{DC}$

$R_1 = R_2$이면 $V_{AD} = V_{DC}$이므로

$V_{AB} + V_{BD} = V_{BC} - V_{BD}$

V_{BD}에 대해서 풀면

따라서 출력 전압 V_{BD}는 FM파에 따라 변하는 V_{BC}, V_{AB}의 차에 비례한다.

㉣ $f = f_s$ 일 때는 $V_{BC} = V_{AB}$가 되어 출력 $V_{BD} = 0$이고, $f \neq f_s$ 일 때는 주파수편이에 비례하여 (+), (−)의 V_{BD}가 변화하여 S자형 특성을 가진다.

㉤ 비검파 회로의 출력 전압은 포스터 실리 회로와 비교할 때 $\frac{1}{2}$이 된다. (복조 감도 $\frac{1}{2}$)

㉥ C_5 및 R_1, R_2가 진폭 제한 작용을하여 별도의 limiter 회로가 필요하지 않다.

2. 디지털 변조방식

디지털 변조도 아날로그 변조와 마찬가지로 반송파의 진폭, 주파수, 위상을 변화시키는 정보전달 방법의 하나이다. 반송파의 파라미터를 변화시킨다고 하는 점에서 양자는 같다고 할 수 있다. 아날로그의 진폭변조 AM에 상당하는 것이 ASK(Amplitude Shift Keying), 주파수변조 FM에 상당하는 것이 FSK(Frequency Shift Keying), 위상변조(phase modulation) PM에 상당하는 것이 PSK(Phase Shift Keying)이다. 진폭변조와 위상변조(phase modulation)를 조합한 변조방식도 있는데, 이것을 직교진폭변조 QAM(Quadrature Amplitude Modulation)라고 부른다.

(1) 진폭편이 변조방식 (ASK)

디지털 진폭편이변조(ASK)방식은 신호파형에 따라 반송파의 진폭을 변화시키는 방식으로, ARK(1)과 SPACE(0)를 반송파가 있고 없음에 대응시키는 On-off 방식과 반송파 위상의0 ° 와 180 ° 에 대응시키는 위상반전방식이 있다

1) 진폭편이 변조방식 (ASK) 의 동작

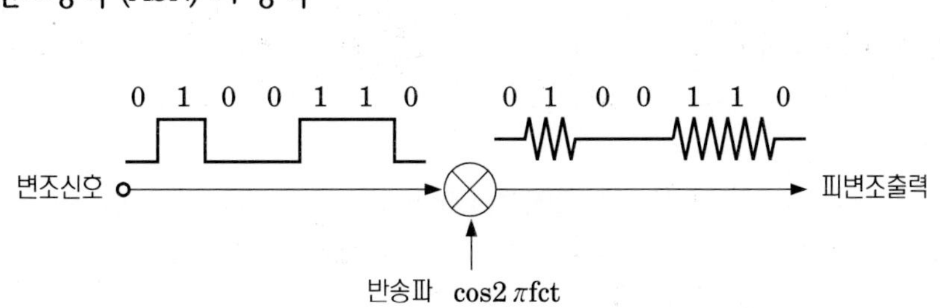

[그림4.16] 진폭편이 변조방식 (ASK)

① 구조와 원리가 가장 간단
② 전압을 조정하는 방식
③ 상대적으로 잡음의 영향을 많이 받는다

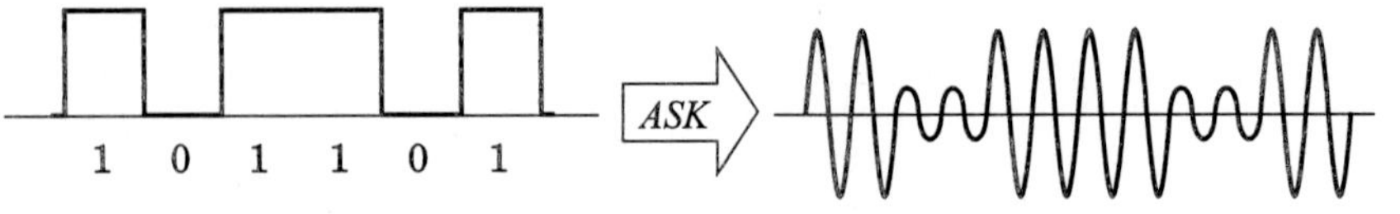

[그림4.17] 진폭편이 변조방식 (ASK)

2) 진폭변복조기의 구성

ASK(Amplitude Shift Keying) 변조회로는 [그림4.19](a)에 나타낸 바와 같이 곱셈기만으로 실현할 수 있다. 베이스밴드 신호가 정(+)의 값밖에 취하지 않기 때문에, AM과 같이 반송파를 나중에 가할 필요는 없다. 신호 변환기는 데이터로부터 베이스밴드 신호로 변환하는 회로이다. 또한 복조는 [그림4.19](b)와 같은 회로로 실현할 수 있다.

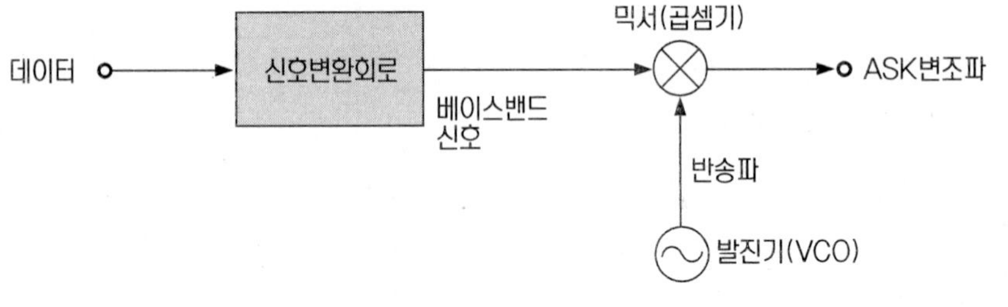

(a) 변조회로

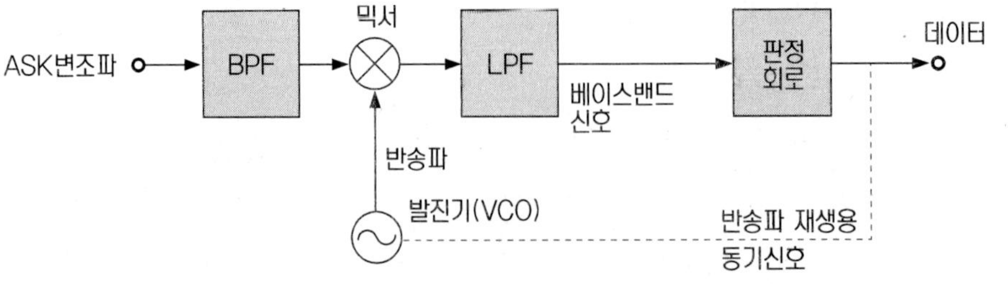

(b) 복조회로

[그림4.18] 진폭변복조기회로의 구성

(2) 주파수 편이 변조(FSK : Frequency-Shift Keying)

아날로그 변조의 FM에 상당하는 것이 FSK(Frequency Shift Keying)이다.

주파수변조(FSK)는 베이스밴드 신호 의 펄스 값이 0,1따라 반송파의 데이터신호의 0은 높은 주파수, 1은 낮은 주파수를 할당하며, 저속 모뎀에 사용한다.

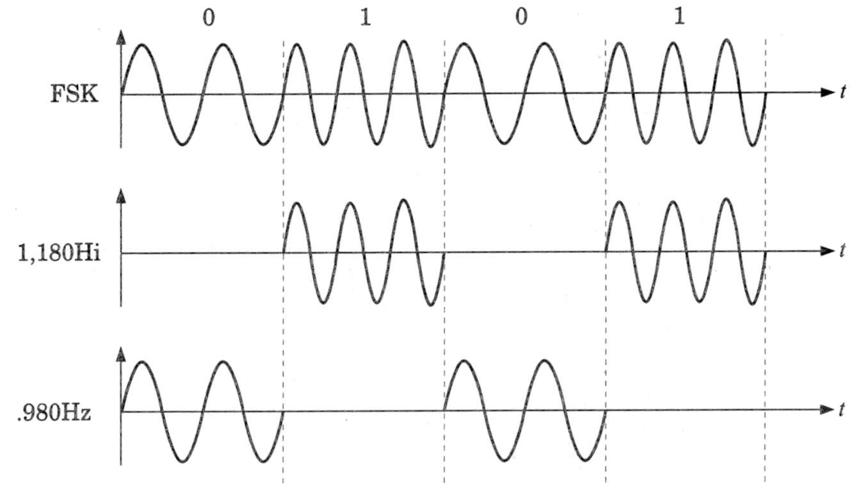

[그림4.19] 주파수편이 변조방식 (FSK)

1) 주파수 편이 방식의 변복조 회로구성도

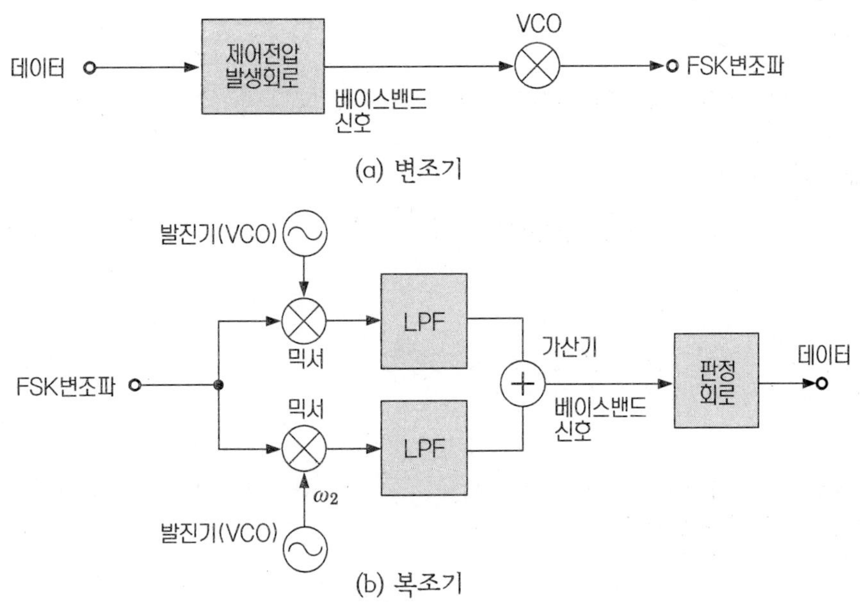

[그림4.20] 주파수 편이 방식의 변복조 회로구성도

(3) PSK(Phase Shift Key)

디지털 클럭이 0일 때와 1일 때 각각 반송파의 위상에 일정한 차이를 두어 변조시키는 방법이다.

1) BPSK (Binary Phase Shift Key)

0과 1일 때의 반송파에 180도의 위상차를 두는 PSK방식.

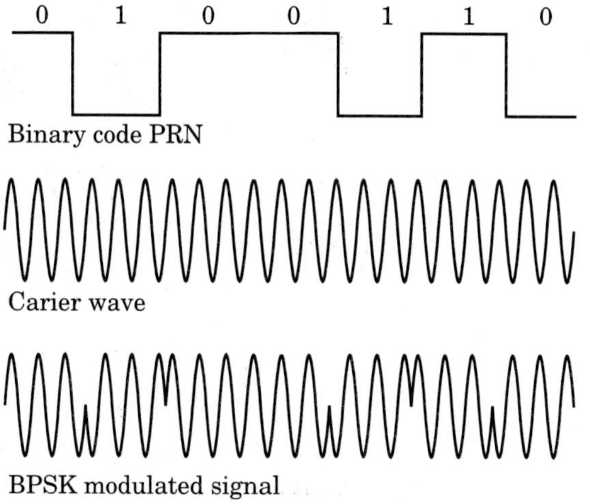

[그림4.21] BPSK신호

2) 차동부호화 BPSK

반송파가 없어도 변조파의 현재 파형과 전의 파형 위상을 비교하여 데이터를 재현할 수 있다.

3) QPSK(Quadrature PSK)

BPSK가 1과 0의 두 가지 신호만을 구분하는 프로토콜인 반면, QPSK는 4가지의 디지털 신호를 구분한다.

- 00, 01, 10, 11의 4가지 2bit 디지털 신호를 전송할 수 있기 때문에 이론적으로 같은 시간내에 BPSK보다 2배의 데이터를 전송할 수 있다.

- BPSK가 반송파의 위상을 180도씩 바꾸어가면서 전송했다면 QPSK는 90도씩 위상을 변화시켜서 4개의 신호를 만들어내게 된다.

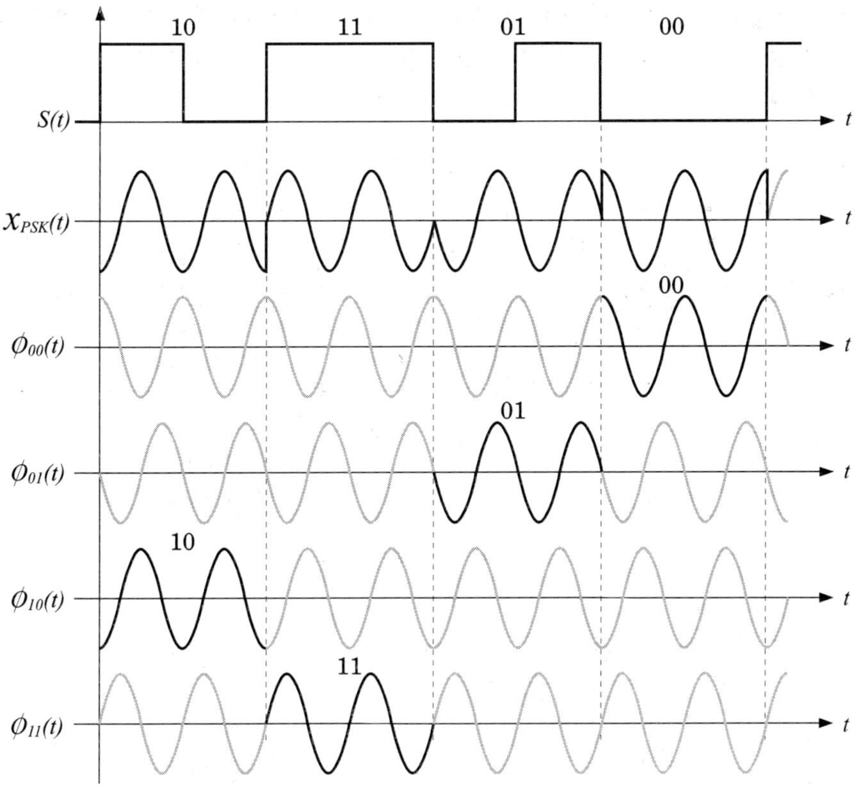

[그림4.22] QPSK신호

4) QAM (Quadrature Amplitude Modulation)

① 디지털 신호를 일정량만큼 분류하여 반송파 신호와 위상을 변화시키면서 변조시키는 방법

② 사용하는 신호좌표의 양에 따라 여러 가지로 나누어지는데, MPSK와 마찬가지로 M-ary 방식이라서 QAM을 MQAM이라고 부르기도 하며 2의 승수에 해당하는 만큼의 신호를 사용한다.

3. 디지털 복조

디지털 복조란, 아날로그 복조와 마찬가지로 수신한 변조파로부터 보내진 변조신호를 복원하는 것이다. 송신측의 원 데이터(0, 1)를 복원하는 것을 의미한다.

그림의 예에서는 진폭 0을 데이터 0에, 최대진폭을 데이터 1에 대응하도록 송신측과 수신측에 정해져 있으면 수신측에서 변조파의 진폭정보로부터 판정회로를 통해 데이터를 복원 할 수 있다. 이것이 디지털 복조이다

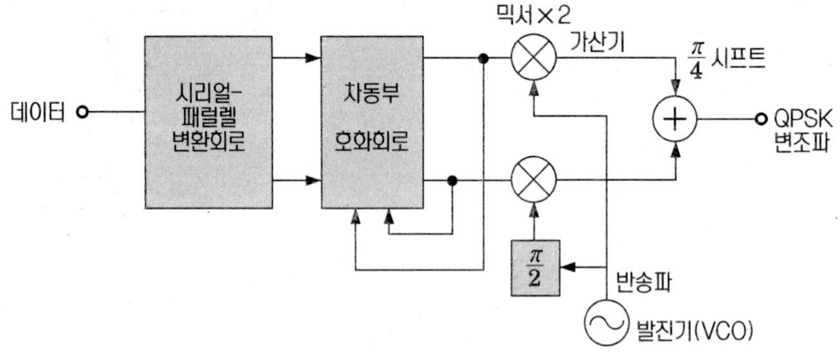

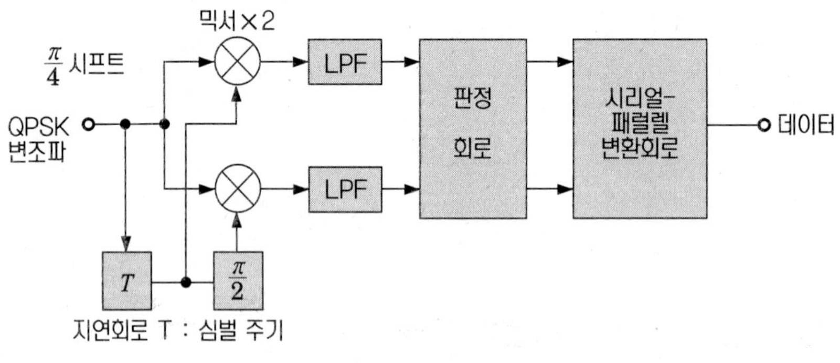

[그림4.23] QPSK변조와 복조기 회로

(실험4.1)

변조회로(Modulation Circuit) 실험

1. 목적

① 변조의 원리를 이해한다.

② 변조 구성을 통해 원리 이해 및 측정

2. 실험준비

1) 장비 및 공구

구분	공구명	규격
1	디지털 멀티미터(Digital Multimeter: DMM)	Digital
2	디지털오실로스코프	1대
3	Bread Board	1대
4	함수제네레이터(Function Generator)	1대
5	Voltage Meter	1대
6	Current Meter	1대
7	DC 전압공급기	1대
8	공구세트(롱노즈 플라이어 , 드라이버, 니퍼 등)	1세트

2) 재료

<table>
<tr><th>재료명</th><th>규격</th><th>수량</th><th>안전 및 유의 사항</th></tr>
<tr><td>저항</td><td>10Ω</td><td>2개</td><td rowspan="9">① Bread Board 기판에 조립하여 실험하며 안전에 주의한다.
② 공급전원은 정격전압의 공급되도록 한다.
③ 부품의 극성에 주의한다.
④ 계측 사용시 계기 파손되지 않도록 한다.</td></tr>
<tr><td>저항</td><td>1kΩ, 100kΩ, 68kΩ(1개)</td><td>6개</td></tr>
<tr><td>SVR</td><td>100kΩ(Round)</td><td>4개</td></tr>
<tr><td>전해콘덴서</td><td>2.2μF, 20V</td><td>3개</td></tr>
<tr><td>전해콘덴서</td><td>0.1μF, 20V</td><td>2개</td></tr>
<tr><td>마일러콘덴서</td><td>0.001μF</td><td>1개</td></tr>
<tr><td>트렌지스터</td><td>2SC1815</td><td>3개</td></tr>
<tr><td>코일</td><td>1mH</td><td>각 2개</td></tr>
<tr><td>IC 및 소켓</td><td>74HCU04</td><td>2개</td></tr>
</table>

3. 관계이론

(1) 진폭변조(Amplitude Modulation)와 진폭복조(Amplitude Demodulation)

1) 진폭변조

진폭변조회로로 널리 사용되는 AM 방식은 반송파에 대한 증폭이득을 신호파에 따라서 변화시키는 방식을 말하며 [그림4.24]은 콜렉터 변조회로로 AM에서 많이 사용된다.

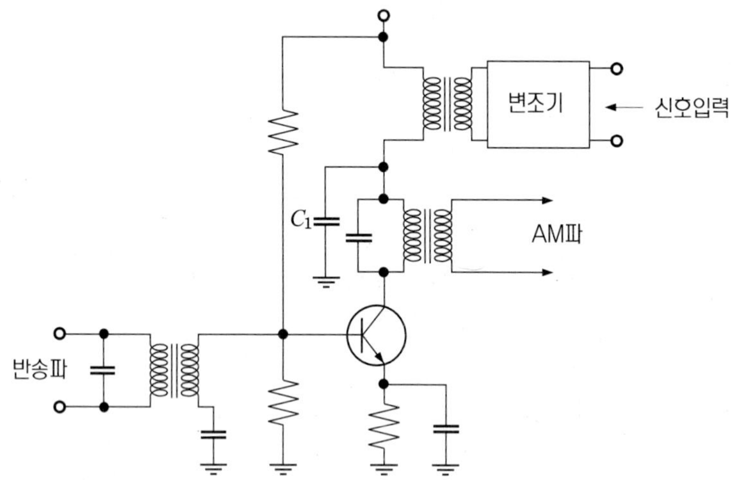

[그림4.24] 콜렉터 변조회로

동작원리는 B급 또는 C급 증폭기에 반송파 입력 전압을 걸면 반송파는 증폭되어 콜렉터에 나타나게 되는데 이때, 콜렉터 전류를 변조 신호파에 따라서 변화시킨다면 출력반송파의 진폭변화는 신호파의 파형과 거의 같게 된다. C_1은 반송파의 by-pass(측로) 콘덴서로서 신호파에 대해서는 큰 임피던스를 나타내므로 실제로는 개방회로로 동작한다. 입력신호 주파수 f_m은 반송파의 주파수 f_c에 비하여 매우 적으므로 반송파의 1주기 동안 신호파의 변화는 무시될 수 있으므로 반송파에 대한 B급 또는 C급 증폭기의 공급전압이 신호파에 따라서 서서히 변화됨을 볼 수 있다.

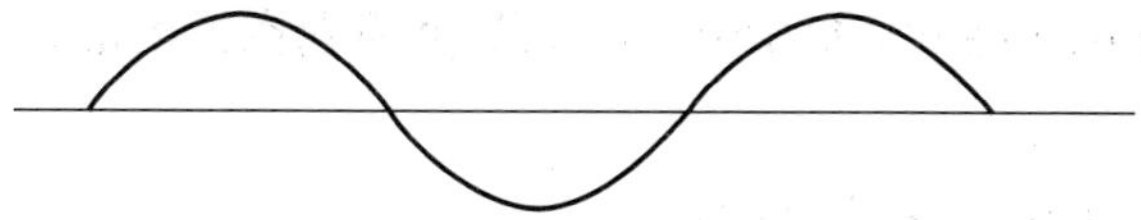

(a) 신호파

(b) 콜렉터 전류

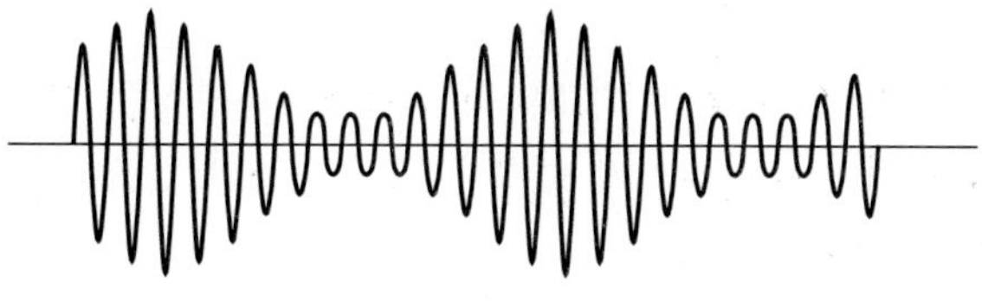

(c) AM파

[그림4.25] 콜렉터 변조회로 동작 파형

2) 진폭복조

[그림4.26]은 다이오드와 RC회로로 구성된 직선 검파기로써 AM신호에서 다시 변조신호를 얻을 수 있게 한다. 동작원리는 먼저 AM파가 다이오드를 통하여 인가되면, 피변조파의 최대전압이 C에 충전되어 C의 단자전압은 그대로 유지된다. 피변조파의 전압이 C 단자전압 이하인 경우에는 다이오드가 차단상태(OFF)로되며, 이 상태에서 C의 전하는 저항 R을 거쳐서 방전된다. 단자전압은 $Ve^{-\frac{1}{RC}t}$ 의 모양으로 서서히 떨어진다. 다시 피변조파 전압이 C의 단자전압보다 커지면 다이오드는 전도 상태(ON)로 되어 콘덴서가 재충전 된다.

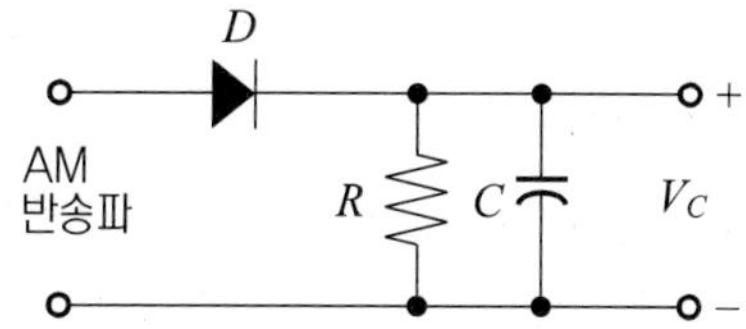

(a) 다이오드 검파기

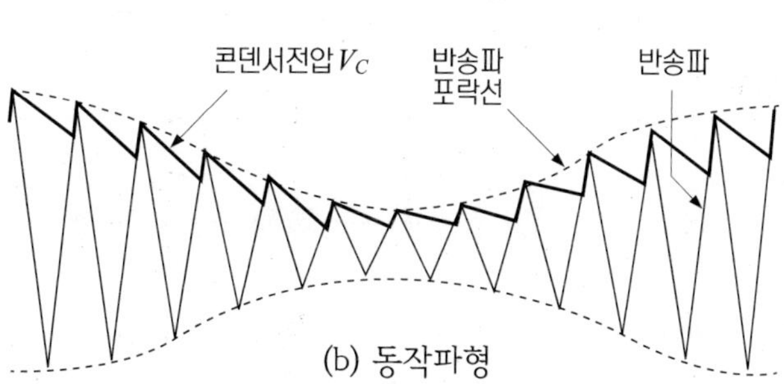

(b) 동작파형

[그림4.26] AM복조기의 동작

(2) 주파수 변조회로 (Frequency Modulation)과 복조회로(Demodulation)

1) 주파수 변조회로 (Frequency Modulation)

주파수변조에서 가장 필요한 것은 변조신호의 진폭에 비례하는 주파수의 편이를 만드는 것이며, 여기에는 여러 가지 방법이 개발되어 있다. 여기에서는 주로 사용되는 매개변수 변화방법과 암스트롱 (Armstrong) 방법에 대해서 설명한다. 매개변수 변화방법은 발진기의 동조회로에 콘덴서나 코일을 넣어서 발진주파수를 음성신호에 따라 변화시키는 방법으로서 바렉터 다이오드(가변용량 다이오드)를 이용한 회로이다

또한 [그림4.27]과 같은 간접적인 주파수 변조방식인 암스트롱방식은 수정발진에 의한 반송주파수와 신호입력을 적분회로를 통해서 평형변조기 출력을 90도 변조한 것을 혼합기에서 벡터 합성함으로써 등가적인 FM파를 얻을 수 있다.

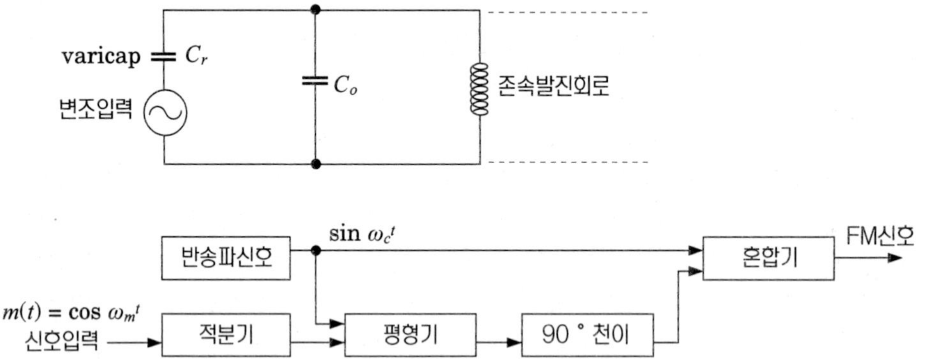

[그림4.27] 암스트롱 FM 변조회로

2) 주파수 복조회로(Frequency Demodulation)

주파수변조파에 실린 신호를 재생하려면 주파수의 변화에 비례하는 전류 또는 전압을 얻으면 된다. 이러한 작용을 하는 회로를 주파수 판별기(discriminator)라 하며, 입력주파수의 변화를 일단 진폭의 변화로 바꾸어 FM파를 AM파로 변환한 다음에 직선검파를 하도록 한다.

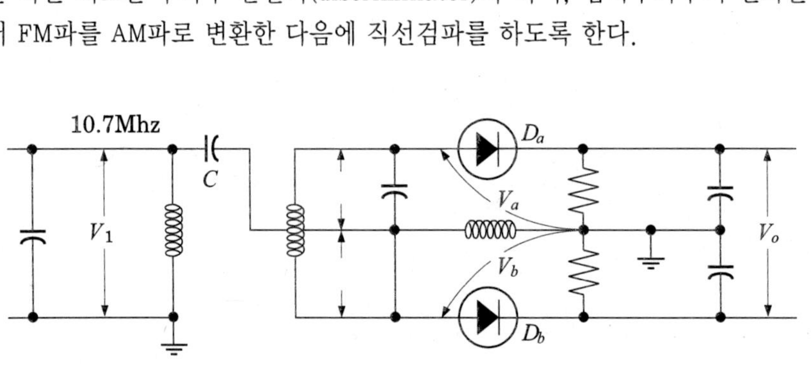

[그림4.28] 포스트실리 변 별기

4.실험

1) 회로1, 회로 2회로를 구성한다.

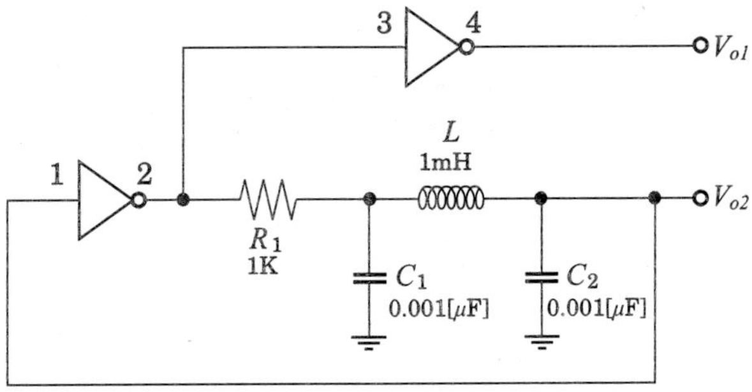

[그림4.29] AM변조회로 1

2) [그림4.29] 전원 전압 5(V)를 공급하고 출력 주파수 V_{01}, V_{02}와 전압 V_{pp}을 측정하시오

3) [그림 4.30]에 전원 전압 10V를 공급하고 (회로1) 의 출력 (V_{pp}, A)을 (회로2)의 A 단자에 연결하시오. 입력전압(V_{in})은 저주파 발진기의 출력 1kΩ, 1(V_{out})로 조정하여 연결한다.

반 고정 저항(SVR, 100kΩ)을 최소일 대와 최대일대의 파형을 그리고 출력전압을 측정하시오.

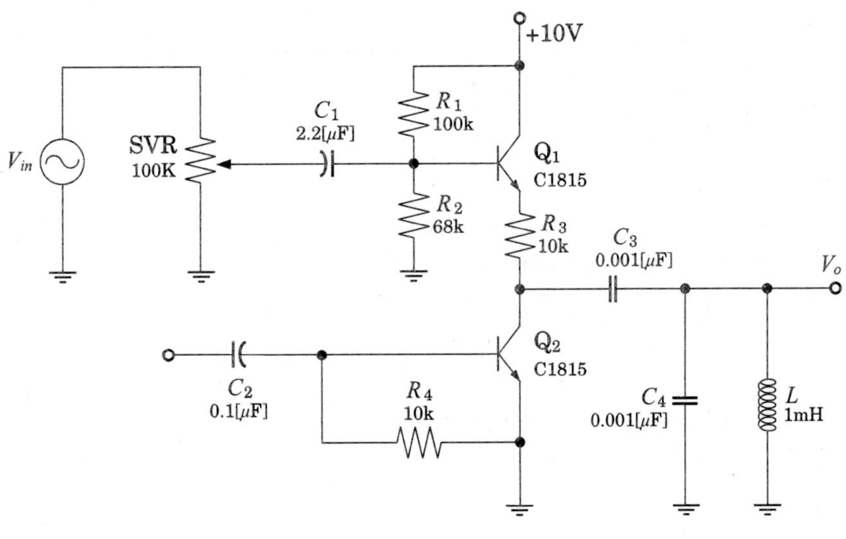

[4.30] AM 변조회로 2

4) 실험 (3)에서 반송파 주파수와 입력주파수를 확인하고 어떻게 변화되는가를 간단히 적으시오

(5)반 고정 저항(*SVR*, 100kΩ)을 조정하여 백분변조율을 구하고 과변조가 되는지를 확인 하시오. 그리고 최대 변조 파형을 그리시오.

《실험보고서》

실험(2)의 결과

(가) 출력주파수 V_{01} :

V_{02} :

(나) 출력전압 V_{01} :

V_{02} :

실험(3)의 결과

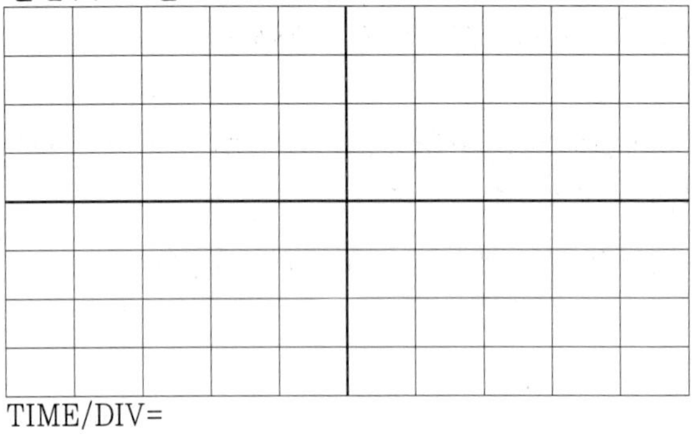

TIME/DIV=

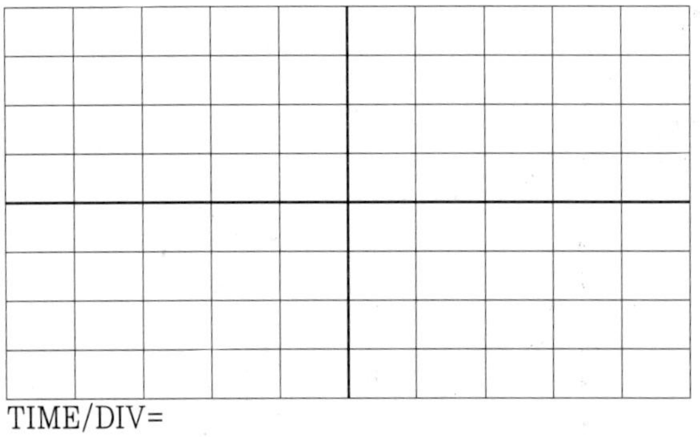

TIME/DIV=

실험 (4)의 결과

반송파 주파수와 입력 주파수의 관계:

실험 (5)의 결과

(가) 백분 변조율

(나) 변조율의 상태

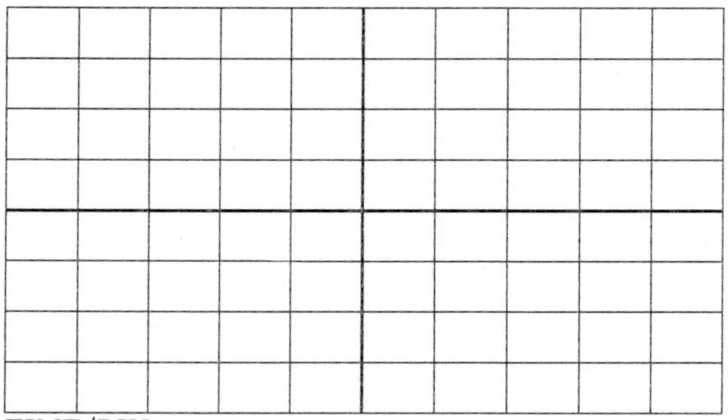

TIME/DIV=

〈검토 및 고찰〉

5. 정리정돈

(1) 주변정리를 한다.

(2) 계측장비 및 공구를 반납한다.

(3) 사용전원을 Off시키고 화재 및 안전에 주의한다.

6. 결과보고서 작성

(1) 예비보고서를 작성한다.

(2) 보고서를 작성한다.

(실험4.2)

AM 변 · 복조회로 실험

1. 목적

① AM 변 · 복조의 원리를 이해한다.

② AM 변 · 복조를 통해 원리 이해 및 측정

2. 실험준비

1) 장비 및 공구

구분	공구명	규격
1	디지털 멀티미터(Digital Multimeter: DMM)	Digital
2	디지털오실로스코프	1대
3	Bread Board	1대
4	함수제네레이터(Function Generator)	1대
5	Voltage Meter	1대
6	Current Meter	1대
7	DC 전압공급기	1대
8	공구세트(롱노즈 플라이어 , 드라이버, 니퍼 등)	1세트

2) 재료

구분	규격	수량	안전 및 유의 사항
저항	10kΩ, 2.2kΩ, 6.8kΩ,1 0kΩ	1개	① Bread Board 기판에 조립하여 실험하며 안전에 주의한다. ② 공급전원은 정격전압의 공급되도록 한다. ③ 부품의 극성에 주의한다. ④ 계측 사용시 계기 파손되지 않도록 한다.
저항	100kΩ	3개	
SVR	100kΩ(B 타입)	1개	
SVR	500Ω(B 타입)	1개	
전해콘덴서	20μF,20V	2개	
전해콘덴서	1μF,20V	1개	
전해콘덴서	10μF,20V	1개	
마일러콘덴서	0.01μF	1개	
마일러콘덴서	0.001μF	2개	
트랜지스터	2SC1815	2개	
다이오드	1N4149	2개	
IC및 소켓	(XR-2206)	1개	

3. 실험

① [그림4.31]를 구성한다.

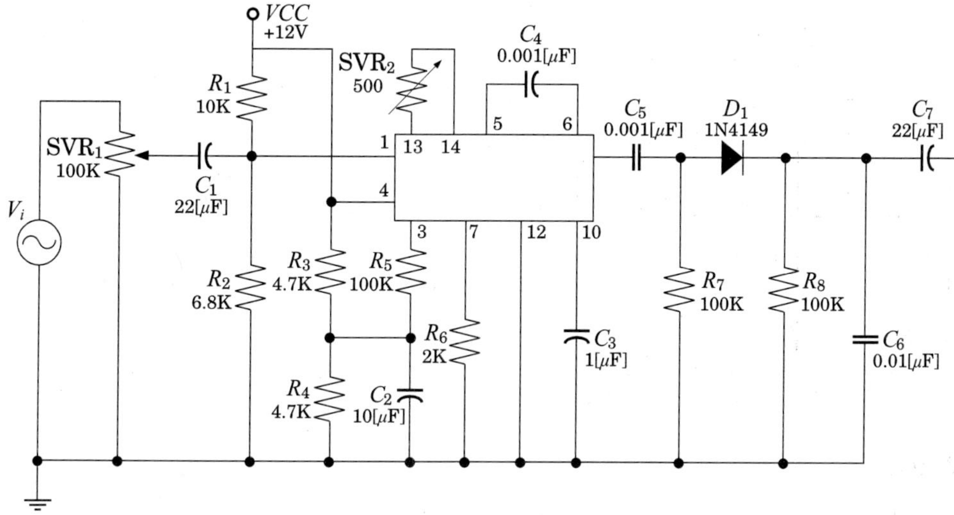

[그림4.31] AM 변 · 복조 회로실험

② [그림4.31]의 입력회로(V_i)에 저주파 발진기를 연결하기 전에 저주파 발진기를 주파수(200Hz), 출력전압(V_{pp})로 조정하여 연결한다. 전원전압 12(V)을 조정하여 공급하고, 반 고정 저항 SVR_1(100kΩ)을 가변 하여 변조도가 50(%)되게 조정한다. 이대의 저항 값과 출력 파형을 그리시오.

③ 오실로스코프 Probe 하나(CH1)를 저주파발진기의 출력 단(TP1)에 연결하고, 다른 Probe 하나(CH2)는 변조기의 출력 단(TP2)연결하여 파형을 비교해보고 실험결과에 파형을 그리시오. 그리고 변조신호의 최대크기와 반송파의 최대크기, 변조도를 구해서 실험 결과를 쓰시오

④ 오실로스코프 Probe 하나(CH1)를, 입력 단(TP1)에 연결하고, 다른 Probe하나(CH2)는 복조기의 출력단(V_O)에 연결하여 파형을 비교해보고 실험 결과에 파형을 그리시오

⑤ 복조기의 저항(R_8)값을 1(kΩ)으로 바꾼 다음, 그 출력파형을 그리고 전압을 쓰시오,또한 저항 값을 바꾼 후 변동된 이유를 쓰시오

〈〈 실험보고서〉〉

실험(2)의 결과

(가) 의 저항 값

(나) 변조도 50(%)일 때 파형

TIME/DIV=

실험(3)의 결과

(가) TP1의 파형

TIME/DIV=

(나) TP2의 파형

TIME/DIV=

실험4의 결과

(가) 입력단(V_i)의 파형

TIME/DIV=

(나) 출력단(V_O)의 파형

TIME/DIV=

실험5의 결과

(가) R_8이 $1k\Omega$ 일 때의 파형

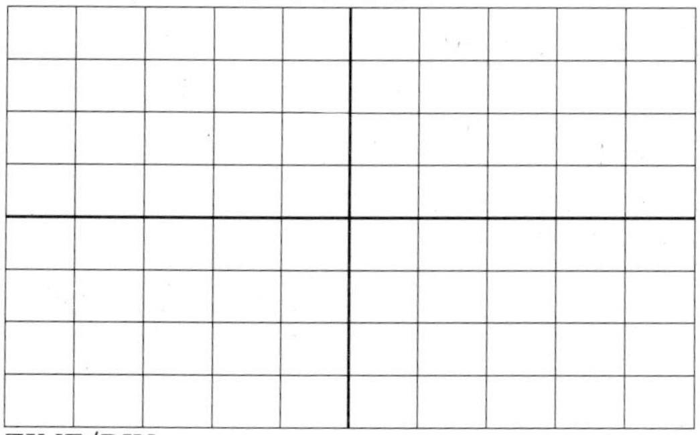

TIME/DIV=

(나) R_8이 $100k\Omega$ 일 때의 파형

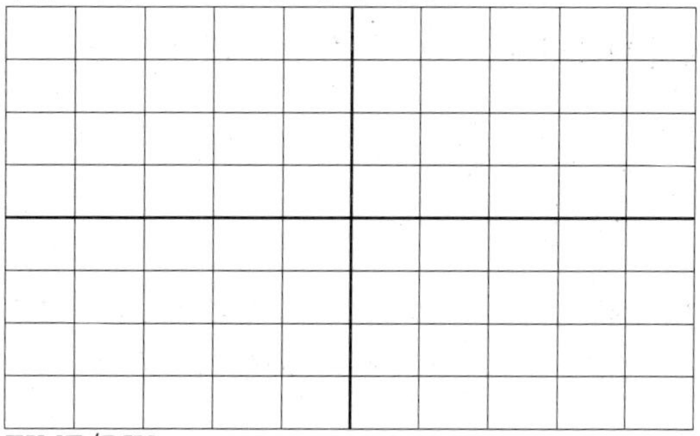

TIME/DIV=

〈검토 및 고찰〉

4. 정리정돈

1) 주변정리를 한다.
2) 계측장비 및 공구를 반납한다.
3) 사용전원을 Off시키고 화재 및 안전에 주의한다.

5. 결과보고서 작성

1) 예비보고서를 작성한다.
2) 보고서를 작성한다.

〈예상문제〉

[문제1] 다음의 FM 검파기 중 진폭 제한 작용을 겸한 것은 어느 것인가?

㉮ 슬로우프 검파 ㉯ 트래비스 검파
㉰ 비 검파 ㉱ 포스터시일리 검파

〈해설〉 비검파회로는 부하양단에 대용량의 콘덴서와 이와 병렬로 연결된 저항에 의해서 진폭제한 작용을 하여 별도의 진폭제한회로가 필요치 않다.

[문제2] 진폭제한기를 필요치 않으며 FM파를 가장 일그러짐이 적게 복조하는 방식은?

㉮ 슬로우프 검파 ㉯ 게이티드 빔 검파
㉰ 포스터 실레이 검파 ㉱ 비검파

〈해설〉 비검파회로는 부하양단에 대용량의 콘덴서와 이와 병렬로 연결된 저항에 의해서 진폭제한 작용을 하여 별도의 진폭제한회로가 필요치않다

[문제3] 펄스 변조의 종류에 해당되지 않는 것은?

㉮ PAM ㉯ PWM ㉰ PSM ㉱ PPM

〈해설〉 PAM(pulse amplitude molulation, 펄스진폭변조)
PCM(pulse code modulation, 펄스부호변조)
PWM(pulse width modulation, 펄스폭 변조)
PPM(pulse position modulation, 펄스위치변조)

[문제4] 피변조파의 최대진폭을 A, 최소진폭을 B라 하면 변조율은?

㉮ $m_a = \frac{A}{B} \times 100$ [%] ㉯ $m_a = \frac{A-B}{A+B} \times 100$ [%]

㉰ $m_a = \frac{A+B}{A-B} \times 100$ [%] ㉱ $m_a = \frac{B}{A} \times 100$ [%]

〈해설〉 변조율 $m = \frac{A-B}{A+B} \times 100$ [%]이다.

[문제5] 피변조파 가 다음과 같은 식으로 표시될 때 변조도 m를 구하면?

$v = (25+20\cos5000t)\sin10^6t$

㉮ 1.25　　㉯ 0.5　　㉰ 0.8　　㉱ 0.7

〈해설〉 피변조파 $i = (I_{cm} + I_{sm}\sin w_s t)\sin w_c t$ 에서 변조도 $m = \frac{I_{sm}}{I_{cm}} = \frac{신호파의진폭}{반송파의진폭}$ 이므로

변조도 변조도 $m = \frac{I_{sm}}{I_{cm}} = \frac{20}{25} = 0.8$

[문제6] 진폭 변조시 발생하는 측파대는 몇 개인가?

㉮ 2개　　㉯ 3개　　㉰ 4개　　㉱ 6개

〈해설〉 진폭변조시 피변조파의 측파대는 하측파 $(f_c - f_s)$와 상측파 $(f_c + f_s)$의 2개이다.

[문제7] AM 변조기에서 발생하는 측파대 중 상측파대가 쓰이는 전력은?

㉮ P=Pc　　㉯ $P=\frac{m^2}{2}Pc$　　㉰ $P=\frac{m^2}{4}Pc$　　㉱ $P=\frac{m^2}{8}Pc$

〈해설〉 반송파전력　$Pc=\left(\frac{I_{cm}^2}{\sqrt{2}}\right)R=\frac{I_{cm}^2}{2}R$

상측파전력　$Pu=\left(\frac{m}{2\sqrt{2}}I_{cm}\right)^2R=\frac{m^2}{8}I_{cm}^2R=\frac{m^2}{4}Pc$

하측파전력　$P_L=\left(\frac{m}{2\sqrt{2}}I_{cm}\right)^2R=\frac{m^2}{8}I_{cm}^2R=\frac{m^2}{4}Pc$

피변조파전력　$P=P_C+P_U+P_L=P_C\left(1+\frac{m^2}{2}\right)$ [W]

[문제8] 진폭 변조 송신기의 출력이 100[%] 변조시에 평균 150[W]이다. 30[%] 변조시의 출력은 몇 [W]인가?

㉮ 84.5[W]　　㉯ 94.5[W]　　㉰ 104.5[W]　　㉱ 114.5[W]

〈해설〉 전력 $P_m=P_C\left(1+\frac{m^2}{2}\right)$[W] 에서 반송파 전력 P_C는 $P_C=\frac{P_m}{1+\frac{m^2}{2}}=\frac{150}{1+\frac{1^2}{2}}=100$[W]

그러므로 30[%]변조시 출력 P는 $P=P_C\left(1+\frac{m^2}{2}\right)=100\times\left(1+\frac{0.3^2}{2}\right)=104.5$[W]

[문제9] 반송파 전력이 10[KW]일 때, 변조도 100[%]로 변조했을 경우 피변조파 전력은 얼마인가?

㉮ 5[KW] ㉯ 10[KW] ㉰ 15[KW] ㉱ 20[KW]

〈해설〉 문제 40번 해설 참고 $P=P_C(1+\frac{m^2}{2})=10\times10^3\times(1+\frac{1^2}{2})=15[KW]$

[문제10] 진폭변조에서 100[%] 변조하였을 때 반송파와 상 · 하측파대의 전력비는 다음 중 어느 것인가?

㉮ 1 : 0.5 : 0.5 ㉯ 1 ; 0.25 : 0.25
㉰ 1: 0.0625 : 0.0625 ㉱ 1 : 0.04 : 0.04

〈해설〉 반송파 (P_C), 상측파 ($\frac{m^2}{4}PC$), 하측파 ($\frac{m^2}{4}PC$) 이므로 전력비는 1 : $\frac{m^2}{4}$: $\frac{m^2}{4}$ 그러므로 1 : $\frac{1}{4}$: $\frac{1}{4}$ = 1 ; 0.25 : 0.25

[문제11] 진폭변조도 m=1 일 때 반송파가 점유하는 전력은 전 전력의 얼마 정도인가.?

㉮ $\frac{1}{3}$ ㉯ $\frac{1}{2}$ ㉰ $\frac{2}{3}$ ㉱ $\frac{1}{6}$

〈해설〉 m=1(100[%]변조) 일 때 반송파가 전체 전력의 $\frac{2}{3}$을 차지하고 나머지 $\frac{1}{3}$이 양측파 전력이 된다.

[문제12] 링(Ring) 변조 회로는 어떤 변조 방식인가?

㉮ 진폭 변조 ㉯ 주파수 변조 ㉰ 위상 변조 ㉱ 펄스 변조

〈해설〉 진폭변조 회로에는 컬렉터 변조회로(직선변조회로), 베이스 변조회로(제곱변조회로), 링변조회로, 평형변조회로 등이 있다.

[문제13] 30[%] 변조된 진폭 변조파의 출력이 500[W] 일 때 반송파 성분의 전력은 얼마인가?(단, h_{fb}는 베이스 접지시 전류증폭이다.)

㉮ 500.12[W] ㉯ 478.47[W] ㉰ 625.36[W] ㉱ 926.48[W]

〈해설〉 전력 $P=P_C(1+\frac{m^2}{2})$ [W] 에서 반송파 전력 P_C는 $P_C=\frac{P_m}{1+\frac{m^2}{2}}=\frac{500}{1+\frac{0.3^2}{2}}=478.47$ [W]

[문제14] 진폭변조 반송파 전력이 100[kW] 변조율이 50[%]이면 피변조파의 전력은?

㉮ 12.5[W] ㉯ 25[W] ㉰ 100[W] ㉱ 112.5[W]

〈해설〉 피변조파 전력 $P = P_C(1+\frac{m^2}{2})$ 에서 $P = P_C(1+\frac{m^2}{2}) = 100\times(1+\frac{0.5^2}{2}) = 112.5[W]$

[문제15] 전송파 전력이 20[kW] 일 때 변조도 80[%]로 진폭 변조했을 경우 피변조파의 전력은 얼마인가?

㉮ 26.4[kW] ㉯ 264[kW] ㉰ 24.9[kW] ㉱ 28[kW]

〈해설〉 $P = P_C(1+\frac{m^2}{2}) = 20\times10^3\times(1+\frac{0.8^2}{2}) = 26.4[kW]$

[문제16] 진폭변조도 m=1 일 때 반송파가 점유하는 전력에서 상하 측 파대의 점유 전력은?

㉮ $\frac{1}{3}$ ㉯ $\frac{1}{2}$ ㉰ $\frac{2}{3}$ ㉱ $\frac{1}{6}$

[문제17] 다음 평형변조기의 사용 목적으로 가장 적합 한 것은?

㉮ 변조도를 크게 하기 위하여
㉯ 직선성을 개선하고 변조 일그러짐을 없애기 위하여
㉰ SSB파를 얻기 위하여
㉱ 변조전력을 줄이기 위하여

[문제18] 멀티 바이브레이터의 단안정, 무안정, 쌍안정의 두작점은 무엇에 의해 결정 되는가?

㉮ 결합외로의 구성
㉯ 전원 전압의 크기
㉰ 바이어스 전압의 크기
㉱ 전원전류의 크기

[문제19] 다음 발진회로에 대한 설명중 틀린 것은?

㉮ CR 발진기는 비교적 낮은 주파수에 적합하다.
㉯ 수정진동자의 Q는 매우 크다.
㉰ 부궤환시키면 발진 주파수가 증가한다.
㉱ 수정발진기는 유도성 리액턴스에서 동작시킨다.

[문제20] 다음중 불연속 레벨 변조에 해당되는 것은?

㉮ PCM ㉯ AM ㉰ PM ㉱ FM

〈해답〉
1) 가 2) 라 3) 다 4) 나 5) 다 6) 가 7) 다 8) 다 9) 다 10) 나 11) 다 12) 가
13) 나 14) 라 15) 가 16) 다 17) 다 18) 가 19) 다 20) 나

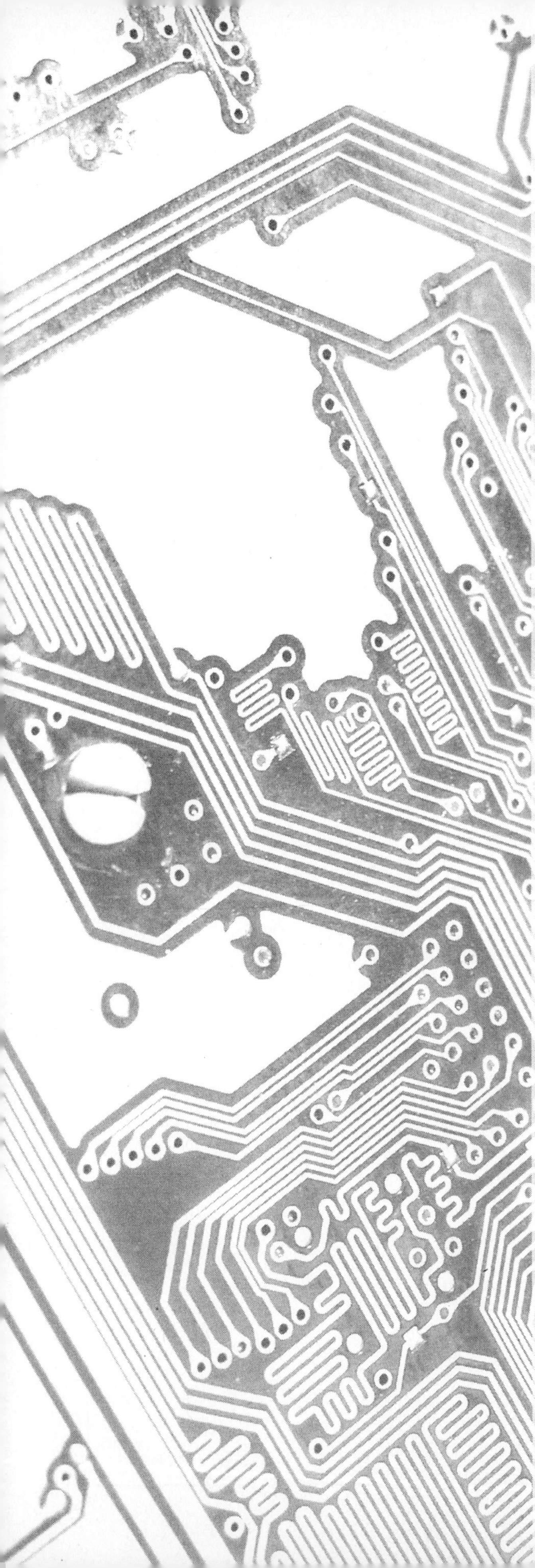

펄스회로

1. 펄스회로(Pulse Circuit)의 개요

펄스란 시간적으로 불연속이고 한정된 기간내에서 충분히 짧은 시간에만 존재하는 일정한 주기를 갖고 반복되는 파형이다.

1-1. 펄스의 개념

(1) 펄스의 파형

1) 이상적 펄스 파형

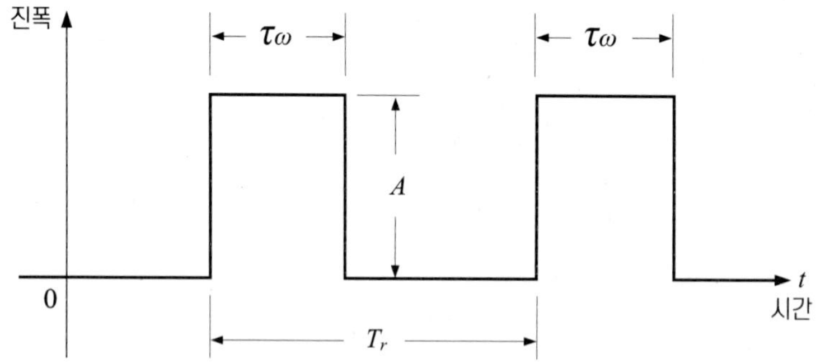

[그림5.1] 이상적인 펄스 파형

① τ_w : 펄스 폭(pulse width)

② T_r : 펄스의 반복 주기(period)

③ A : 펄스의 진폭(amplitude)

④ 펄스의 반복주파수(frequency) $f = \frac{1}{T_r}$ [Hz]

⑤ 펄스의 충격계수(duty factor) 또는 펄스의 점유율 $D = \frac{\tau_w}{T_r}$ = 펄스폭(τw) × 주파수(f)

2) 실제적인 펄스파형

임의의 저기회로에 구형 펄스파을 입력하면 불연속적인 펄스 파형이 출력된다.

펄스파 중에서 비교적 많이 취급되고 있는 파형은 구형파이다. 이상적인 펄스를 만들어도 이를 원형대로 전송하는 것이 어려우므로 절용적인 펄스의 파형은 정확한 단형 펄수가 아니다.

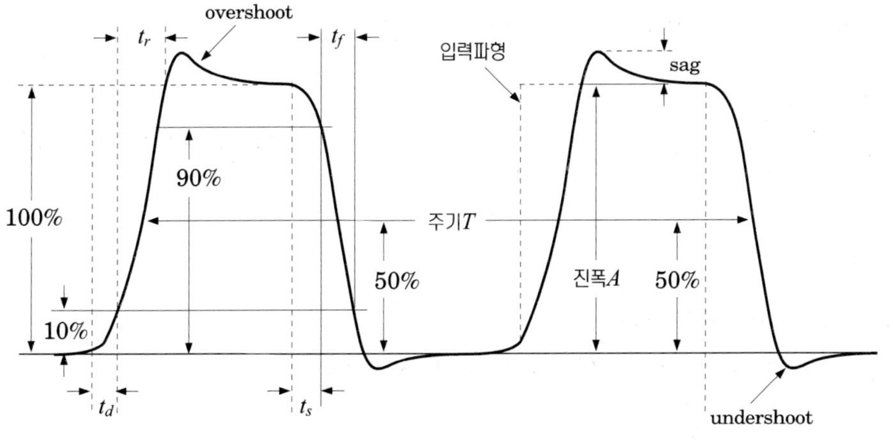

[그림5.2] 실제의 펄스 파

① 상승시간(t_r, rise time)
실제의 펄스가 이상적 펄스의 진폭의 10[%]에서 90[%]까지 상승하는데 걸리는 시간을 나타내며, 이상적인 펄스가 어떤 회로를 통과할 때 그 회로의 시상수에 관련 된다.

② 지연시간(t_d, delay time)
이상적 펄스의 상승 시각으로부터 진폭의 10[%]까지 이르는 실제의 펄스시간을 나타내며, 펄스가 어느 회로에 통과하는데 걸리는 시간을 뜻함

③ 하강 시간 (t_f, fall time)
이상적 펄스의 진폭의 90[%]에서 10[%]까지 내려가는데 걸리는 시간

④ 축적 시간(t_s, storage time)
이상적 펄스의 하강 시각에서 실제의 펄스의 90[%]가 되기까지의 시간

⑤ 펄스폭(pulse width)
펄스 앞쪽의 진폭 50[%]인 때부터 펄스 뒷쪽의 진폭이 50[%]인 때 까지의 시간

⑥ 오버슈트(overshoot)
회로의 과도 응답 특성에 의하여 기준파형보다 출력파형의 하강부가 흔들리는 현상으로, 상승 파형에서 이상적 펄스파의 진폭 보다 높은 부분의 높이(α)를 말한다.

오버슈트의 양은 $(\frac{a}{V})\times 100[\%]$ 로 나타낸다.

⑦ 언더슈트(undershoot)
회로의 과도 응답 특성에 의하여 기준파형보다 출력파형의 하강부가 흔들리는 현상으로, 이상적 펄스파의 기준 레벨보다 아래 부분의 높이(d)를 말한다.

언더슈트 양은 $(\frac{d}{V})\times 100[\%]$ 로 표시 된다.

⑧ 턴 온시간(t_{on}, turn-on time)
펄스의 동작시간으로 이상적 펄스의 상승 시각에서 최대 폭(V)의 90[%]까지의 상승하는데 걸리는 펄스의 지연시간과 상승시간을 합한 시간.

턴 온 시간 : $t_{on} = t_d + t_r$

⑨ 턴 오프시간 (t_{off}, turn-off time)
이상적 펄스의 하강 시각에서 펄스의 최대 폭(V)의 10[%]까지 하강하는 시간

턴 오프 시간 : $t_{off} = t_s + t_f$

⑩ 링깅(ringing)
펄스의 상승 부분에서 진동의 정도를 말하며, 높은 주파수 성분에 공진하기 때문에 생긴다.

⑪ 새그(sag) : 하강 속도 비
구형파 펄스에서 펄스의 상승 부분에 비하여 하강 부분의 낮아진 크기를 새그(sag)라고 하며, 비율을 새그율 이라 한다.

$$Sag율(\frac{V}{C}) = \frac{펄스의\ 하강크기}{펄스의\ 상승높이} \times 100[\%]$$

1-2. 펄스회로의 종류

(1) RC회로의 펄스응답

[그림5.3]와 같이 콘데서(C)와 저항(R)의 순서로 $C-R$을 만들어 고역 통과 필터회로를 형성한 회로로서 출력전압이 입력전압의 미분의 형태로 결정되기 때문에 미분기(differentiator)라 한다.

미분회로는 높은 주파수 입력에 대하여 $X_C = 1/2\pi fc$의 값이 작아지므로 큰 V_O 출력을 내고, 낮은 주파수에서는 X_C의 값이 커지므로 적은 출력을 낸다.

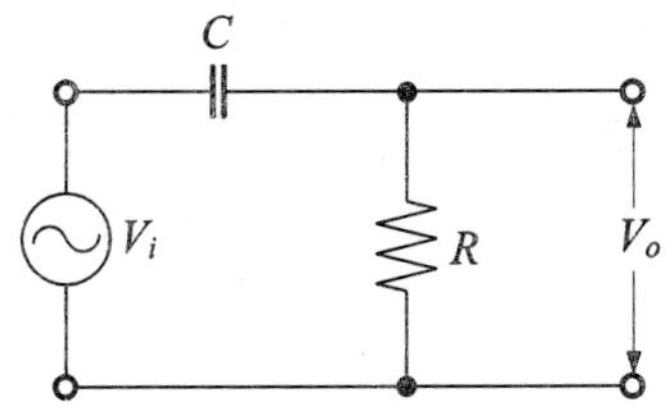

[그림5.3] 미분회로

① 미분회로에 시정수가 다른 구형파를 입력했을 때 출력파형

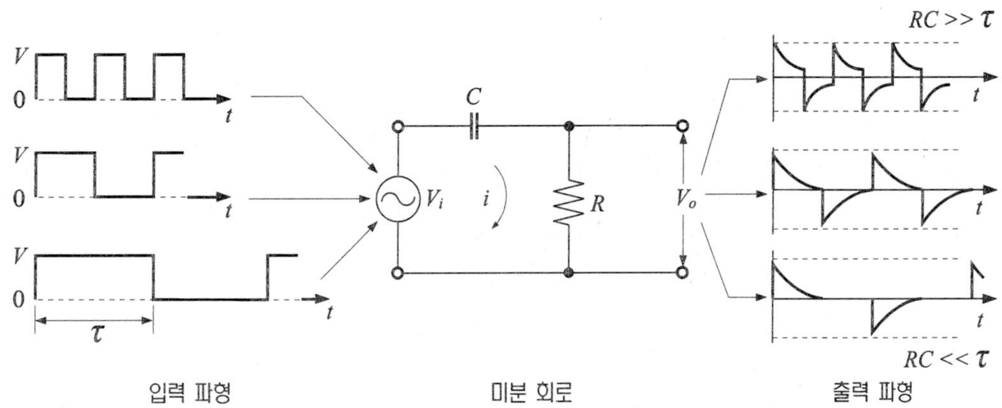

[그림5.4] 미분회로에 시정수가 다른 구형파를 입력했을 때 출력파형

② 미분회로의 출력전압

$V_i = V_c + V_R = \frac{1}{C}\int idt + iR$이므로, 양변에 C을 곱하여 정리하면,

$$CV_i = \int idt + i \cdot CR$$

$CR \ll \tau$(펄스폭) 인 경우

$$CV_i = \int idt$$

양변을 미분하면 전류 $(i) = C\frac{dV_i}{dt}$ 이다.

$$\therefore V_o = V_R = i \cdot R = RC\frac{dV_i}{dt}$$

● 콘덴서 C가 충전시

$$V_o = V_R = i(t) \cdot R = \frac{V}{R} e^{-\frac{1}{RC}t} \cdot R = Ve^{-\frac{1}{RC}t}$$

● 콘덴서 C가 방전시

$$V_o = V_R = i(t) \cdot R = -\frac{V}{R} e^{-\frac{1}{RC}t} \cdot R = -Ve^{-\frac{1}{RC}t}$$

(예제5-1) 다음 그림과 같이 미분기에서 주어진 감각파에 대한 출력 파형을 구하시오.(단, R = 2.2kΩ, C = 0.001μF 이다.)

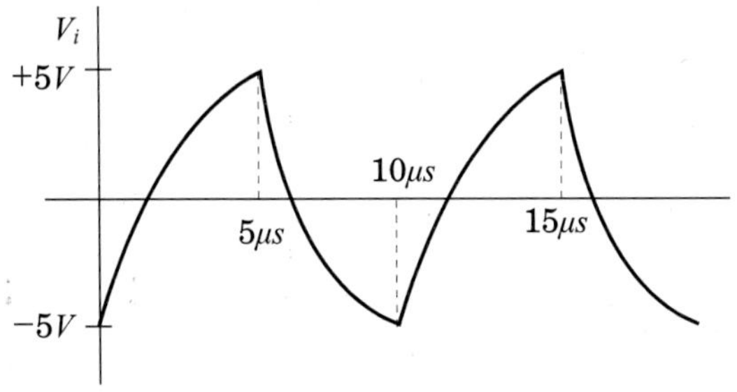

〈풀이〉 ① RC을 계산한다.

RC = 2.2kΩ × 0.001μF

② 입력 삼각파는 t = 0에서 t = 5μs 까지 기울기가 10V/5μsec = 2V/μs 램프함수이므로 출력전압

$$P_C = -RC\frac{dvi(t)}{dt} = -2.2\mu s \times 2V/\mu s = -4.4V$$

또 t = 5μs에서 t = 10 5μs 까지 삼각파의 기울기가 -2V/ 5μs의 출력은

Vo = −2.2μs × (−2V/5μs) = 4.4V

③ 출력파형

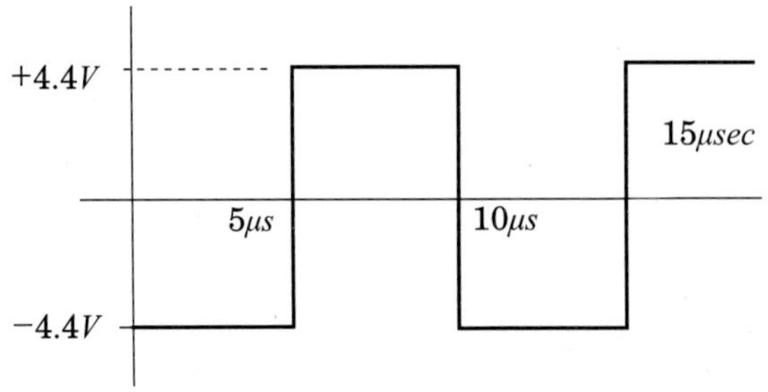

(2) 적분회로

입력측에 직사각형파(구형파) 펄스를 가하면 시간에 비례하는 전압(또는 전류)파형, 즉 톱날파의 신호를 발생하거나 신호를 지연시키는 회로에 쓰인다.

적분회로는 높은 주파수에 대한 V_o 출력이 낮아지고 낮은 주파수에 대하여 V_o가 커지므로 저역 필터로 동작한다. 이 회로는 출력전압이 입력전압의 적분값에 비례하기 때문에 적분기(integrator)이라 부른다.

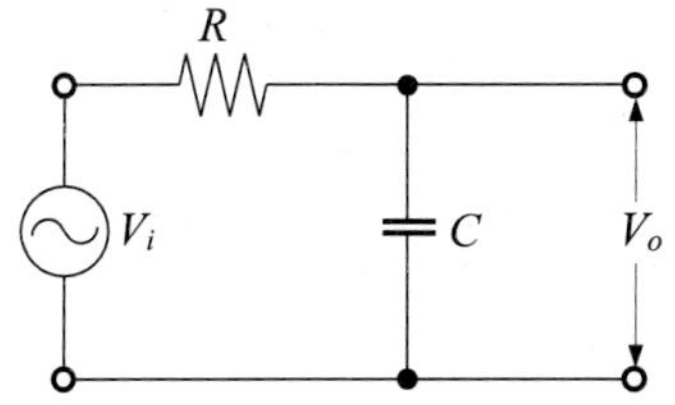

[그림5.5] RC 적분회로

① 적분회로에 시정수가 다른 구형파를 입력했을 때 출력파형

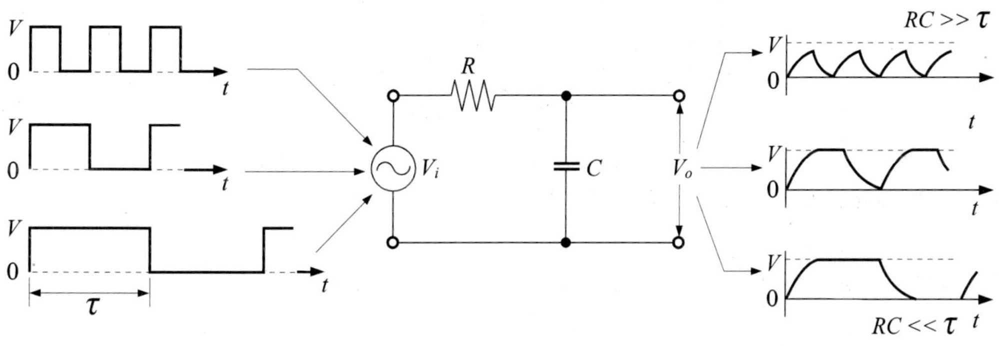

[그림5.6] 파형의 정형과 변환회로

② 출력전압

$$V_i = V_c + V_R = \frac{1}{C}\int idt + iR$$ 양변을 R로 나눈다.

$$\frac{V_i}{R} = \frac{1}{RC}\int idt + i, RC \gg \tau$$ 이라면 $i = \frac{V_i}{R}$ 이다.

$$\therefore V_o = V_C = \frac{1}{C}\int idt = \frac{1}{C}\int \frac{V_i}{R}dt = \frac{1}{RC}\int V_i dt$$

RC ≫ τ 인 경우 구형파가 입력되면 출력 전압은 다음과 같다.

● 콘덴서 C가 충전시

$$V_o = V_C = V - V_R = V - Ve^{-\frac{1}{RC}t} = V(1-e^{-\frac{1}{RC}t})$$

● 콘덴서 C가 방전시

$$V_o = V_C = -V_R = Ve^{-\frac{1}{RC}t}$$

(예제5-2) 다음 그림과 같이 적분회로에서 입력 구형파에 대한 출력을 구하여라.(단, R=10Ω, C=0.01μF 이다.)

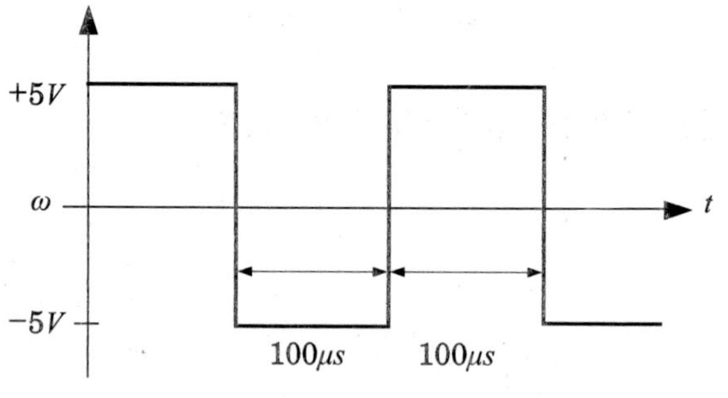

① t = 0 에서 100μs 까지 입력 전압의 크기 +5V

$$V_o = -\frac{1}{RC}\int_0^t 5dt = -\frac{1}{(10\text{k}\Omega)(0.01\mu F)}\int_0^t 5dt = -50t\ mV/\mu s$$

② t = 100μs 에서 200μs 까지 의 입력 −5V

$$V_o = -\frac{1}{RC}\int_{100\mu s}^t (-5)dt + V_o(100\mu s)$$

$$V_o(100\mu s) = -5\text{V}$$

$$V_o(t) = (50\ mV/\mu s)(t - 100\mu s) - 5\text{V}$$

(3) RL회로의 펄스응답

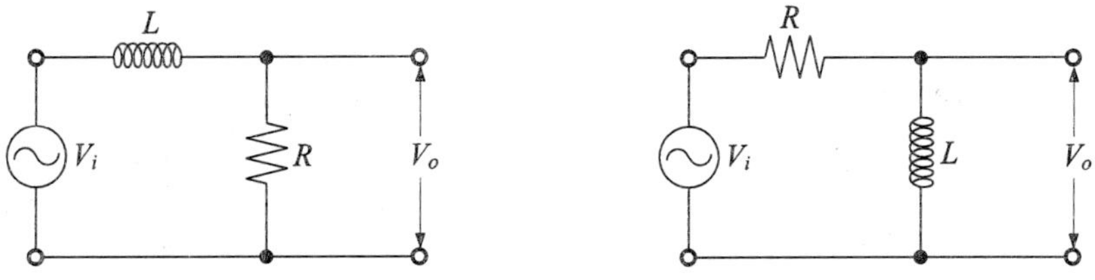

(a) 적분회로 (b) 미분회로

[그림5.7] *L-R* 회로의 펄스응답회로

L-R 적분회로에서 $V_i = V_L + V_R = L\dfrac{di}{dt} + i \cdot R$, 양변을 *L*로 나누면

$$V_i = V_L + V_R = L\frac{di}{dt} + i \cdot R \text{ 라면 } i = \frac{1}{L}\int V_i dt$$

$$\therefore V_o = V_R = i \cdot R = \frac{R}{L}\int V_i dt$$

(4) 파형 변환 회로

임의의 파형에 대하여 필요한 출력 파형을 얻기 위하여 조작을 하는 회로파형 변환의 대상으로는 파형의 진폭과 파형의 시간적 관계를 고려하여야 하며, 그 기본 작업을 분류하면 선택(selection), 비교(comparision), 변이(shifting)가 있다.

파형의 진폭과 파형의 시간적 관계의 기본 조작을 요약하면 다음과 같다.

[표5.1] 진폭과 시간적 관계의 기본 조작

구 분	진 폭	시 간
선 택	입력파 중에 어느 특정분만을 빼내는 조작을 말한다. 여기에는 클리핑 회로, 슬라이싱 회로 등이 있다.	입력파 중에 어느 특정의 시간 부분만을 빼내는 조작을 말한다. 여기에는 게이트 회로가 있다.
비 교	입력파의 진폭을 기준 레벨과 비교하여 같은 레벨이 되는 시각에 펄스를 발생하는 조작을 말한다.	소정의 시각에 있어서 입력파의 진폭을 지시하는 조작을 말한다. 여기에는 시간 선택 회로를 그대로 또는 다소 변형하여 사용한다.
변 이	입력파의 파형을 그대로 두고 진폭 축상의 기준레벨을 바꾸는 조작을 말한다. 여기에는 클램핑 회로가 있다.	입력파를 시간적으로 지연시키는 조작을 말한다. 여기에는 지연 회로, 단안정 멀티바이브레이터, 분주회로 등이 있다.

1) 클리퍼(clipper) 회로

파형의 일정크기이상 또는 이하를 잘라내어 출력파형을 얻는회로를 말하며 간단히 클리퍼(clipper)라고도 한다.

① 피크 클리터(peak clipper)

정(+)의 방향을 어떤 기준 레벨이상되지 않도록 입력 파형의 윗부분을 잘라 내는 회로를 말한다.

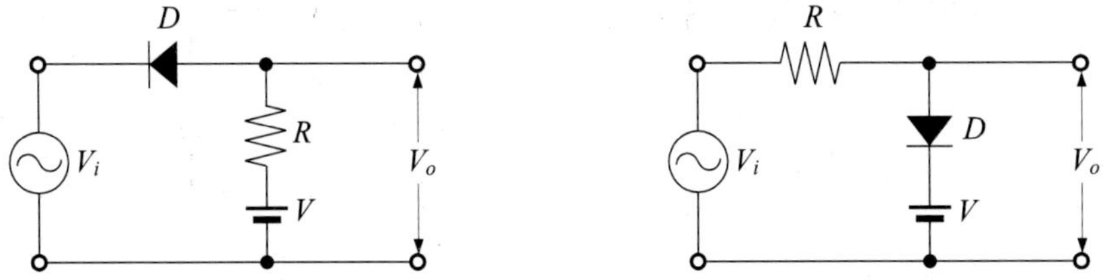

(a) 직렬형 (b) 병렬형

[그림5.8] 피크 클리터(peak clipper)

ⓐ 병렬형 $V_i < V$ 일 때 D가 off 되므로 $V_O = V_i$

$V_i > V$ 일 때 D가 on 되므로 $V_O = V_i$

ⓑ 직렬형 $V_i < V$ 일 때 D가 on 되므로 $V_O = V_i$

$V_i > V$ 일 때 D가 off 되므로 $V_O = V_i$ 가 된다.

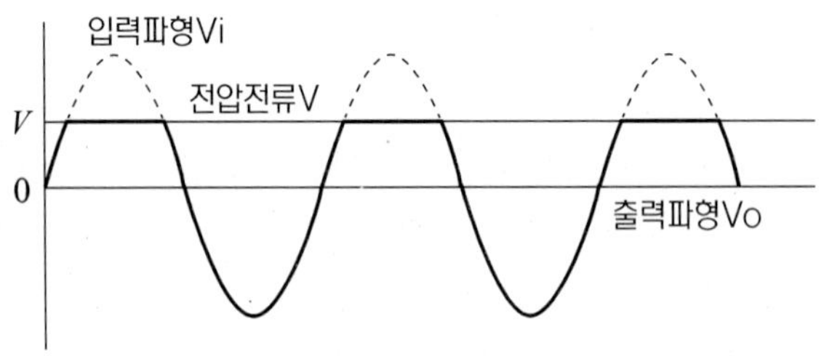

[그림5.9] 피크 클리퍼(peak clipper) 출력 동작파형

② 베이스 클리퍼(Base clipper)

부(-)의 방향으로 어떤 기준 레벨 이상 되지 않도록 입력 파형의 아랫부분을 잘라내는 회로를 말한다.

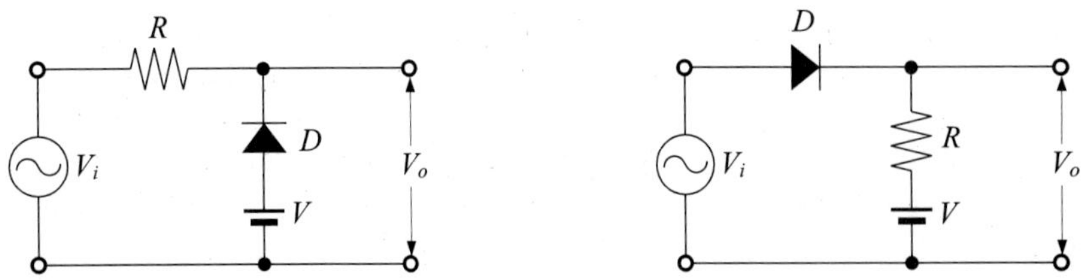

(a) 직렬형 (b) 병렬형

[그림5.10] 베이스 클리퍼(base clipper) 회로

ⓐ 병렬 다이오드형

입력 V_i와 다이오드 회로가 병렬을 이룬다.

$V_i < V$ 일 때, *Diode*가 on 상태가 되어 $V_O = V$

$V_i > V$ 일 때, *Diode*가 off 상태가 되어 $V_O = V$

ⓑ 직렬 다이오드형

Vi와 다이오드 회로가 직렬을 이룬다.

$V_i < V$ 일 때, *Diode*가 off 상태가 되어 $V_O = V$

$V_i > V$ 일 때, *Diode*가 on 상태가 되어 $V_O = V_i$

①식, ②식으로 파형을 그리면 직류전압 V를 경계로 해서 아래부분이 잘려나간 파형이 된다.

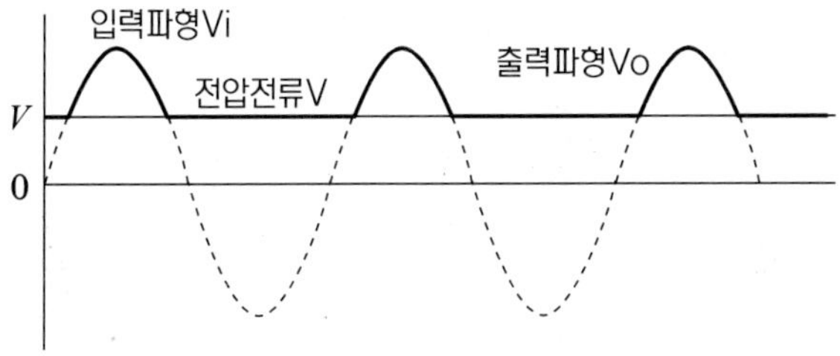

[그림5.11] 베이스 클리퍼(base clipper) 동작파형

2) 슬라이서(slicer) 회로

피크 클리퍼와 베이스 클리퍼를 조합한 회로로서 2개의 기준전압 V_1, V_2의 전압차에 의하여 파형의 윗 부분을 동시에 잘라내므로, 슬라이서, 진폭제한회로 혹은 리미터(limiter)라고 한다.

① 다이오드를 이용한 슬라이서(slicer) 회로

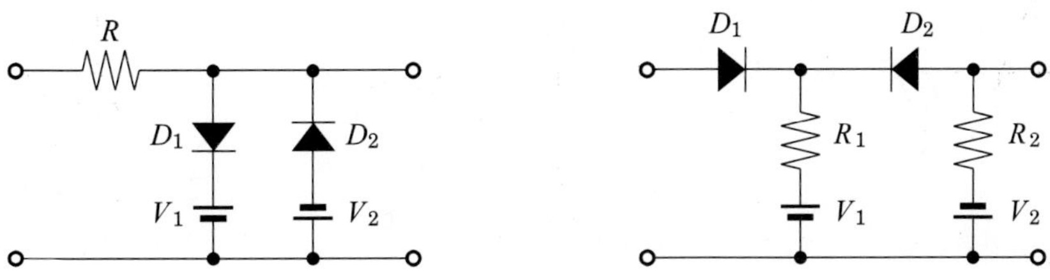

(a) 병렬형　　　(b) 직렬형

[그림5.12] 다이오드를 이용한 슬라이서(slicer) 회로

ⓐ 병렬 다이오드형

입력 V_i와 다이오드 회로가 병렬을 이룬다.

· $V_i > V$ 일 때, D_1는 on, D_2는 off 상태가 되어 $V_O = V_i$

· $V_2 < V_i < V_1$ 일 때, D_1, D_2는 off 상태가 되어 $V_O = V_i$

· $V_i < V_2$ 일 때, D_1는 off, D_2는 on 상태가 되어 $V_O = V_2$가 된다.

ⓑ 직렬 다이오드형

V_i와 다이오드 회로가 직렬을 이룬다.

· $V_i > V$ 일 때, D_1는 off, D_2는 on 상태가 되어 $V_O = V_i$

· $V_2 < V_i < V_1$ 일 때, D_1, D_2는 on 상태가 되어 $V_O = V_i$

· $V_i < V_2$ 일 때, D_1는 on, D_2는 off 상태가 되어 $V_O = V_2$가 된다.

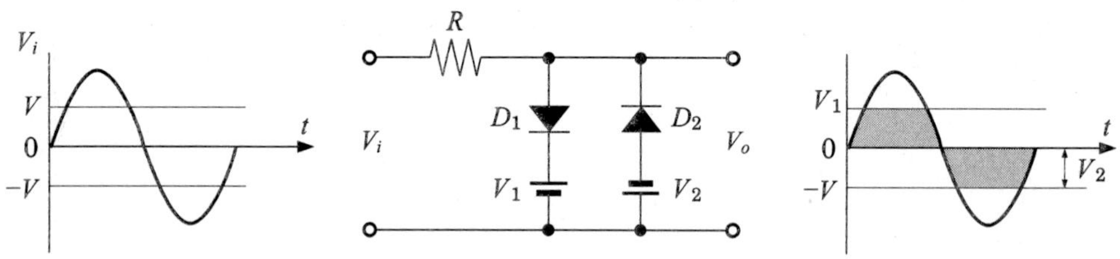

(a) 입력파형 (b) 병렬형 리미터 회로 (c) 출력파형

[그림5.13] 병렬형 리미트 회로 파형

② 제너다이오드를 이용한 슬라이서 회로
슬라이서 : 클리핑 레벨의 위 레벨과 아래 레벨 사이의 간격을 좁게하여 입력 파형의 원하는 부분을 잘라내는 회로

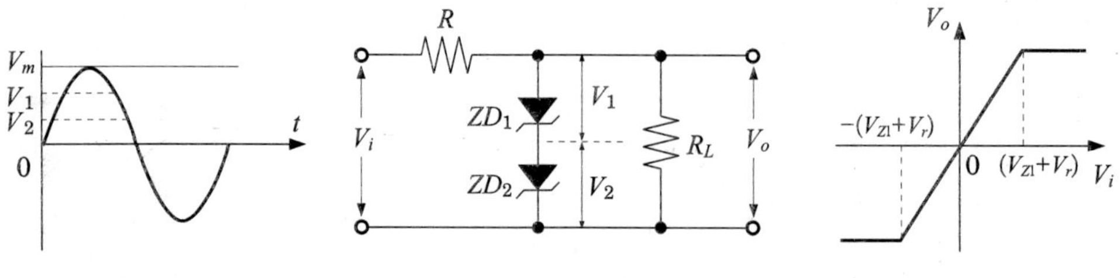

(a) 입력파형 (b) 슬라이서 회로 (c) 출력파형

[그림5.14] 제너 다이오드를 이용한 슬라이서(slicer) 회로

제너다이오드의 순방향 한계 전압을 V_r이라하고, D_1의 역방향 제너항복전압을 V_{Z1}, D_2의 역방향 제

너 항복전압을 V_{Z2}라고 한다.

ⓐ $V_i \geq (V_{Z2} + V_r)$ 일 때, ZD_1는 순방향, ZD_2는 역방향 상태가 되어 $V_O = V_{Z2} + V_r$

ⓑ $-(V_1 + V_r) < V_i < V_2 + V_r$ 일 때, ZD_1, ZD_2는 모두 역방향 상태가 되어 $V_O = V_i$

ⓒ $V_i \leq -(V_1 + V_r)$ 일 때, ZD_1는 역방향, ZD_2는 순방향 상태가 되어 $V_O = -(V_1 + V_r)$

3) 클램프(clamp) 회로

입력신호의 (+) 또는 (−)의 피이크를 어느 기준 레벨로 바꾸어 고정시키는 회로를 말하며, 클램퍼(clamper)라고도 한다. 이 회로가 직류분을 재생하는 목적에 쓰일 때에는 직류분 재생회로라고도 한다.

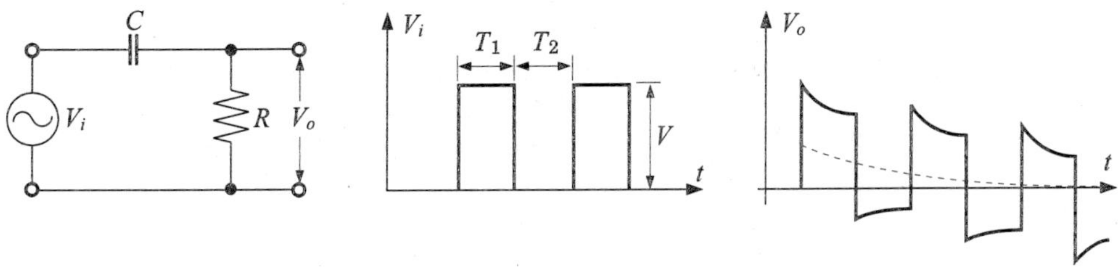

(a) 회로　　(b) 입력파형　　(c) 출력파형

[그림5.15] RC 회로의 기준 레벨 변화

[표5.2] 여러 가지 클램핑 회로

회 로	출력 파형	설 명
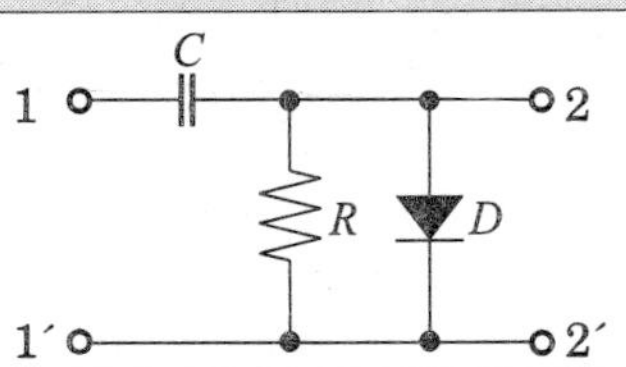	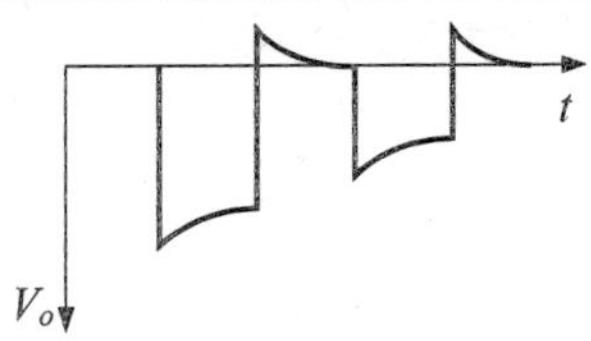	입력파형의(+)피이크를 0[V]레벨로 클램핑하는 회로
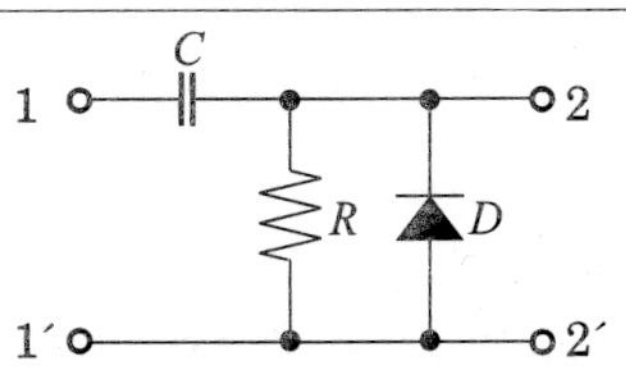	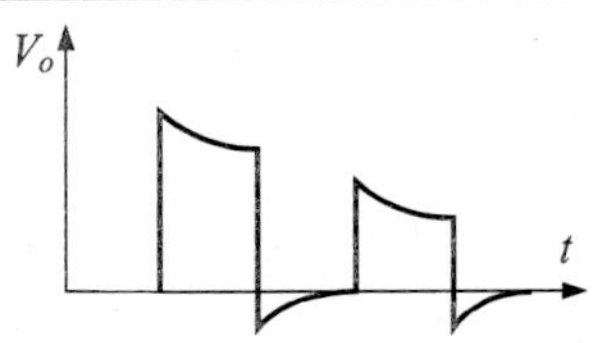	입력파형의(−)피이크를 0[V]레벨로 클램핑 하는 회로
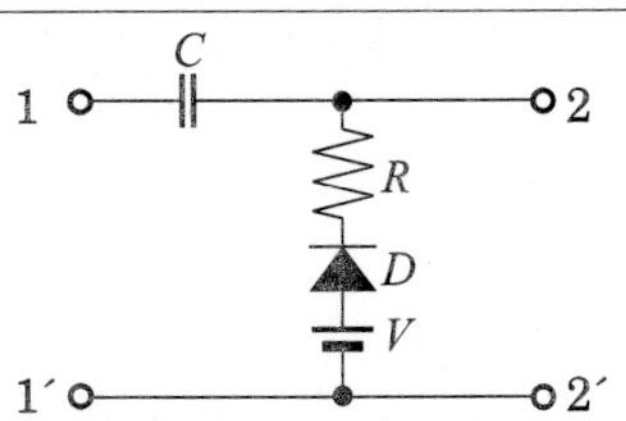	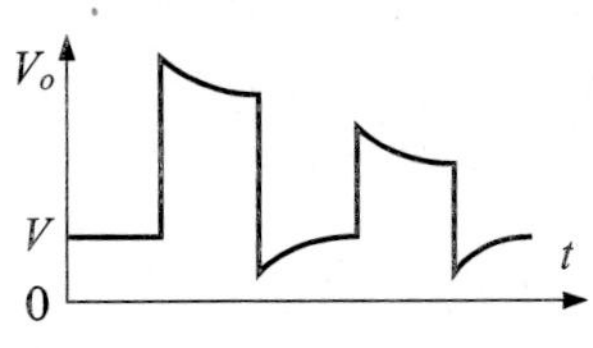	입력파형의(−)피이크를 V[V]의 레벨로 클램핑하는 회로

4) 펄스 발생회로

① 비안정 멀티바이브레이터(astable multivibrator)

안정상태가 없이 주기적으로 펄스를 만들어 내는 회로이며 외부의 입력이 없어도 자체적으로 펄스를 만들어 낸다. TR_1이 통전(on) 상태일때는 TR_2가 차단(off)상태로 되고 TR_1이 off상태이면 TR_2가 on상태로 되며 이 동작이 반복되므로 주기적으로 펄스를 만들어 낸다.

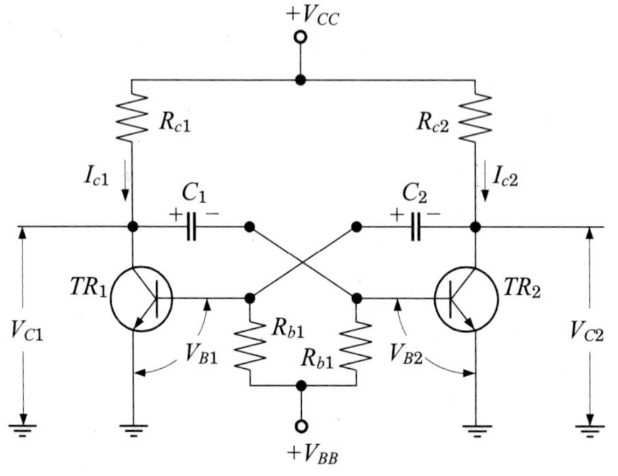

[그림5.16] 비안정 멀티바이브레이터(astable multivibrator)

ⓐ 반복주기 $T \fallingdotseq 0.7(C_1R_{b2} + C_2R_{b1})$ [sec]

ⓑ 반복주파수 $f = \frac{1}{T} = \frac{1}{0.7(C_1R_{b2} + C_2R_{b1})}$ [Hz]

② 단안정 멀티바이크레이터(monostable multivibrator)

입력 단자에 펄스가 들어 올때마다 특정한 폭의 펄스를 만들어 내는 회로이다.
하나의 안정 상태와 하나의 준안정 상태를 가지며 동작 상태를 변화시키기 위하여 외부에서(-)의 트리거 펄스를 가하면 안정 상태에서 준안정 상태로 되었다가 일정한 시간이 지난 뒤에 자동적으로 안정 상태로 돌아온다.

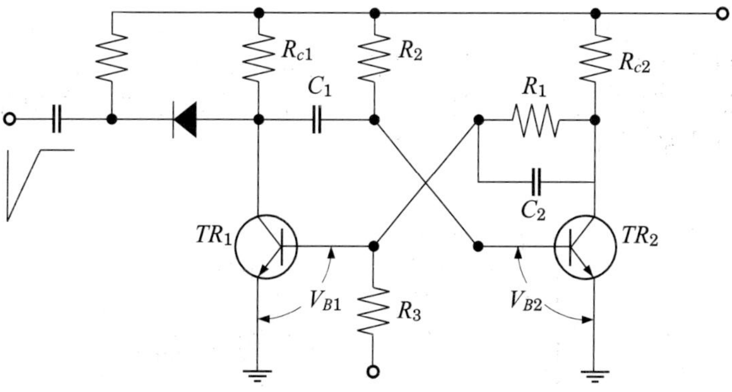

[그림5.17] 단안정 멀티바이크레이터(monostable multivibrator)

ⓐ 반복주기 T ≒ 0.7R_2C_1 [sec]

ⓑ C_2는 가속(speed-up)콘덴서로서 스위칭의 속도를 빠르게하고 동작을 정확하게 하는 작용을 한다.

③ 쌍안정 멀티바이브레이터(bistable multivibrator)

스스로 발진하지 않고 2개의 정지 상태가 있어 외부로 펄스가 들어 올 때마다 그 정지 상태가 교대하는 2안정형. 플립플롭 회로(flip-flop circuit)라고도 한다.

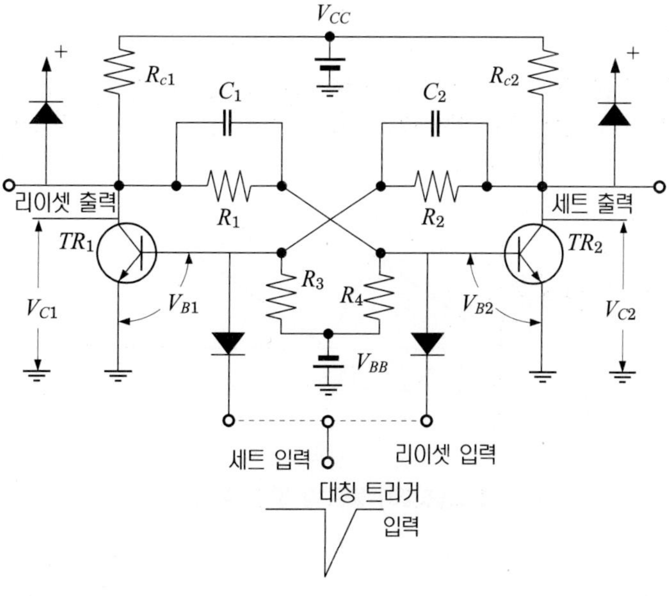

[그림5.18] 쌍안정 멀티바이브레이터(bistable multivibrator)

④ 블로킹 발진 회로

1개의 트랜지스터와 변압기로 양 되먹임 회로를 구성하여 펄스를 발생시키는 회로이다.
블로킹 발진 회로는 펄스의 상승 비율이 크며, 폭이 좁은 펄스를 얻을 수 있다.도한 큰 전류 펄스를 쉽게 발생시킬 수 있다.

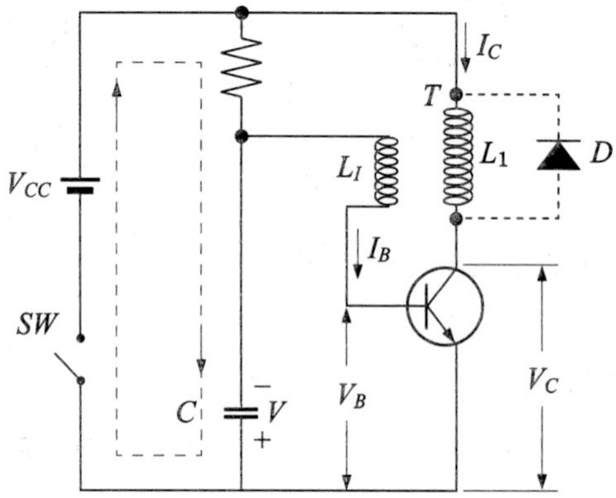

[그림5.19] 블로킹 발진 회로

ⓐ 반복주기 $T = R_b \cdot C$ [sec]

⑤ 톱날파 발생회로

톱날파 발생호;로에서 T_1을 스위프 시간(sweep-time), T_2를 귀선 시간(flyback time), T_r를 반복주기(repetition)라 한다. 톱날파를 발생하는 회로에느 UJT, SCR, 스위칭 TR을 이용한 회로가 있다.

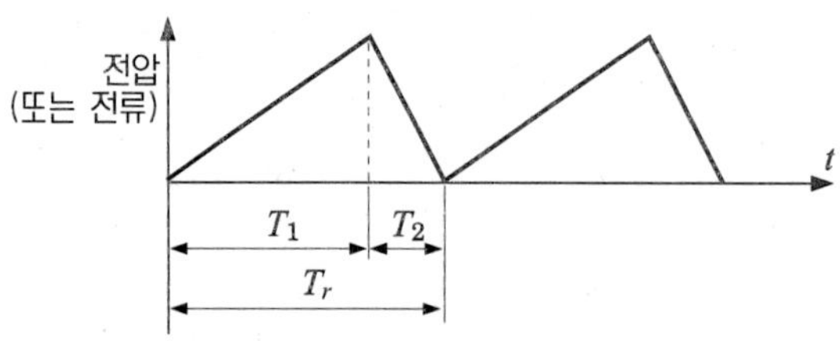

[그림5.20] 블로킹 발진 회로

ⓐ UJT를 이용한 톱날파 발생회로(비안정)

[그림 5.21] 회로에서 V_{EE} 와 R값을 적절히 선택하면 부하선(load line)이 UJT특성곡선의 부저항 영역의 한점을 지나게 할 수 있으며 이 때 이 회로는 비안정 회로가 되며 톱니파를 주기적으로 발생시킬 수 있게 된다.

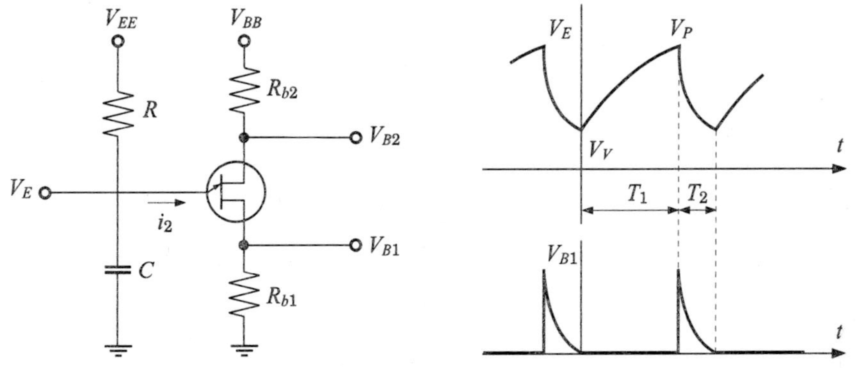

(a) 회로 (b) 파형

[그림 5.21] UJT를 이용한 톱날파 발생회로(비안정)

② 스위칭 TR을 사용한 톱날파 발생회로

[그림 5.22](a)의 회로에서 입력으로 (b)와 같은 전압을 가하면 전압이 높을 때는 트랜지스터는 OFF되고 전압이 낮으면 ON이 된다. 트랜지스터가 OFF될 때는 전원으로 부터 R, C를 통해 C에 전하가 충전되고 V_C전압은 증가하게 된다. 트랜지스터가 ON되면 트랜지스터를 통해 전하가 방전되므로 (b)의 파형이 얻어진다.

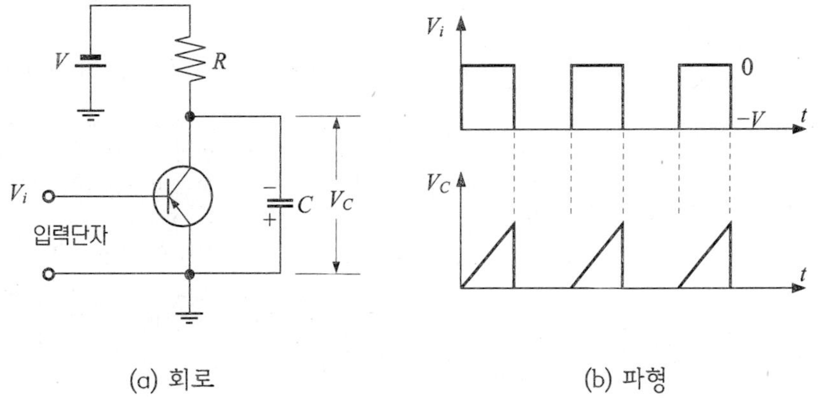

(a) 회로 (b) 파형

[그림 5.22] 스위칭 TR을 사용한 톱날파 발생회로

(실험5.1)
클리퍼, 클램퍼 동작 실험

1. 목적

클리퍼, 클램퍼의 기능과 동작을 익힌다.

2. 실험준비

1) 장비 및 공구

구분	공구명	규격
1	디지털 멀티미터(Digital Multimeter: DMM)	Digital
2	디지털오실로스코프	1대
3	Bread Board	1대
4	함수제네레이터(Function Generator)	1대
5	DC 전압공급기	1대
6	공구세트(롱노즈 플라이어 , 드라이버, 니퍼 등)	1세트

2) 재료

<table>
<tr><th>재료명</th><th>규격</th><th>수량</th><th>안전 및 유의 사항</th></tr>
<tr><td>저항</td><td>2.2kΩ, 100Ω,1kΩ,100kΩ (1개)</td><td>각 1개</td><td rowspan="3">① Bread Board 기판에 조립하여 실험하며 안전에 주의한다.
② 공급전원은 정격전압의 공급되도록 한다.
③ 부품의 극성에 주의한다.
④ 계측 사용시 계기 파손되지 않도록 한다.</td></tr>
<tr><td>다이오드</td><td>Si, Ge, Si 소신호용</td><td>각 1개</td></tr>
<tr><td>캐피시터</td><td>1μF</td><td>1개</td></tr>
</table>

3. 관계이론

(1) 다이오드 클리퍼

신호를 전송할 때 어떤 값 이상 또는 이하의 신호전압을 제거하는 회로를 클리핑 회로(Clipping circuit 또는 Clipper)라 한다. 클리핑 회로는 정현파를 구형파로 바꾸기도 하고 입력신호의 일부 혹은 전부, 양(+) 혹은 음(−)의 파형을 잘라낸 파형을 내보내는 정류작용도 한다. 이러한 클리핑 회로를 클리퍼(Clipper), 리미터(Limitter), 슬라이스(Slicer)라 부른다.

1) 양(+)의 직렬 클리핑 회로

입력전압이 양(+)인 구간에는 다이오드가 역방향 바이어스 되어 회로가 차단되므로 전류가 흐르지 않게 되어 출력전압은 0이 된다. 반면 입력전압이 음(−)인 구간에는 다이오드가 순방향 바이어스 되어 도통되기 때문에 입력전압이 저항 R에 걸려 출력전압은 입력전압과 같게 된다. 양(+)의 클리핑 회로는 양(+)의 전압은 차단되고, 음(−)의 전압이 출력되는 회로이다.

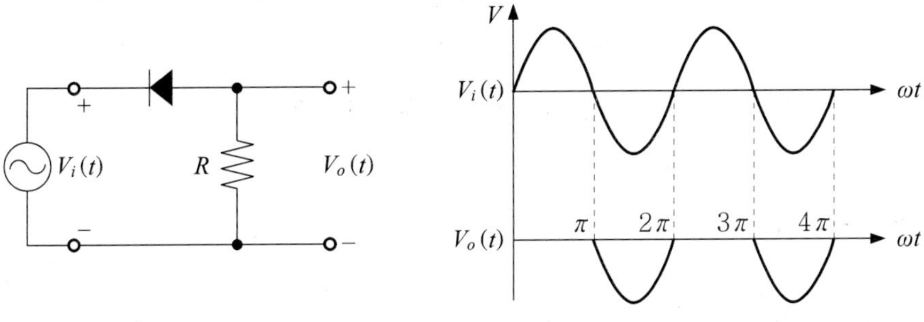

(a) 양(+)의 직렬 클리핑 회로　　　(b) 입력−출력파형

[그림] 양(+)의 직렬 클리핑 회로

2) 음(−)의 직렬 클리핑 회로

입력전압이 양(+)인 구간에는 다이오드가 순방향 바이어스 되어 도통되기 때문에 입력전압이 저항 R에 걸려 출력전압은 입력전압과 같게 된다. 반면 입력전압이 음(−)인 구간에는 다이오드가 역방향 바이어스 되어 회로가 차단되므로 전류가 흐르지 않게 되어 출력전압은 0이 된다.

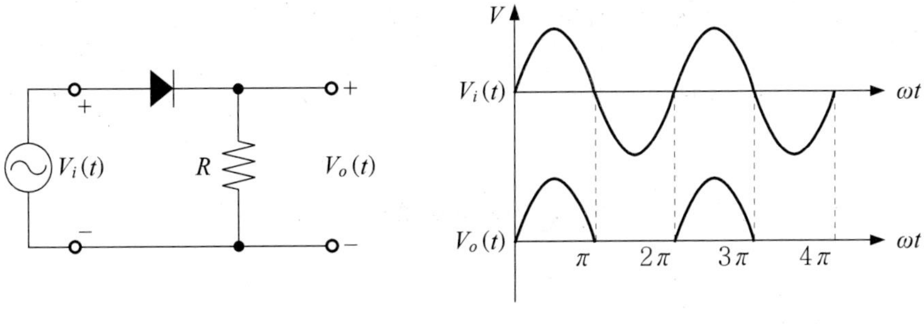

[그림] 음(−)의 직렬 클리핑 회로

3) 양(+)의 병렬 클리핑 회로

입력전압이 양(+)인 구간에는 다이오드가 순방향 바이어스 되어 도통되기 때문에 다이오드에는 문턱전압만큼 걸려 출력전압은 이 문턱전압이 된다. 만약 이 문턱전압을 무시할 경우에는 출력전압은 0이 된다. 반면 입력전압이 음(-)인 구간에는 다이오드가 역방향 바이어스 되어 회로가 차단된다. 이 때문에 입력전압이 다이오드의 양단에 걸리게 되고, 이 전압이 곧 출력전압이 된다.

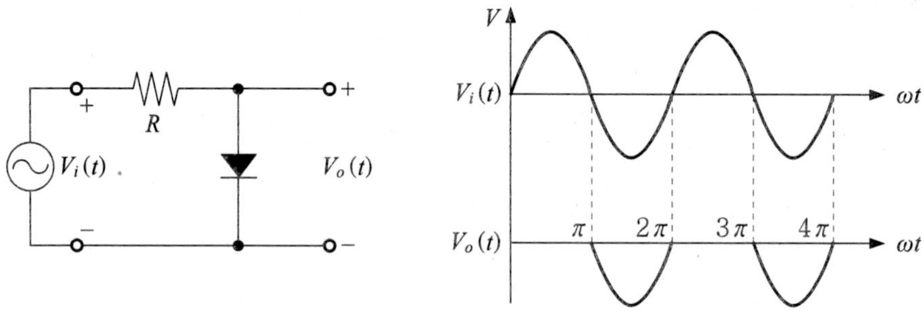

[그림] 양(+)의 병렬 클리핑 회로

4) 음(-)의 병렬 클리핑 회로

입력전압이 양(+)인 구간에는 다이오드가 역방향 바이어스 되어 회로가 차단된다. 따라서 다이오드 양단에 입력전압이 걸리게 되고, 이는 곧 출력전압이 된다. 반면 입력전압이 음(-)인 구간에는 다이오드가 순방향 바이어스 되어 회로는 도통된다. 만약 문턱전압을 무시하게 되면 다이오드 양단에 걸리는 전압은 0이 되며 출력전압도 0이 된다. 따라서 음(-)의 클리핑 회로는 양(+)의 전압은 출력되고, 음(-)의 전압이 차단되는 회로이다

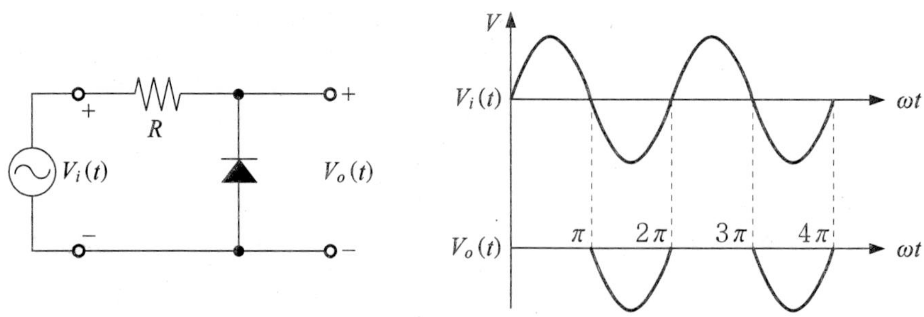

[그림] 음(-)의 병렬 클리핑 회로

5) 바이어스 된 병렬 클리핑 회로

바이어스 된 양(+)의 병렬 클리핑 회로를 나타내고 있다. 입력전압이 음(-)인 구간은 다이오드가 역

방향 바이어스 되어 회로가 차단되고, 따라서 출력전압은 입력전압과 같게 된다. 반면 입력전압이 양(+)인 구간에서는 다이오드가 도통되기 위해서는 바이어스전원 즉, 직류전원보다 입력전압이 클 경우에만 도통된다. 따라서 양(+)인 구간 중 입력전압이 바이어스 전압보다 작은 경우 출력전압은 입력전압과 같고, 입력전압이 바이어스 전압보다 클 경우에는 출력전압은 바이어스 전압이 된다.

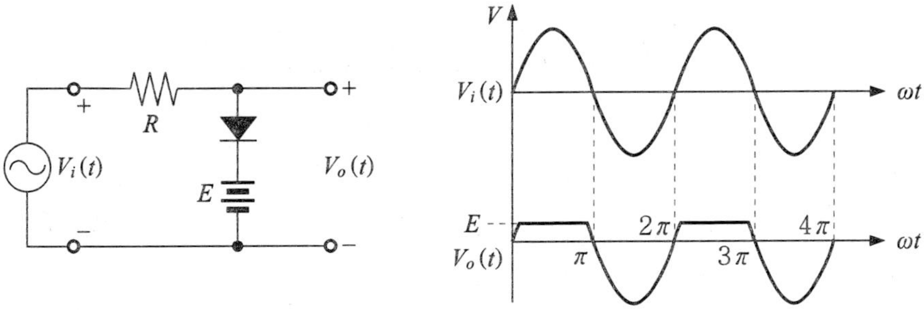

[그림] 바이어스된 병렬 양(+)의 클리핑 회로

6) 바이어스된 병렬 음(−)의 클리핑 회로

입력전압이 양(+)인 구간은 다이오드가 역방향 바이어스 되어 회로가 차단되고, 따라서 출력전압은 입력전압과 같게 된다. 반면 입력전압이 음(−)인 구간에서는 다이오드가 도통되기 위해서는 바이어스 전원 즉, 직류전원보다 입력전압이 클 경우에만 도통된다. 따라서 음(−)인 구간 중 입력전압이 바이어스 전압보다 작은 경우 출력전압은 입력전압과 같고, 입력전압이 바이어스 전압보다 음(−)으로 클 경우에는 출력전압은 바이어스 전압이 된다.

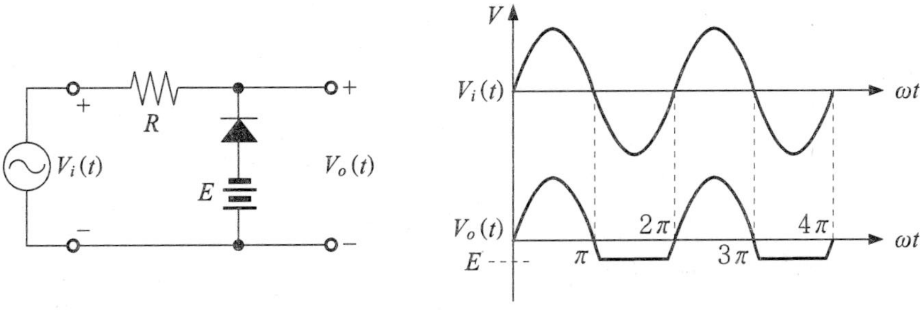

[그림] 바이어스된 병렬 음(−)의 클리핑 회로

7) 2중 바이어스된 병렬 클리핑 회로

2중 바이어스 된 병렬 클리핑 회로는 양(+)과 음(−)의 바이어스된 병렬클리핑 회로의 특성을 모두 가진다.

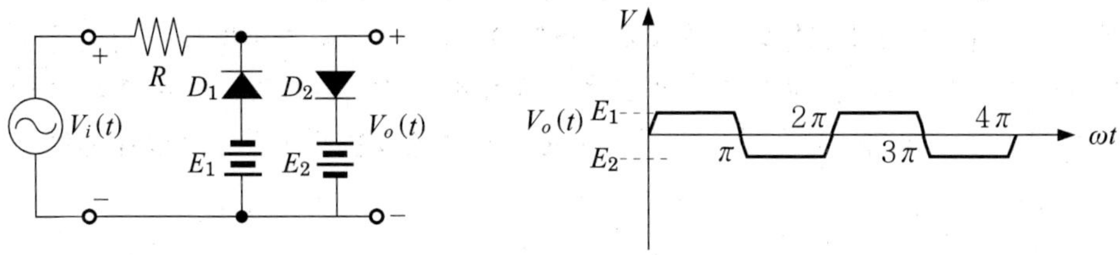

[그림] 2중 바이어스된 병렬 클리핑 회로

8) 다이오드 클램퍼

클램핑 회로는 입력파형의 모양은 변화시키지 않고 다른 직류레벨(DC Level)에 고정시키는 회로이다.

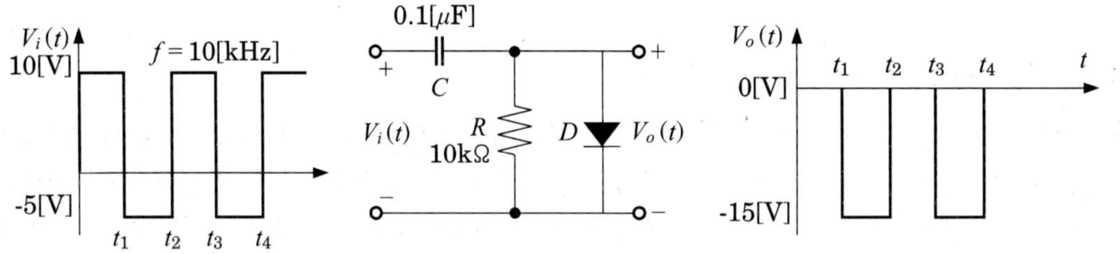

(a) 입력파형 (b) 클래핑 회로 (c) 출력파형

[그림] 다이오드 클램핑 회로의 입 · 출력파형

4.실험

① 다이오드 클램프 회로를 구성한다.

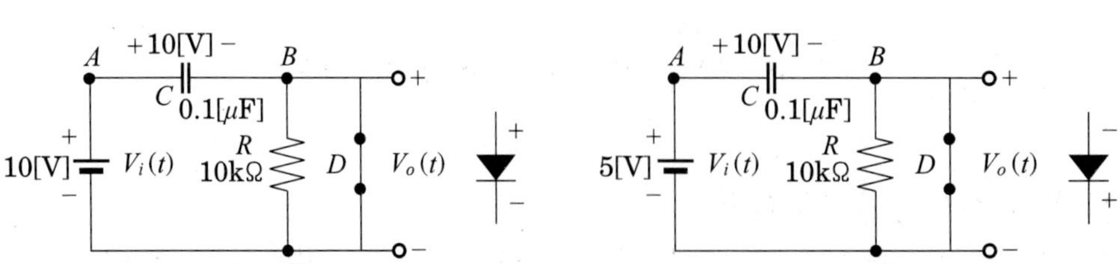

② $v_i(t)$ = 10[V], $v_i(t)$ = −5[V]입력 시킨다.

③ 출력 파형을 그려라

5. 정리정돈

1) 주변정리를 한다.

2) 계측장비 및 공구를 반납한다.

3) 사용전원을 Off시키고 화재 및 안전에 주의한다.

6. 결과보고서 작성

1) 예비보고서를 작성한다.

2) 보고서를 작성한다.

〈예상문제〉

[문제1] CR충방전회로에서 상승시간(rise time) 이라 함은?

㉮ 출력전압이 최종값의 90[%]로부터 10[%]에 이르기까지 소요되는 시간을 말한다.
㉯ 스위치를 넣은 후 출력전압이 최종값의 10[%]에서 90[%]까지 소요되는 시간을 한다.
㉰ 스위치를 넣은 후 출력전압이 최종값의 10[%]에 달하는데 소요되는 시간을 말한다.
㉱ 스위치를 넣은 후 출력전압이 최종값의 90[%]에서 100[%]에 달하는 데 소요되는 시간을 말한다.

〈해설〉 실제의 펄스(pulse)가 이상적 펄스의 진폭V의10[%]에서 90[%]까지 상승하는데 걸리는시간을 상승시간(rise time)이라 한다.

[문제2] 저역통과 RC회로에서 시정수가 의미하는 것은?

㉮ 응답의 상승속도를 표시한다. ㉯ 응답의 위치를 결정해 준다.
㉰ 입력의 진폭 크기를 표시한다. ㉱ 입력의 주기를 결정해 준다.

〈해설〉 시정수란 입력 신호가 변화했을 때 출력 신호가 정상 상태에 도달하기까지의 과도 기간을 알기 위한 척도(최종값의 63.2%)로서 입력 신호에 대한 응답의 상승 속도를 표시한다.

[문제3] 펄스폭이 10[μS]이고 주파수가 1[KHz] 일 때 충격 계수는?

㉮ 1 ㉯ 0.1 ㉰ 0.01 ㉱ 0.001

〈해설〉 펄스의 충격계수 = $\frac{\text{펄스폭}}{\text{펄스의 반복주기}}$ 에서

$$D = \frac{\tau_w}{T_r} = \frac{\tau_w}{\frac{1}{f_r}} = \tau_w \cdot f_r = 10 \times 10^{-6} \times 1 \times 10^{-2} = 0.01$$

[문제4] 펄스폭이 0.5초, 반복 주기가 1초일 때 이 펄스의 반복 주파수는 얼마인가?

㉮ 2[Hz] ㉯ 1[Hz] ㉰ 0.67[Hz] ㉱ 0.5[Hz]

〈해설〉 펄스의 반복주파수 = $\frac{1}{\text{반복주기}}$ 이므로 $f_r = \frac{1}{T_r} = \frac{1}{1} = 1$ [Hz]

[문제5] 다음의 어느 회로를 플립플롭(flip-flop)회로라고 하는가?

㉮ 비안정 멀티바이브레이터　　㉯ 단안정 멀티바이브레이터
㉰ 쌍안정 멀티바이브레이터　　㉱ 블로킹 멀티바이브레이터

[문제6] 다음 중 펄스파에 가까운 파형을 얻는 발진기는?

㉮ 블로킹 발진기　　㉯ CR 발진기
㉰ 수정 발진기　　㉱ 자려 발진기

〈해설〉 블로킹(blocking)발진기는 반복 주기가 짧은 펄스(pulse)의 발생회로로 사용된다.

[문제7] 펄스 회로에서 펄스가 0에서 최대 크기로 상승 될 때를 100%로 한다면 상승시간(rise time)은 몇 %로 잡는가?

㉮ 10%에서 90%　　㉯ 1%에서 99%
㉰ 20%에서 90%　　㉱ 10%에서 80%

[문제8] 구형파를 트리거 펄스로 만드는 회로는 다음 중 어느 것인가?

㉮ 시미트회로　　㉯ 적분회로
㉰ 미분회로　　㉱ 동기회로

〈해설〉 ① 시미트 트리거 회로는 정현파 신호를 구형 파로 변환하는 회로
② 적분회로는 구형파를 톱날파로 변환하는 회로
③ 미분회로는 구형파를 트리거 펄스로 변환하는 회로

[문제9] 클램핑 회로(clamping circuit)에 관한 설명으로서 잘못된 것은 다음 중 어느 것인가?

㉮ 클램핑 기준 전압은 바이어스 전압과 같다.
㉯ 부클램퍼의 출력전압은 부(−)방향의 펄스만 된다.
㉰ 입력신호의 진폭과 파형에 따라 클램핑 레벨이 바뀐다.
㉱ 정 클램퍼의 출력전압은 클래핑 기준전압보다 높은 부분만을 얻는다.

[문제10] 쌍안정 멀티바이브레이터 회로의 출력에 1개의 펄스를 얻을 때 입력에는 몇 개의 펄스가 필요한가?

㉮ 1개 ㉯ 2개 ㉰ 3개 ㉱ 4개

〈해설〉 쌍안정 멀티바이브레이터는 입력트리거펄스 2개마다 1개의 출력펄스를 얻어내는 직류결합 2단 증폭기로 구성된다.

[문제11] 슈미트 트리거 회로에 입력파형으로 주기적인 정현파를 인가 할 때, 출력파형은 어떤 파형이 되는가?

㉮ 정현파 ㉯ 삼각파 ㉰ 구형파 ㉱ 타원파

〈해설〉 스미트 트리거 회로는 쌍안정멀티바이브레이터의 일종으로 입력 전압의 크기에 따라 출력전압펄스가 상승 및 하강을 하는 동작회로로서 입력 파형에 관계 없이 출력은 항상 구형파이다.

[문제12] 다음 중 적분회로로 사용할 수 있는 회로는?

㉮ 저역통과 RC 회로 ㉯ 고역통과 RC 회로
㉰ 대역통과 RC 회로 ㉱ 대역소거 RC 회로

[문제13] one-short 멀티바이브레이터부터 49μs의 펄스폭이 주어질 때 이를 만드는데 필요한 대략 시정수는?

㉮ 65μs ㉯ 70μs ㉰ 75μs ㉱ 80μs

〈해설〉 펄스폭(τ) = $0.7CR$, $T = \dfrac{\tau}{0.7} = 70\mu s$

[문제14] 증폭기입력에 구형파를 가하고 출력 측에서 측정된 상승시간 0.35μs이 였다. 이 증폭기의 고역 $3dB$ 차단주파수는 몇 MHz인가?

㉮ 0.5 ㉯ 1 ㉰ 2 ㉱ 10

[문제15] 플립플롭회로를 활용할 수 없는 것은?

㉮ 주파수 분할기 ㉯ 주파수 체배기
㉰ 2진 계수기 ㉱ 기억소자

논리회로

1. 기본논리회로

1-1. 진법과 2진수 연산

수의 표기에는 변환 관계에 따라 다양하게 저의를 내려 표현할 수 있다. 그러나 일반적인 개념으로 표기할 때 10진법(decimal)을 이용하여 표현하고, 컴퓨터는 2진수를 이용하여 표현하고 있다. 그 이외의 방법에는 8진수(octal)나 16진수(hexadecimal)도 2진수와 관계가 있기 때문에 서로 변환 관계를 이용하여 나타내기도 한다.

(1) 진법의 표시

1) 10진(decimal : D)체계

10진수는 0에서 9까지 만을 사용하여 수를 표현하다. 10개의 숫자는 단순히 10개의 서로 다른 양만을 나타내는 것이 아니고 더 많은 양을 나타낼 수 있다. 그러나 이 양의 표시는 이들 숫자들의 적당한 위치로서 표시할 수 있다. 예를 들어 567란 수의 크기를 나타내려면 5는 500을 나타내고 6은 60을 나타내며 7은 크기 7을 나타낸다. 따라서 10진수에서 숫자의 위치는 값의 크기를 나타내고 이를 자리 값(weight)을 갖는 가중치(weight number)의 수 체계를 유지하고 있다.

① 10진수 ($6392.34=6\times10^3+3\times10^2+9\times10^1+2\times10^0+3\times10^{-1}+4\times10^{-2}$)

② 10진수에서는 각 자리의 표시를 10의 거듭제곱으로 나타낸다. 이 때 10을 기수(base, radix)라 한다.

③ 10진수 $d_n d_{n-1}\cdots d_1 d_0 . d_{-1} d_{-2} d\cdots d_{-m}$을 일반식으로 표시하면

$$= d_n\times10_n+d_{n-1}\times10^{n-1}+\cdots+d_1\times10^1+d_0\times10^0$$
$$+ d_{-1}\times10^{-1}+d_{-2}\times10^{-2}+\cdots+\mathrm{d}_{-m}\times10^{-m}$$

2) 2진(binary: B) 코드

① 0 과 1의 2개의 숫자를 이용하여 표현하는 방법

② 2진수의 각 자리를 bit(binary digit)라 한다.

3) 8진법(octal number)

0~7 까지 의 8개의 숫자를 이용하여 표현하는 방법을 말한다. 8진수는 8을 기수(base)로 하여 8개의 기호 즉 0~7을 사용한다.

$$(N)R = d_i R_i + \cdots + d_2R_2+d_1R_1+d_0R_0$$

여기서 d_i … d_0의 값은 0, 1, 2, 3, 4, 5, 6, 7 이다.

(예제6-1) 8진수 (325)8 을 10진수로 변환하시오.

〈풀이〉 $(325)^8=(3\times8^2)+(2\times8^1)+(5\times8^0)=192+16+5=(213)_{10}$

4) 16진법(hexadecimal number system)

16진법은 IBM이나 RCA계의 컴퓨터 시스템에 많이 사용된다.

0~9와 A~F까지의 16개의 숫자를 이용하여 표현한다. 16진수를 2진수로 표현 할 때 16진수 한 자리수가 2진수 4bit에 해당된다.

(예제6-2) $(A2)_{16}$ 16진수를 10진수로 변환하시오.

〈풀이〉 $(A2)_{16} = A\times16^1+2\times16^0 = 10\times16+2\times1 = 160+2 = (162)_{10}$

[표6.1] 2진, 8진, 10진, 16진법 비교

10진법	2진법	8진법	16진법	10진법	2진법	8진법	16진법
0	0	0	0	10	1010	12	A
1	1	1	1	11	1011	13	B
2	10	2	2	12	1100	14	C
3	11	3	3	13	1101	15	D
4	100	4	4	14	1110	16	E
5	101	5	5	15	1111	17	F
6	110	6	6	16	10000	20	10
7	111	7	7	17	10001	21	11
8	1000	10	8	18	10010	22	12
9	1001	11	9				

(2) 2진수의 사칙연산

1) 2진수의 가산(addition)

10진수의 덧셈과 동일한 방법으로 계산한다.

0+0=1, 0+1=1, 1+0=1, 1+1=0 및 자리올림(carry) 수가 발생한다.

2) 2진수의 감산(subtraction)

계산기에서는 뺄셈 연산을 직접 못하고 보수(complement number)를 사용하여 덧셈으로 계산한다.

0−0=0, 1−0=1, 1−1=0, 0−1=1 및 빌림(borrow) 수가 발생한다.

3) 2진수의 곱셈

곱하는 수(승수)값 만큼 반복해서 계산한 다음 모두 더한다.

0×0=0, 0×1=0, 1×0=0, 1×1=1

4) 2진수의 나눗셈

직접 행하지 못하고 최상위 자리부터 비교하여 연산한다.

0÷1=0, 1÷1=1, 0÷0=불능, 1÷0=불능

(3) 진법간의 상호변환

1) R진수 → 10진수로 변환

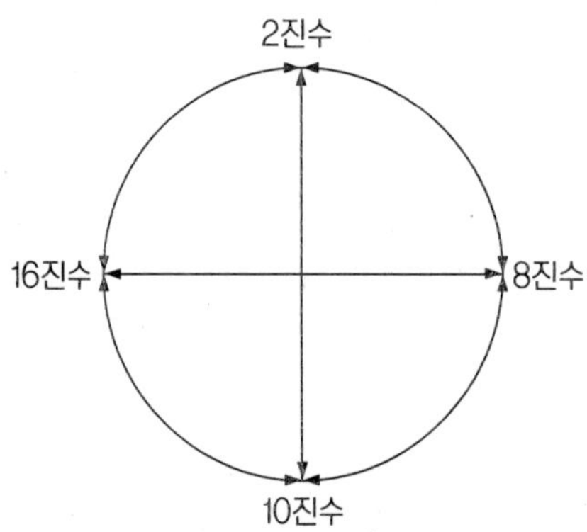

① 2진수의 10진수 변환
기수의 변환은 10진수를 매개로하여 각 진수별 변환을 행 할 수 있기 때문에 2진수를 10진수로 변환 할 수 있다.

㉠ 소수점이 없을 경우 $(10110)_2=1\times2^4+0\times2^3+1\times2^2+1\times2^1+0\times2^0=(22)_{10}$

㉡ 소수점이 있을 경우 $(0.1011)_2=1\times2^{-1}+0\times2^{-2}+1\times2^{-3}+1\times2^{-4}=(22)_{10}$

㉢ 복합인 경우 $(10110.1101)=1\times2^4+0\times2^3+1\times2^2+1\times2^1+0\times2^0+1\times2^{-1}+1\times2^{-2}+0\times2^{-3}+1\times2^{-4}$

$=16+4+2+0.5+0.25+0.0625=(22.8125)_{10}$

② 8진수의 10진수 변환
일반적으로 수의 체계는 사용방법에 따라 다르게 적용되고 있다. 8진수에서 10진수로 변환을 고려한다면 그듭 제곱식을 이용할 수 있다.

㉠ 소수점이 없을 경우

$(364)_8=3\times8^2+6\times8^1+4\times8^0=(244)_{10}$

㉡ 소수점이 있을 경우

$(0.23)_8=2\times16^1+3\times8^{-2}=(0.296875)_{10}$

㉢ 복합인 경우

$(3457.24)_8=3\times8^3+4\times8^2+5\times8^1+7\times8^0+2\times8^{-1}+4\times8^{-2}=(1839.3125)_{10}$

③ 16진수의 10진수 변환
16진수를 10진수로 변환시키는 방법은 2진수의 4자리로 변환하여 다시 10진수로 변환시키는 방법과 역수 16을 이용하여 16계수와 자릿수를 곱하는 방법이 있다.

㉠ 소수점이 없을 경우

$(23)_{16}=2\times16^1+3\times16^0=(35)_{10}$

$(3B)_{16}=3\times16^1+B\times16^0=(59)_{10}$

㉡ 소수점이 있을 경우

$(0.48)_{16}=4\times16^{-1}+8\times16^{-2}=(0.28125)_{10}$

㉢ 복합인 경우

$(30A.C8)_{16}=3\times16^2+0\times16^1+A\times16^0+C\times16^{-1}+8\times16^{-2}=(778.78125)_{10}$

2) 10진수의 R진수 변환

① 10진수의 2진수로 변환

㉠ 소수점이 없는 경우

$(25)_{10}=(11001)_{2}$

예)

```
2 ) 25
2 ) 12   …… 1 (LSD)
2 )  6   …… 0
2 )  3   …… 0
     1   …… 1
  (HSD)
```

25를 2로 나누어 몫과 나머지를 표시하며 나눌 수 없을 때 까지 실시한다.

㉡ 소수점이 있을 경우

$(0.6875)_{10}=(0.1011)_{2}$

예)

```
  0.625
×     2
  1.250
×     2
  0.500
×     2
  1.000
```

0.625에 2를 곱하여 소수점 윗자리 값을 취하고 계속 소수점 아래 자리수에 2를 곱하여 소수점 아래 자리값이 0이 될 때까지 곱한다.

(예제6-3) $(25.625)_{10}$ 10진수를 2진수로 고치시오.

〈풀이〉 $(25.625)_{10} \rightarrow (11001.101)_{2}$

② 10진수의 8진수 변환

10진수에서 2진수로 변환과 동일한 방법에 의하여 10진수에서 8진수로의 변환이 얻어진다.
다른 방법으로는 10진수를 반족하여 8로 나누어 구한다.

㉠ 소수점이 없을 경우

$(66)_{10} = (102)_8$

```
8 ) 66
8 )  8  ······ 2
     1  ······ 0
```

㉡ 소수점이 있을 경우

$(0.1875)_{10} = (0.14)_8$

```
  0.1875
 ×     8
  1.5000
 ×     8
  4.0000
```

㉢ 복합인 경우

$(66.1875)_{10} = (102.14)_8$

(예제6-4) 10진수 634를 8진수로 변환하여라.

(풀이)

$(66.1875)_{10} = (102.14)_8$

```
8 ) 634
8 )  79  ······ 2
8 )   9  ······ 7
8 )   1  ······ 1
      0  ······ 1
```

(예제6-5) 10진수 79.21875를 8진수로 변환하여라.

〈풀이〉

$(79.21875)_{10} = (117.16)_8$

③ 10진수의 16진수 변환

어셈블러 프로그램의 기계어로서 16진법이 많이 사용되고 있다. 0~9까지의 숫자와 A~F까지의 영문자 등 16개의 심벌로 표시되는 수의 체계라고 할 수 있다. 보통 16진수 뒤에 H(hexadecimal)를 붙인다.

(예제6-6) 10진수 99를 16진수로 변환하여라.

〈풀이〉 $(99)_{10} = (63)_{16}$

16) 99
　　6 …… 3

(예제6-7) 10진수 $(0.1875)_{10}$를 16진수로 변환하여라.

〈풀이〉 $(0.1875)_{10} = (0.3)_{16}$

$$\begin{array}{r} 0.1875 \\ \times \quad 16 \\ \hline 3.0000 \end{array}$$

(예제6-8) 10진수 $(99.1875)_{10}$를 16진수로 변환하여라.

〈풀이〉 $(99.1875)_{10} = (63.3)_{16}$

3) 기타 변환

① 2진수의 8진수 변환
소수점을 중심으로 왼쪽과 오른쪽으로 각각 3bit씩 차례로 묶는다.

2진수	1 0	1 1 0	0 0 1	1 0 1	.	1 1 1	1 0 0	0 0 0
8진수	2	6	1	5	.	7	4	0

$\therefore (10110001101.111100000)_2 = (2615.740)_8$

② 8진수의 2진수 변환
2진수 3비트(bit)는 모두가 1개의 8진 숫자로 나타낼 수 있다. 8진수는 디지털 시스템에 사용한다.
8진수 자리수를 3bit의 2진수로 나열한다.

8진수	6	7	3	.	1	2	4
2진수	1 1 0	1 1 1	0 1 1	.	0 1 1	0 1 0	1 0 0

$\therefore (673.124)_8=(110111011.001010100)_2$

(예제6-9) 8진수 25를 2진수로 변환 하여라.

〈풀이〉 $(25)_8 = (010101)_2$

↙ ↘

010 101

(예제6-10) 8진수 64.72를 2진수로 변환하여라.

〈풀이〉 $(64.72)_8 = (110100.111010)_2$

↙ ↓ ↓ ↘

110 100 111 010

③ 2진수의 16진수 변환

2진수를 16진수로 변환시키는 방법은 소수점을 중심으로 2진수를 4개씩 묶어 이것을 16진수 숫자나 문자로 변환시킨다.

2진수	11	0001	1010	.	1111	0100
16진수	3	1	A	.	F	4

$\therefore (1100011010.11110100)_2 = (31A.FA)_{16}$

④ 16진수의 2진수 변환

16진수를 2진수로 변환시키는 방법은 16진수 자릿수를 4-bit의 2진수로 묶어 16진수로 변환시켜야 한다.

$(1C7.F9)_{16} = (001)(1100)(0111).(1111)(1001) = (000111000111.11111001)_2$

(예제6-11) 16진수 135를 2진수로 변환하여라.

〈풀이〉 $(B5)_{16} = (10110101)_2$

↙ ↘

1011 0101

(4) 보수(complement)

디티컬 시스템으로 구성되어진 컴퓨터는 보수의 개념을 해석한다면 어떤 기준이 되는 큰 수 N에서 X를 뺀 나머지 수를 N에 대한 X의 보수라 하고 이보수는 가산에 의하여 감산 작용을 간단히 하고 논리적 처리를 간단히 하기 위해서 많이 사용한다.

1) 1의 보수(1's complement)

2진변환에서 1의 보수 구하는 방법은 r진법의 임의의 수 N에 대하여 $(r-1)$의 보수를 식으로 표시하면 $(r-1)$의 보수 = $(r^n - r^{n-3})-N$ 식이 되며 0을 1로, 1을 0으로 변환하면 얻을 수 있다.

예) 1001의 1의 보수는 0110 이 된다.

2) 2의 보수(2's complement)

1의 보수를 구한 다음 가장 낮은 자리에 1을 더하면 얻을 수 있다. (2의 보수=1의 보수+1)

예) 100100의 2의 보수는 우선 1의 보수를 구하면 011011가 되고 최하위 자리에 1을 더하면 011100가 된다. 즉 최초로 1이 나올 때 까지는 변하지 않고 그 다음부터 변한다.

(예제6-12) N-10101의 2의 보수를 구하여라

〈풀이〉 $2^n - N$의 보수이므로 $2^n - N = 2^5-21 = 32-21=(11)_{10}=(01011)2$

3) 컴퓨터 내부에는 감산을 위한 계산기가 없으므로 가산기와 보수발생기를 이용하여 감산을 행하므로 보수가 필요하다.

4) 보수를 이용하여 뺄셈을 하는 방법에 대해서 알아보면 5에서 3을 빼는 과정에서 3의 10에 대한 보수 7를 더하여 10자리수를 없앤 것과 같이 된다.

```
  5           5
  3    →      7    ← 3의 10에 대한 보수
─────────────────
  2          12
             └──────── 없에면 결과 식이 동일함.
```

5) 2진수 뺄셈도 빼는 수의 보수를 써서 계산하면 101에서 011를 빼는 과정은 011에 대한 2의 보수를 더해주고 4째 자리의 수를 없앤다.

① 10진수 뺄셈 ② 2진수 뺄셈 ③ 보수를 이용한 뺄셈

```
① 10진수 뺄셈     ② 2진수 뺄셈     ③ 보수를 이용한 뺄셈

   5               101              ┌→101
   3               011             (+) 100 ← 011에 대한 1의 보수(100)
 ───             ─────              └→101 ← 100에 대한 2의 보수(101)를 더해준다
   2               010              ─────
                                    1010
                                    └──────── 없앤다.
```

1-2. 수의 코드화

코드(code)란 정보를 이산적인 형태로 표현하기 위한 체계이다. 크기만 갖는 수의 처리는 2진수로 가능하지만 단순한 숫자의 형태로 표현하는데 있어서는 진법 변환이 필요없는 간편한 처리가 요구되며 문자 등의 표현을 위한 방법이 필요하다. 이러한 숫자, 문자, 기호 등을 다른 진수나 기호로 변환하여 나타내는 것을 코드라 한다.

(1) 2진화 10진 코드(binary coded decimal, BCD code)

① 한자리의 10진수를 4bit의 2진수로 표시한 한 코드

② 8. 4. 2. 1의 무게를 가지고 있으므로 8421 코드라고도 한다.

예) $(396)_{10}$ → 0011 1001 0110

3 9 6

$0011=0\times2^3+0\times2^2+1\times2^1+1\times2^0=3$

$1001=1\times2^3+0\times2^2+0\times2^1+1\times2^0=9$

$0110=0\times2^3+1\times2^2+1\times2^1+0\times2^0=6$

(2) 3초과 코드(Excess-3 code)

BCD 코드에 십진수3 (2진수 0011)를 합하여 만든 코드로서 각 digit의 자릿수가 일정한 값(weight)을 갖지 않는 비가중치(nuweighted code)이다.

[표6.2] 수의 코드화

10진수	8421 코드	Excess-3 코드
0	0000	0011
1	0001	0100
2	0010	0101
3	0011	0110
4	0100	0111
5	0101	1000
6	0110	1001
7	0111	1010
8	1000	1011
9	1001	1100

(예제6-12) 10진수 8+9를 BCD코드로 변환하여 계산하여라.

〈풀이〉

```
   8          1000
 + 9    →   + 1001
 ----       ------
  17         10001
           + 0110  ← 올림수가 발생하였으므로 6(0110)을 더 한다.
           ------
             10111
```

(예제6-13) 10진수 49+25의 가산을 3초과 코드를 이용하여 변환하시오.

〈풀이〉

```
  49           0111    0111
+ 25    →    + 0101    0101
----         --------------
  74           1101    0100   (Carry발생)
             - 0011  + 0011   (3초과 보정)
             --------------
               1010    0111   (3초과 결과)
```

(3) 그레이코드(Gray Code)

비가 중 코드로써 2진 연산에 부적합 하지만 데이터의 전송, 입 · 출력장치, A-D변환기 등에 많이 사용된다. 10진수가 아닌 2진수를 나타내기 위한 코드이며, 비자리값 코드라 할 수 있다.

[표6.3] 2진수와 그레이코드

10진수	2진수	그레이코드
0	0000	0000
1	0001	0001
2	0010	0011
3	0011	0010
4	0100	0110
5	0101	0111
6	0110	0101
7	0111	0100
8	1000	1100
9	1001	1101
10	1010	1111
11	1011	1110
12	1100	1010
13	1101	1011
14	1110	1001
15	1111	1000

예)

```
Gray Code와 2진수 변환              Gray Code와 2진수 변환
Gray Code : 1  0  1  1              2진수 :      1  1  0  1
              +  +  +                             +  +  +
            ↙↗↙↗↙↗↓                           ↓↖↓↖↓↖↓
2진수 :     1  1  0  1              Gray Code : 1  0  1  1
```

(예제6-14) 다음 2진수를 그레이코드로 변환하여라.

① $(1001)_2$ = (1101)그레이코드
② $(0100)_2$ = (0110)그레이코드

(예제6-15) 다음 그레이코드를 2진수로 변환하여라.

① (1100)그레이코드 = $(1101)_2$
② (0001)그레이코드 = $(0110)_2$

(4) 패리티비트(parity bit)

디지털 신호는 통신 매체를 통하여 전송되는 과정중 외부잡음 등의 영향으로 0은 1로 1은 0으로 바뀌질 수 있다. 이것을 검출하기 위하여 패리티비트를 사용하고 있다.

1) odd parity방식 : 데이터 전체의 1의 합계가 홀수되도록 검출방식

2) even parity 방식 : 데이터의 접체의 1의 갯수가 짝수가 되도록 검출하는 방식

(예제6-16) 10진수 386을 8421코드로 바꾸고 홀수 패리티비트를 붙여라.

〈풀이〉

3	8	6	
0011	1000	0110	← 8421 코드
0011	1000	01100	← 홀수 패리티
		↑ 패리티비트	

(5) 해밍코드(hamming code)

해밍코드는 에러를 검출 및 정정능력을 함께 가지고 있다.

$2^K \geq K + n + 1$ 에서 data bits = 8이면 $2^K \geq K + 8 + 1$

$K = 4 \quad \therefore K \geq 4$ (K : 해밍코드는 parity line bit 수 − data line n−bit)

2. 논리게이트 및 부울 함수

2-1. 부울 대수

불대수는 논리 대수라고 하며, 참이나 거짓 등의 논리적인 판단을 하는데 사용하는 수학적인 한 기법이다.

(1) 부울대수의 정리

1. 교환법칙	$A + B = B + A,\ A \cdot B = B \cdot A$
2. 결합법칙	$(A + B) + C = A + (B + C)$ $A + (B \cdot C) = A \cdot (B \cdot C)$
3. 분배법칙	$A \cdot (B + C) = A \cdot B + A \cdot C$ $A + (B \cdot C) = (A + B) \cdot (A + C)$
4. 동일법칙	$A + A = A,\ A \cdot A = A$
5. 부정법칙	$(\overline{A}) = \overline{A},\ (\overline{\overline{A}}) = A$
6. 흡수법칙	$A + A \cdot B = A,\ A \cdot (A + B) = A$
7. 기　　타	$0 + A = A,\ 1 \cdot A = A,\ 1 + A = 1,\ 0 \cdot A =$ $\overline{A} + A = 1,\ \overline{A} \cdot A = 0$ $A + \overline{A}B = A + B,\ A(\overline{A} + B) = A \cdot B$

(2) 드로므간의 정리(De Morgan's theorem)

$$\overline{(A + B)} = \overline{A} \cdot \overline{B} \qquad \overline{(A \cdot B)} = \overline{A} + \overline{B}$$

$$\overline{(X_1 + X_2 + X_3 \cdots + X_n)} = \overline{X_1} \cdot \overline{X_2} \cdot \overline{X_3} \cdots \overline{X_n}$$

$$\overline{(X_1 \cdot X_2 \cdot X_3 \cdot \cdots X_n)} = \overline{X_1} + \overline{X_2} + \overline{X_3} + \cdots + \overline{X_n}$$

(3) 카르노도(Karnaugh map)

① 일정한 규칙에 따라 논리식을 최소화 하는 방법이다.

② 그림(a)는 2개의 변수 X, Y의 가능한 4가지 조합에 대응하는 최소항을 나타낸 것이고 그림(b)는 이를 카르노도로 표시한다.

(a) X, Y의 최소항

X Y	최소항
0 0	$\overline{X}\ \overline{Y}$
0 1	$\overline{X}\ Y$
1 0	$X\ \overline{Y}$
1 1	$X\ Y$

(b) 2변수 카르노 도

X \ Y	0	1
0	$\overline{X}\ \overline{Y}$	$\overline{X}\ Y$
1	$X\ \overline{Y}$	$X\ Y$

③ 그림(a)는 3개의 변수 X, Y, Z의 8가지 가능한 조합에 대응하는 최소항들을 나타낸 것이고 그림(b)는 이를 카르노도로 표시한 것이다.

(a) 3변수의 최소항

X Y Z	최소항
0 0 0	$\overline{X}\ \overline{Y}\ \overline{Z}$
0 0 1	$\overline{X}\ \overline{Y}\ Z$
0 1 0	$\overline{X}\ Y\ \overline{Z}$
0 1 1	$\overline{X}\ Y\ Z$
1 0 0	$X\ \overline{Y}\ \overline{Z}$
1 0 1	$X\ \overline{Y}\ Z$
1 1 0	$X\ Y\ \overline{Z}$
1 1 1	$X\ Y\ Z$

(b) 3변수 카르노 도

X \ YZ	0 0	0 1	1 1	1 0
0	$\overline{X}\ \overline{Y}\ \overline{Z}$	$\overline{X}\ \overline{Y}\ Z$	$\overline{X}\ Y\ \overline{Z}$	$\overline{X}\ Y\ Z$
1	$X\ \overline{Y}\ \overline{Z}$	$X\ \overline{Y}\ Z$	$X\ Y\ \overline{Z}$	$X\ Y\ Z$

※ 주의할 점

㉠ 3변수 카르노도에서 가로축에 나타낸 변수 YZ의 값이 그레이 부호처럼 인접한 것 사이에 한 비트만 차이가 나도록 00, 01, 11, 10, 으로 되어 있다는점

㉡ 같은행에 있는 왼쪽끝의 최소항과 오른쪽 끝의 최소항은 서로 하나의 변수만 다르므로 인접 한 것으로 볼수 있다는 점

④ 4변수 카르노도

YZ \ WX	0 0	0 1	1 1	1 0
0 0	$\overline{W}\,\overline{X}\,\overline{Y}\,\overline{Z}$	$\overline{W}\,\overline{X}\,\overline{Y}\,Z$	$\overline{W}\,\overline{X}\,Y\,Z$	$\overline{W}\,\overline{X}\,Y\,\overline{Z}$
0 1	$\overline{W}\,X\,\overline{Y}\,\overline{Z}$	$\overline{W}\,X\,\overline{Y}\,\overline{Z}$	$\overline{W}\,X\,Y\,Z$	$\overline{W}\,X\,Y\,\overline{Z}$
1 1	$W\,X\,\overline{Y}\,\overline{Z}$	$W\,X\,\overline{Y}\,Z$	$W\,X\,Y\,Z$	$W\,X\,Y\,\overline{Z}$
1 0	$W\,\overline{X}\,\overline{Y}\,\overline{Z}$	$W\,\overline{X}\,\overline{Y}\,Z$	$W\,\overline{X}\,Y\,Z$	$W\,\overline{X}\,Y\,\overline{Z}$

(예제6-17) 논리한수 $F = \overline{x}yz + \overline{x}y\overline{z} + x\overline{yz} + x\overline{y}z$ 를 간단히 하라.

〈풀이〉 논리함수 F를 카르노도로 표시하면 다음과 같다.

YZ \ WX	0 0	0 1	1 1	1 0
0			1	1
1	1	1		

$\overline{x}yz + \overline{x}y\overline{z} + \overline{x}y(z+\overline{z}) = \overline{x}y$

$x\overline{yz} + x\overline{y}z = x\overline{y}(\overline{z}+z) = x$

그러므로 논리함수 $F = \overline{x}y + x\overline{y}$ 이다.

2-2. 논리게이트(Logic gate)

논리회로의 개념을 설명하기 위하여 주위에서 항상 접하는 스위치의 개폐와 연관시키면 이해하기 쉽다. 전기, 전자회로에서 스위치가 개방되어 있으면 램프는 소등이 되고, 닫혀있으면 점등이 된다. 기본 논리게이트에서 NOT, AND, NAND, OR, NOR 등이 있다.

높은 전압을 1, 낮은 전압을 0으로 취급하는 논리를 정논리라 하며, 부논리는 높은 전압을 0, 낮은 전압을 1로 취급한다.

(1) 기본 논리게이트

1) NOT 게이트(논리부정)

NOT 연산은 부정연산으로 정의한 논리연산으로 일반적으로 인버터(inverter) 또는 보수(complement)를 수행하는 기능을 갖는다. 입력이 0이면 출력은 1, 입력이 1이면 출력은 0이 된다. 기호는 -(bar)로 표시 한다.

NOT - gate 기호	논리식	진리지표	연산인버터회로
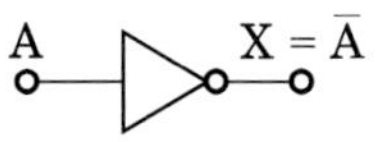	$\bar{A}=X$	A / X 0 / 1 1 / 0	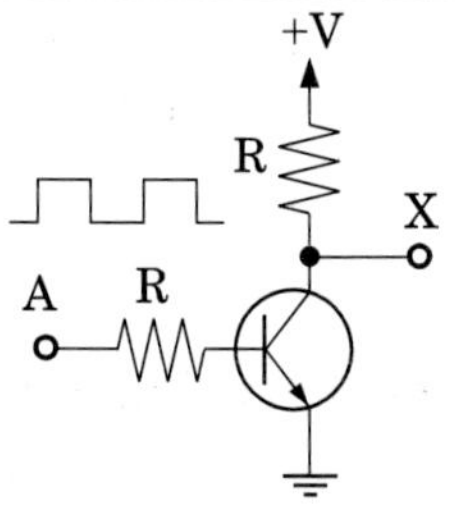

[그림6.1] NOT 게이트의 기호 표시 및 진리표

2) AND 게이트회로

AND게이트는 전부 혹은 전무 게이트(all or nothing gate)라고도 한다.

AND게이트의 연산은 논리곱 연산이라고도 부르며 입력 볼 변수를 A, B라고 하고, 출력함수를 X라고 하면 다음과 같은 논리식이 된다.

AND - gate 기호	논리식	진리지표	연산인버터회로
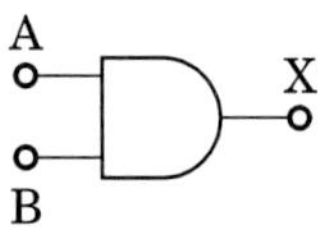	$A \cdot B=X$	A B / X 0 0 / 0 0 1 / 0 1 0 / 0 1 1 / 1	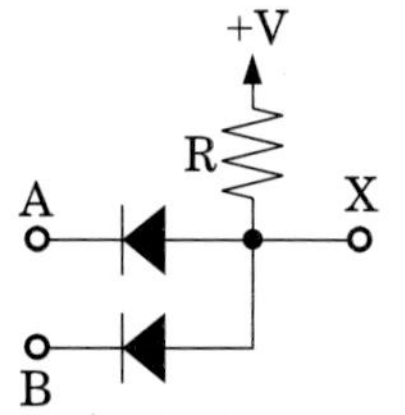

[그림6.2] AND 게이트의 기호 표시 및 진리표

또한 AND 게이트 회로는 입력 수만큼의 스위치를 직렬로 연결시킨다.

두 스위치 A와 B가 모두 닫혀야만(A=1, B=1) 회로가 이어져 전등이 켜질 수 있다.(C=1)

만일 2개의 스위치중 하나라도 열려있다면, 즉 A=0, B=1 또는 A=1, B=0 또는 A=0, B=0이면 C=0으로 전등은 꺼진 상태가 된다. 그러므로 직렬스위치는 AND 연산 C = A · B를 실현하는 회로이다.

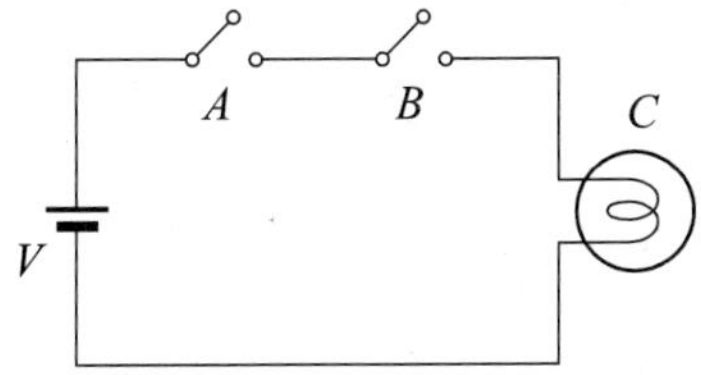

3) NAND 게이트회로

NAND 회로는 AND 회로와 NOT 회로로 구성되어 있으며, 입력 모두 혹은 어느 하나라도 논리 0 상태로 되면 출력은 1이 되고 모든 입력이 1 상태가 되면 출력은 0이 되는 회로이다.

<table>
<tr><th>NAND - gate 기호</th><th>논리식</th><th>진리지표</th><th>연산인버터회로</th></tr>
<tr><td>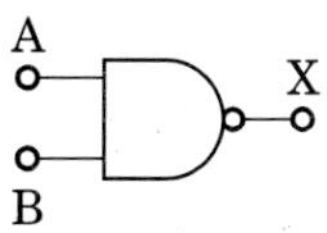</td><td>$\overline{A \cdot B} = X$</td><td><table><tr><th>A B</th><th>X</th></tr><tr><td>0 0</td><td>1</td></tr><tr><td>0 1</td><td>1</td></tr><tr><td>1 0</td><td>1</td></tr><tr><td>1 1</td><td>0</td></tr></table></td><td>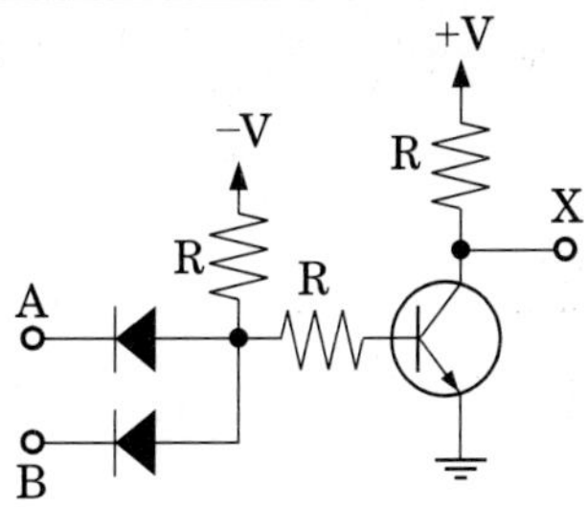</td></tr>
</table>

[그림6.3] NAND 게이트의 기호 표시 및 진리표

4) OR 게이트회로

OR 게이트는 일부 혹은 전부 게이트(any or all gate)라고도 한다. 두개 혹은 그 이상 여러 개의 입력이 모두 0의 상태일 때만 출력은 0의 상태가 되고 입력 중 한개 이상이 1이면 1 상태인 출력을 나타내는 회로이다.

<table>
<tr><th>OR - gate 기호</th><th>논리식</th><th>진리지표</th><th>연산인버터회로</th></tr>
<tr><td>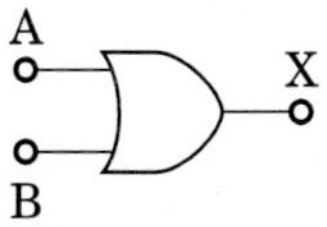</td><td>$A+B=X$</td><td><table><tr><th>A B</th><th>X</th></tr><tr><td>0 0</td><td>0</td></tr><tr><td>0 1</td><td>1</td></tr><tr><td>1 0</td><td>1</td></tr><tr><td>1 1</td><td>1</td></tr></table></td><td>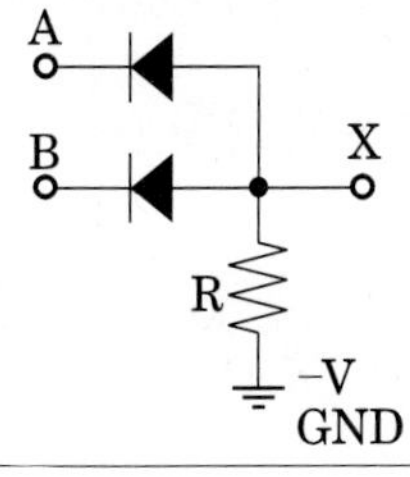</td></tr>
</table>

[그림6.4] OR 게이트의 기호 표시 및 진리표

또한 OR 게이트회로는 입력 수만큼의 스위치를 병렬로 연결시킨다. OR연산 스위치회로의 스위치 A나 B 중에서 어느 것 이라도 하나만 닫치면 C는 켜진다. 그러므로 병렬스위치회로는 OR연산 C=A+B를 실현하는 회로로서 스위치가 3개 이상일 때도 이러한 관계는 성립한다.

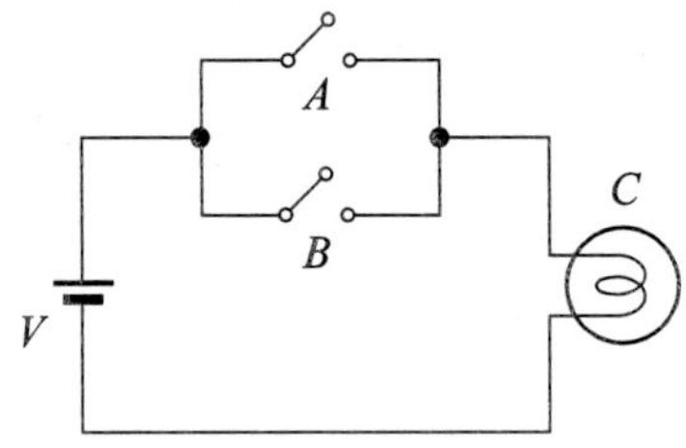

5) NOR 게이트회로

NOR 회로는 OR 회로와 NOT 회로로 구성되어 있으며, 입력 모두 혹은 어느 하나라도 논리 0 상태로 되면 출력은 1이 되고 모든 입력이 1 상태가 되면 출력은 0이 되는 회로이다.

NOR - gate 기호	논리식	진리지표	연산인버터회로
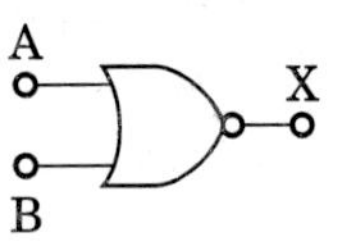	$\overline{A+B}=X$	A B / X 0 0 / 1 0 1 / 0 1 0 / 0 1 1 / 0	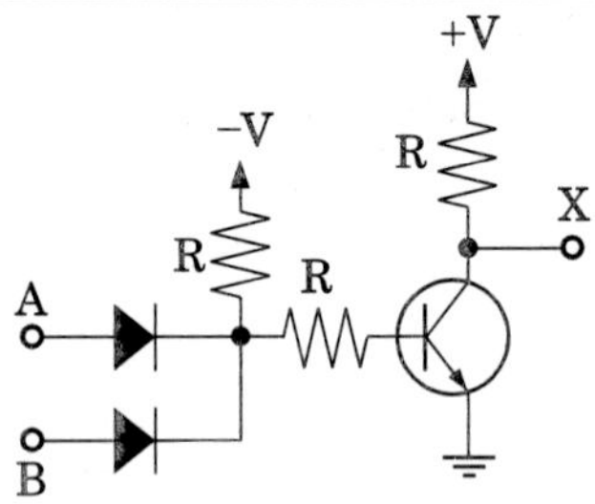

[그림6.5] NOR 게이트의 기호 표시 및 진리표

6) Exclusive OR 게이트

XOR(exclusive OR:배타적 OR)는 배타적 논리합 연산이라고 부른다. 서로 다른 입력에 대하여만 출력 1을 내는 논리연산이다. 입력 모두 1 또는 0 일 때만 0을 출력하고, 다른 경우는 1 상태가 되거나 또는 1의 수가 홀 수 개인 경우만 출력이 1로 되는 회로이다.

XOR - gate 기호	논리식	진리지표	연산인버터회로
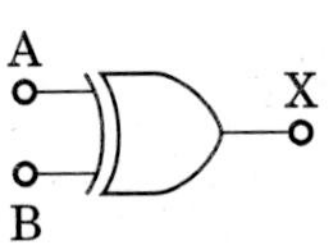	$\bar{A}\cdot B+A\bar{B}=X$ $X=A\oplus B$	A B / X 0 0 / 0 0 1 / 1 1 0 / 1 1 1 / 0	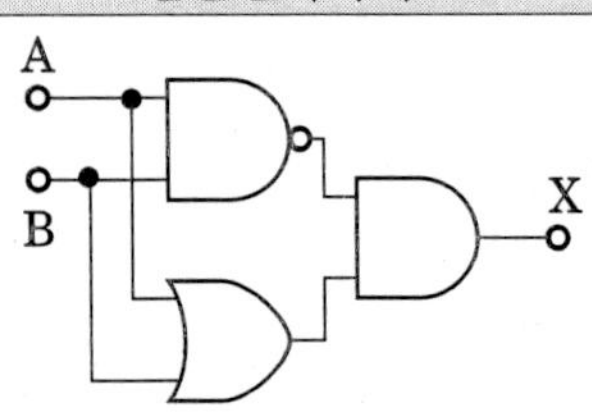

[그림6.6] XOR 게이트의 기호 표시 및 진리표

7) Exclusive NOR 게이트

Exclusive NOR 게이트는 XOR(exclusive OR:배타적 OR)의 반대로써 입력이 서로 같은 경우에만 출력이 된다.

XNOR - gate 기호	논리식	진리치표	연산인버터회로
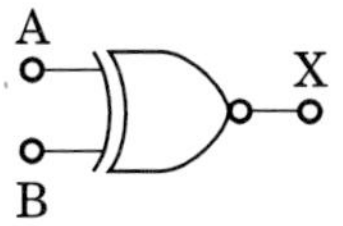	$\bar{A} \cdot \bar{B}+AB=X$ $X=A\odot B$	A B / X 0 0 / 1 0 1 / 0 1 0 / 0 1 1 / 1	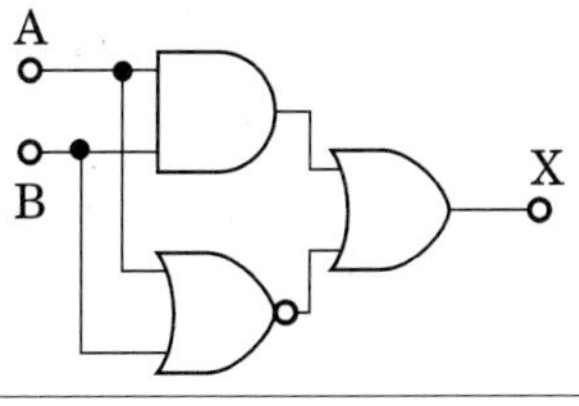

[그림6.7] XNOR 게이트의 기호 표시 및 진리표

(2) 전자논리 회로의 종류

1) RTL(Resistor Transistor Logic)

저항과 트랜지스터를 기본 소자로 한 논리회로로서 NOR의 기능을 하며 잡음여유(noise margin), 팬 아웃트(fan out), 동작속도 등 에서 다른 논리 회로보다 떨어져 근래에는 거의 사용하지 않는다.

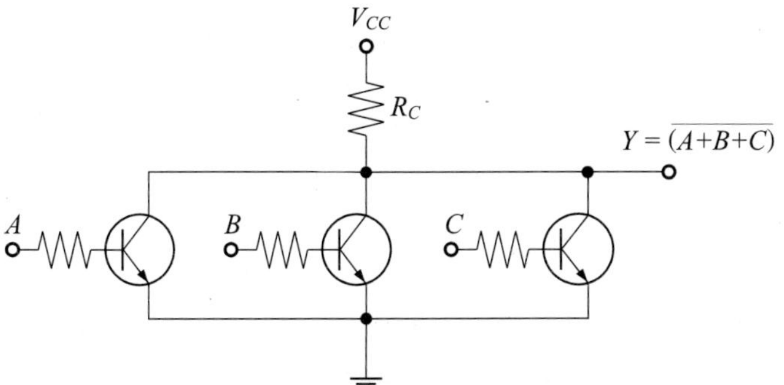

RTL의 NOR gate

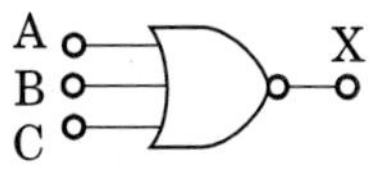

논리회로(NOR)

[그림6.8] Resistor Transistor Logic 회로와 등가게이트

입력 A, B, C 단자는 풀력에 대하여 각각 병렬로 연결되어 있으므로 OR gate로 동작 한다. 트랜지스터의 출력 Y는 저항 R_C에 의하여 전압 강하가 발생하여 NOT gate 기능을 가지므로 결국, 출력은 NOR gate로 동작한다.

2) DTL(Diode Transistor Logic)

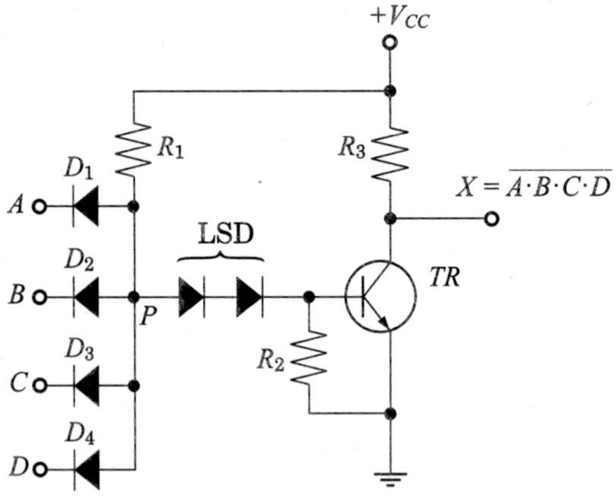

[그림6.9] DTL의 NAND gate

다이오드의 AND회로와 트랜지스터의 NOT회로를 조합한 논리회로로서 입력의 어느 하나가 0레벨이 되면 트랜지스터의 베이스에는 전류가 흐르지 않아 차단 상태가 되므로 출력은 V_{CC}레벨이 되고 입력이 모두 V_{CC}레벨로 되면 트랜지스터의 베이스에 전류가 흐르므로 트랜지스터는 통전(ON)되어 출력은 0레벨로 된다.

기본동작은 NAND의 기능을 하며, 다이오드 LSD를 레벨 시프트 다이오드(level shift diode)라 하며 트랜지스터의 on 레벨을 높이고, 잡음여유도를 높이며 팬 아우트가 비교적 크다.

저항 R_1과 다이오드 D_1, D_2, D_3, D_4는 AND 게이트로 동작하며 트랜지스터 R_3에 의해 전압 강하가 발생하여 NOT gate의 기능을 가지므로 NAND gate로 동작한다.

3) TTL(Transistor Transistor Logic)

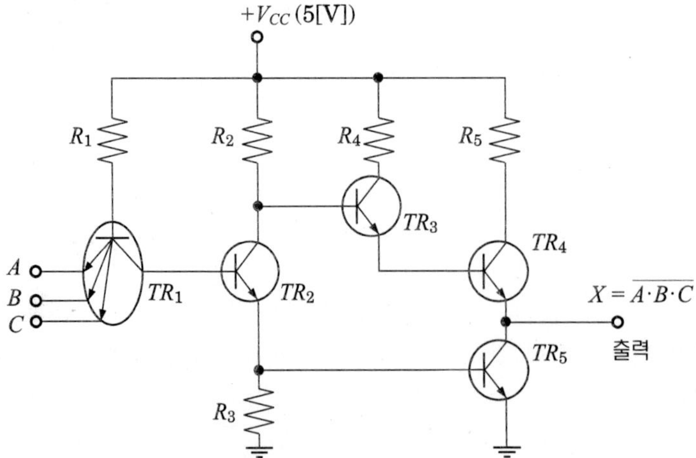

[그림6.10] TTL의 NAND gate

트랜지스터와 트랜지스터를 이용한 것으로 기본회로는 NAND gate이며, DTL회로에서 다이오우드 대신 다중 에미터 트랜지스터(multi emitter transistor)를 사용한 회로이다. 전력 소모를 줄이고 동작속도를 빠르게 개선한 것이다.

4) HTL(High Threshold Logic)

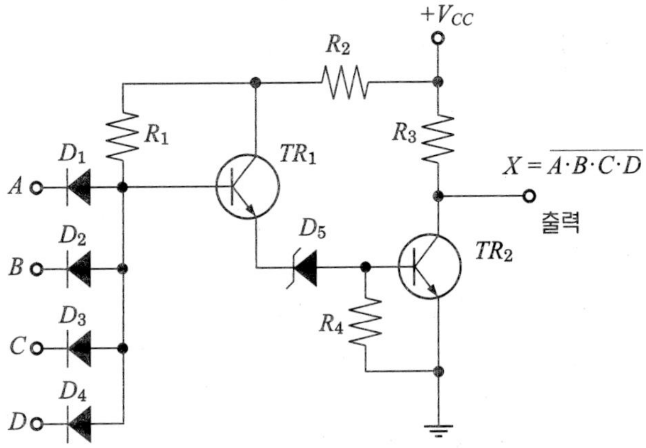

[그림6.11] HTL의 NAND gate

HTL은 DTL의 결점인 잡음 여유도를 개선한 것으로 잡음 여유도를 높이기 위해 전원 전압을 높이고 레벨 쉬프트(Level shift) 다이오드 D_5에 약 6V의 제너 다이오우드를 사용하여 게이트의 드레시홀드 전압을 높인 것이다.

용도로는 주위에 잡음발생원인이 많은 환경에서 동작속도보다 잡음에 의한 오동작이 없이 확실한 동작이 요구되는 곳, 즉 공작기계의 추치제어, 교통신호기, 모터콘트롤장치 등에 사용된다.

5) ECL(Emitter Coupled Logic)

트랜지스터와 트랜지스터의 에미터가 하나의 저항체에 결합되어 있는 논리회로로써 기본회로는 NOR gate이다.

출력 Y는 R_C에 의하여 전압 강하가 발생하여 인버터 되므로, 출력 Y는 NOR gate로 동작한다.

$$Y = \overline{A + B + C}$$

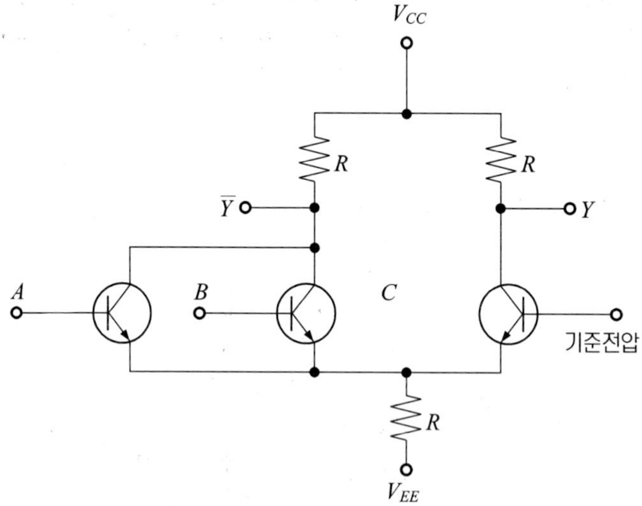

[그림6.12] ECL OR/NOT gate

① 특징

㉠ 논리게이트중 속도가 가장 빠르다.

㉡ 상보관계의 출력 회로이다.

㉢ 출력임피던스가 낮다.

㉣ 높은 fan-out 이 가능하다.

㉤ 소비전력이 가장 크다.

㉥ 잡음여유(마아진)가 0.3[V]로 작다.

㉦ 용량성 부하가 fan-out을 제한한다

㉧ 다른논리회로와 혼용이 어렵다.

㉨ 평행 2선식 전송선에 의해 장거리 Data 전송이가능하다

6) C-MOS(Complementary Mos)

기본적인 회로는 NOR-gate와 NAND.

PMOS는 Gate에 Low-level인 0이 가해질때 스위치가 동작하며, NMOS는 Gate에 High-level인 1이 가해질 때 스위치가 동작한다.

N채널 MOSFET : 정(+)의 게이트 전압에서 ON(도통상태), P채널 MOSFET : 부(-)의 게이트 전압에서 ON(도통상태)이 된다.

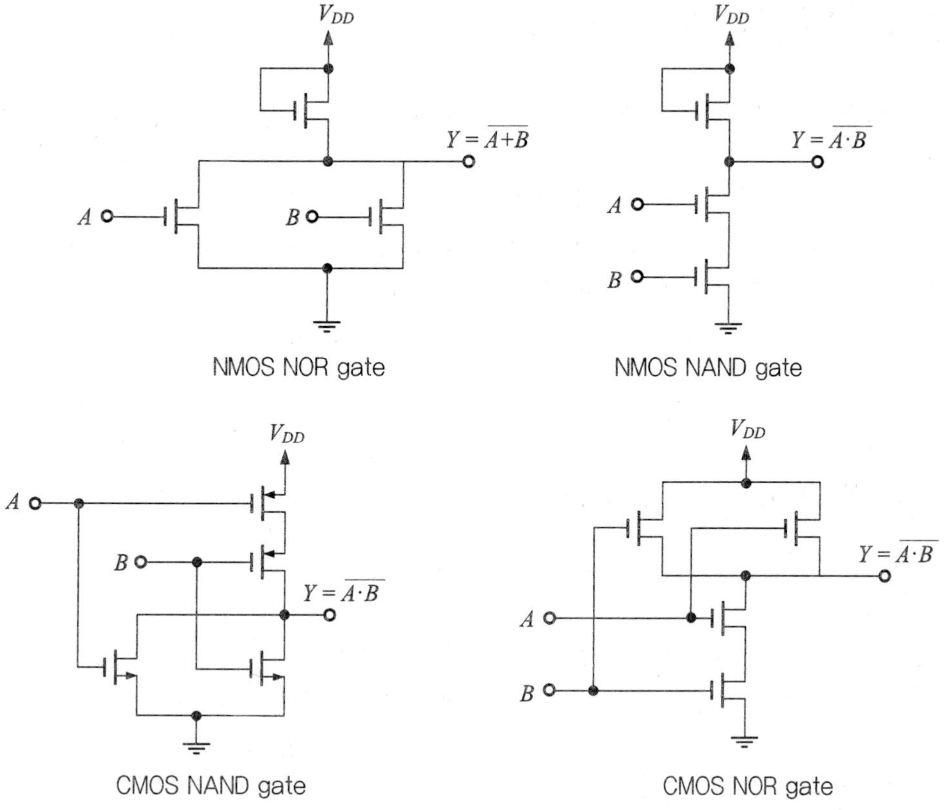

[그림6.13] C-MOS 회로

[표6.4] 전자논리회로의 비교

구 분	RTL	DTL	HTL	TTL	ECL	MOS	CMOS
기본게이트(정논리)	NOR	NAND	NAND	NAND	OR-NOR	NAND	NOR NAND
fan-out(최대)	5	8	10	10	25	20	50이상
소비전력 〔mW〕	12	8~12	55	12~22	40~55	0.2~10	0.01~1
잡음내성	보통	양호	우수	대단히 양호	양호	보통	양호
전달지연시간 (게이트당)[nS]	12	30	90	6~12	1~4	300	70
최대동작주파수[MHz]	8	12~30	4	15~60	60~400	2	5
기능수	다수	대단히 다수	보통	극히다수	다수	소수	소수

3. 순차 논리회로

플립플롭 (Flip-Flolp)회로는 쌍안정 멀티 바이브레이더(bistable multivibrator)라고도 하며, 정보의 저장 또는 기억회로, 계수회로(counter) 및 데이터 정보전송회로에 다양하게 응용되고 있다. 2개의 안정상태를 가지고 있어 입력 신호에 따라 2개의 안정상태가 바뀌어 나오는 출력을 얻을 수 있다.

가해지는 입력에 따라 어느 한쪽의 상태를 휘하므로 1비트의 상태를 기억 할 수 있다. 즉, SET와 RESET 2가지의 안정된 출력 상태를 유지하는 것이다.

SET 상태는 출력 Q가 1상태(high)이고, 출력 $\overline{Q}$ 가 1인 상태를 말한다.

3-1. 플립플롭의 종류 및 구성

(1) *RS* 플립플롭

*RS*플립플롭은 리세트(reset)와 세트(set)의 두개의 안정상태를 갖는 것으로 가장 일반적인 플립플롭으로서 래치(latch)라고도 하며 Set(S) Reset(R)등 2개의 입력 단자를 가진다.

1) NOR 게이트로 만든 *RS* 플립플롭

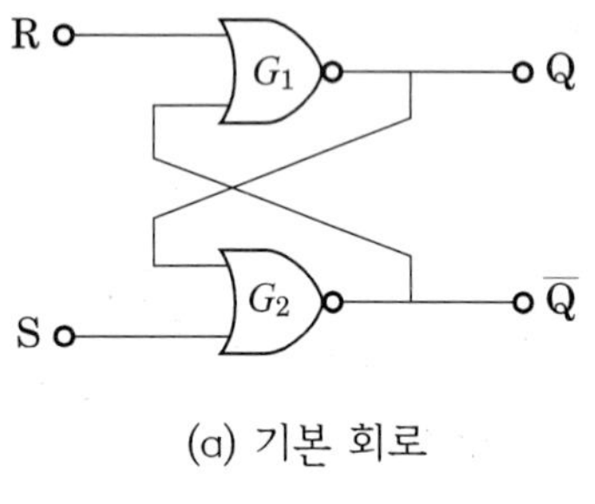

(a) 기본 회로

입력		출력		상태
S	*R*	*Q*	$\overline{Q}$	
0	0	*Q*	$\overline{Q}$	불변
0	1	0	1	리세트
1	0	1	0	세트
1	1	0	0	부정

(b) 진리표

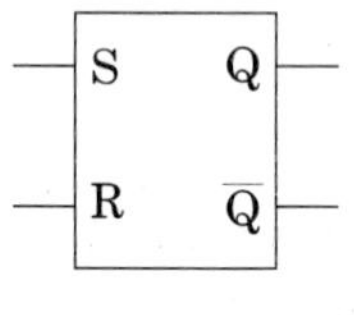

(c) 논리 기호

① *RS* 플립플롭의 동작은 입력 *R*=0, *S*=0 일 때 출력은 변하지 않고 그 상태 그대로 가지고 있다. 또한 입력 *S*에 1이 들어오면 출력 *Q*는 1에 세트(set)된다음 입력 *R*에 1이 들어오면 출력 *Q*는 0에 리셋(reset)된다. 두 입력이 1이면 불확정 상태가 되므로 *R*=1, *S*=1을 넣어서는 안된다.

② *R*-*S* 플립플롭의 타이밍 차트

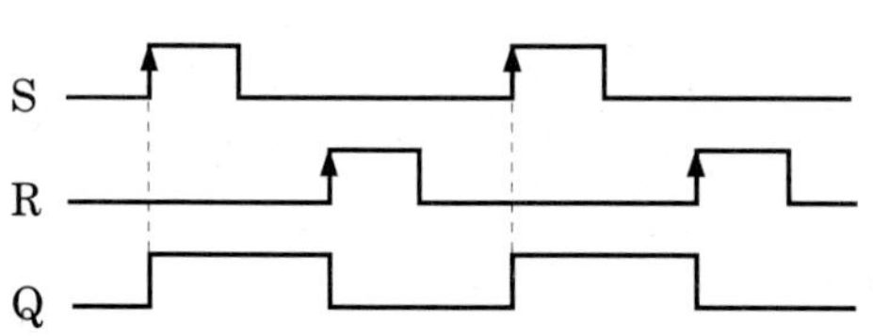

한 번 입력 핀에 전압이 가해지면 그 전압이 없어져도 1또는 0으로 된 Q출력은 그대로의 상태를 유지한다. 즉 다음에 새로운 입력전압이 S 또는 R에 가해지기까지는 변하지 않는다.

2) NAND게이트로 만든 *RS* 플립플롭

NOR게이트로 만든 *RS*플립플롭과 모든 동작이 동일하다.

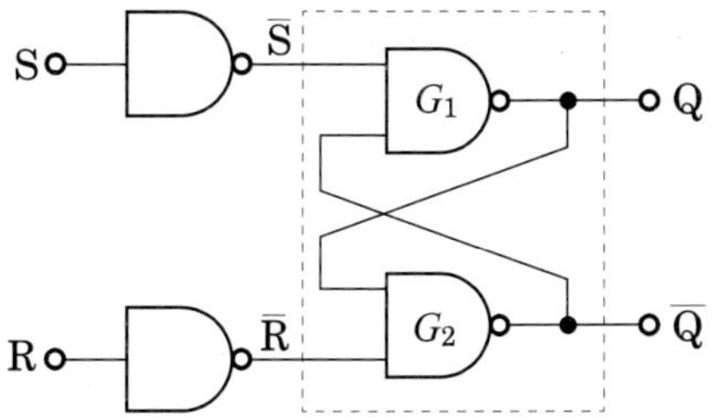

(a) 기본 회로

입력		출력		상태
S	R	Q	$\bar{Q}$	
0	0	1	1	부정
0	1	1	0	세트
1	0	0	1	리세트
1	1	Q	$\bar{Q}$	불변

(b) 진리표

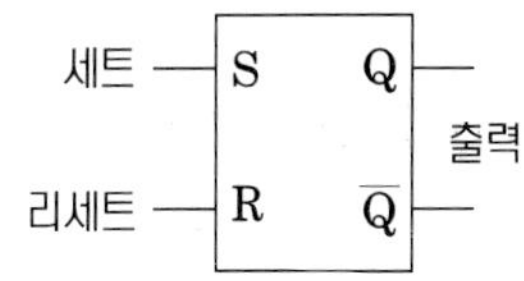

(c) 논리 기호

(2) *D* 플립플롭(delay flip-flop)

D 플립플롭은 클락 펄스가 가해지면 *D* 입력이 그대로 출력에 나타나는 플립플롭이다. *D* 플립플롭이나 동기식 *JK* 플립플롭을 병형하여 만들 수 있다.

D 플립플롭dml *D*는 지연(delay)의 의미를 갖는다. 현재 상태와 관계없이 *D*의 입력이 출력에 바로 전달되는 플립플롭이다.

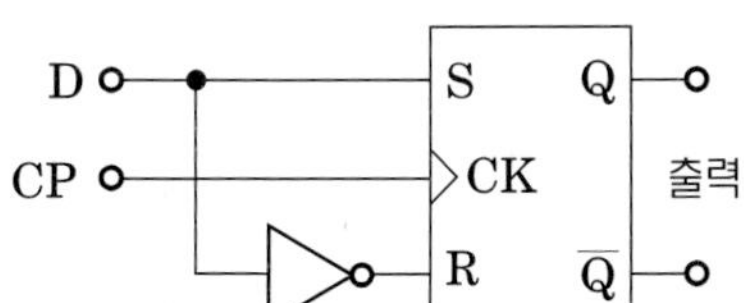

(a) 기본 회로

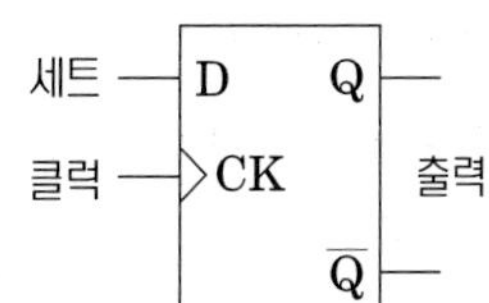

(b) 논리 회로

입력		출력	상태
CK	R	Q	
↑	$L_{(0)}$	0	$Q=D$
↑	$H_{(1)}$	1	$Q=D$

(c) 진리표

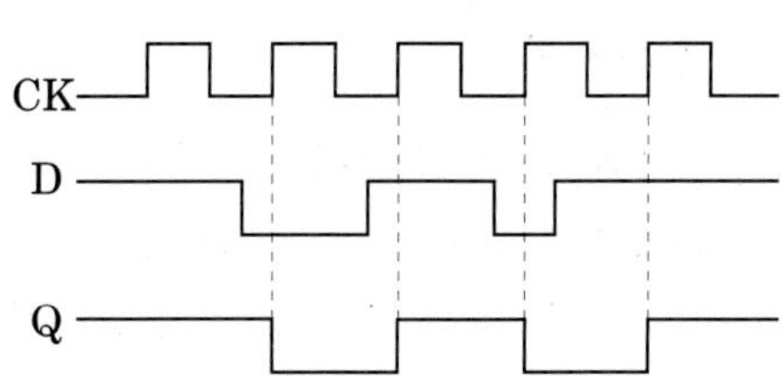

(d) 타이밍 차트

① 어떤데이타의 일시적인 보존이나 디지탈신호의 지연작용 등의 목적으로 사용되는 회로이다.

② *R*-*S*플립플롭에서 생길수 있는 *R*, *S*가 동시에 1이 되는 것을 제거한 플립플롭이다.

③ 동작

㉠ *D*입력이 0이면 *C*입력을 1로 했을 때 *Q*는 0으로 된다.(리셋 상태)

㉡ *D*입력이 1이면 *C*입력을 1로 했을 때 *Q*는 1으로 된다.(세트 상태)

㉢ 즉 *D*입력의 1 또는 0의 상태가 *C*입력이 가해지는 순간 그대로 *Q*출력에 set되는 것이며 이 *Q*는 *C*입력에 다음의 펄스가 가해지는 순간까지 그대로의 상태를 유지한다.

④ *D* 플립플롭의 타이밍 차아트

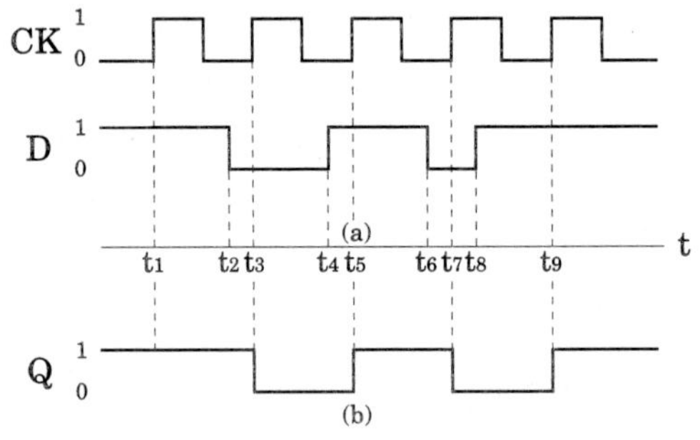

(a) 입력 파형　　　　(b) 출력 파형

㉠ 시간 t_1에서는 *D*=1 이면 *Q*=1

㉡ 시간 t_3에서는 *D*=0 이면 *Q*=0

㉢ 시간 t_5에서는 *D*=1 이면 *Q*=1

㉣ 시간 t_7에서는 *D*=0 이면 *Q*=0

㉤ 시간 t_9에서는 *D*=1 이면 *Q*=1

(3) *J*-*K* 플립플롭

RS 플립플롭에서 2개의 입력 R, S가 동시에 1이 입력되면 $Q = \bar{Q} = 1$로 동작하여 *Q*와 $\bar{Q}$가 같아져 출력 부정상태가 되는데 이런 부정 상태를 정의하여 사용할 수 있게 개량한 clocked *R*-*S* 플립플롭으로 *J* = *K* = 1 일 때 출력은 현상태 출력의 보수를 취한다.

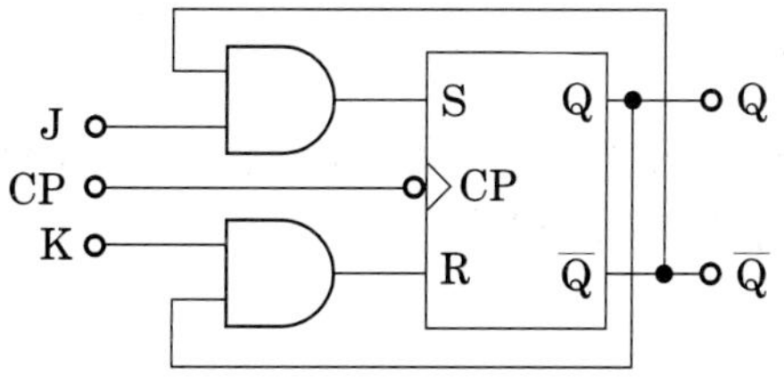

(a) 기본 회로

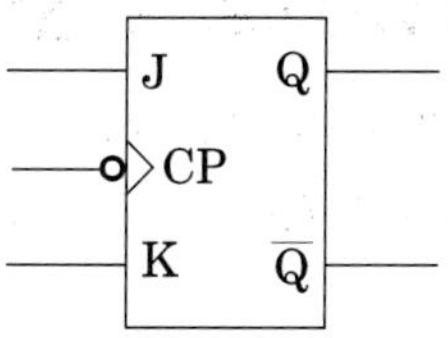

(b) 논리 회로

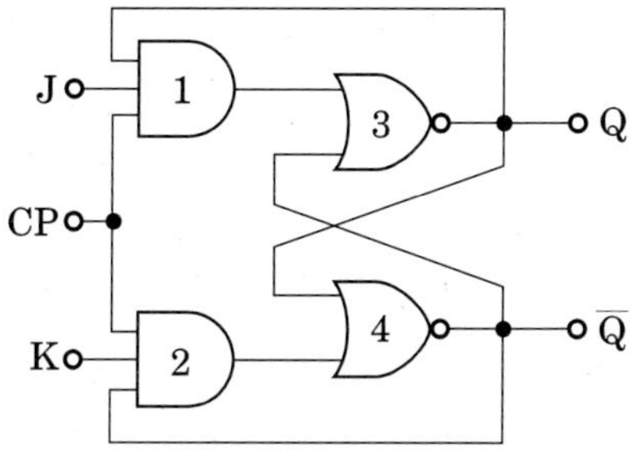

(c) 실제 회로

입력			출력	동작상태
CP	J	K	Q_{n+1}	
1	0	0	Q_n	불변(전상태)
1	0	1	0	reset상태
1	1	0	1	set상태
1	1	1	$\overline{Q_n}$	taggle상태

(d) 진리표

1) 동작상의 특징

플립플롭 하나로 만든 *JK* 플립플롭은 *J*, *K* 두 입력이 동시에 1이고 시각펄스(CP)가 1일 때 반전되는데, 시각펄스의 폭이 출력상태가 되돌아오는 시각 폭 보다 크면 여러 번 반전되어 출력 상태가 어떻게 될지 모른다. 이러한 현상을 레이싱(racing)이라 하는데, 마스터 슬레브 *JK* 플립플롭으로 이 현상을 제거 할 수 있다.

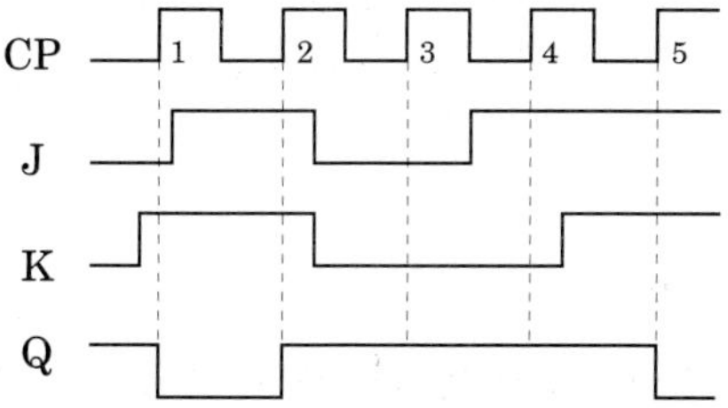

[그림6.14] JK 플립플롭 회로의 time chart

① 1-Clock Pulse가 들어올 때 J=0, K=1이므로 Q=0이다.

② 2-Clock Pulse가 들어올 때 J=1, K=1이므로, 출력은 반전되어 Q=1이다.

③ 3-Clock Pulse가 들어올 때 J=0, K=0이므로, 현 상태를 유지하므로 Q=1이다.

④ 4-Clock Pulse가 들어올 때 J=1, K=1이므로, 출력 Q=1이다.

⑤ 5-Clock Pulse가 들어올 때 J=1, K=1이므로, 출력은 반전되어 Q=0이다.

(4) 마스터 슬레이브 *JK*-플립플롭

J-K 플립플롭에서 발생하는 레이싱(racing)현상을 방지하기 위해 2개의 플립플롭을 전단과 후단에 구정하여 각 플립플롭의 동작 시점에 차이를 두어 구정한 회로이다.

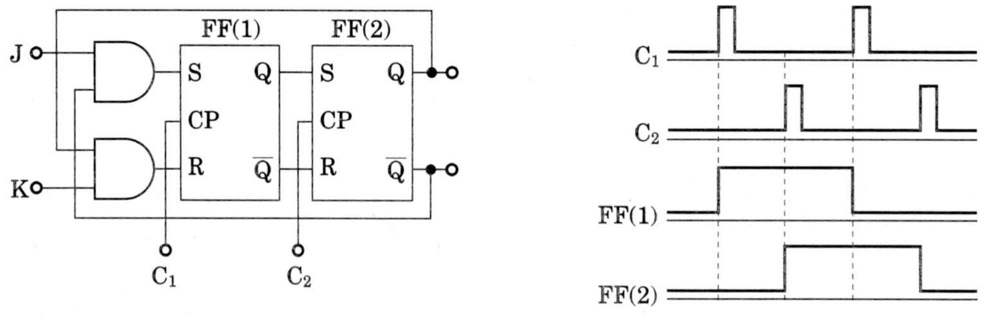

(a) 논리 회로 (b) 타이밍 차트

[그림6.15] 마스터 슬레이브 JK 플립플롭 논리회로와 타이밍 차트(time-chart)

1) 동작원리

2개의 시각 펄스로 제어할 경우

① 그림 같이 전단을 마스터(master) FF(1), 후단을 슬레이브(slave)FF(2)라 하면 시간차를 가지는 2개의 시각펄스를 두어 각 FF(1)과 FF(2)에 공급한다.

② 입력이 동시에 1(J=K=1)레벨 일 때 FF(1)은 시각 펄스 C_1에 의해서 출력 상태를 반전 하고 FF(2)는 시각 펄스 C_2가 아직 0레벨이므로 앞의 상태를 계속 유지한다.

③ 시각 펄스 C_2가 1레벨이 되면 FF(2)는 FF(1)의 상태로 반전되나 FF(1)의 상태는 시각 펄스 C_1이 아직 0레벨이므로 반전되지 않아 레이싱 현상이 발생하지 않는다.

(5) *T* 플립플롭(Toggle flip flop)

T 플립플롭은 토글의 의미로써 클락펄스가 인가될 때 마다 출력이 반전되는 플립플롭 으로써, *J-K* 입력을 한개로 묶어서 하나의 입력신호 T를 이용하는 플립플롭으로 카운터 회로에 이용된다.

1) 동작원리

① T=0 이면 J=K=0 인 JK플립플롭과 같이 동작하므로 출력Q는 변하지 않는다.($Q_{n+1} = Q_n$)

② T=1 이면 J=K=1 인 JK플립플롭과 같이 동작하므로 출력Q의 상태가 반전된다.($Q_{n+1} = \overline{Q_n}$)
그러므로 T플립플롭은 클럭펄스가 가해질때마다 출력상태가 반전된다.(toggle)

③ 출력파형의 주파수는 입력주파수의 $\frac{1}{2}$이 되기 때문에 $\frac{1}{2}$분주회로 또는 계수회로에 많이 사용한다.

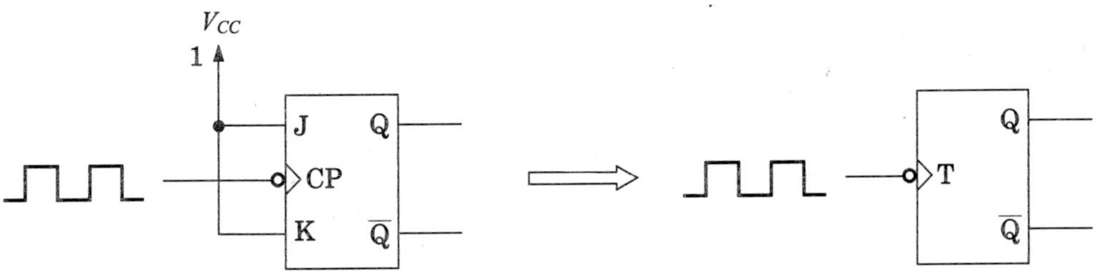

(a) 논리 회로

T	Q_{n+1}
0	Q_n
1	$\overline{Q_n}$

(b) 진리표

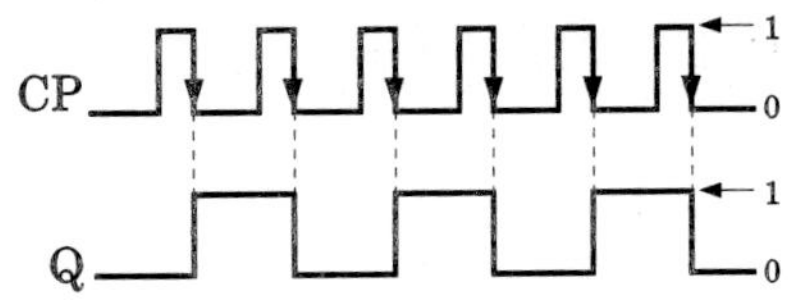

(c) 타이밍 차트

[그림6.16] T 플립플롭 논리회로와 타이밍 차트(time-chart)

(실험6.1)

다이오드 논리(Diode Logic)

1. 목적

① 다이오드에 의한 기본 게이트의 로직 개념을 실험해본다.

② NOR, NAND게이트의 원리를 이해한다.

2. 실험준비

(1) 장비 및 공구

구분	공구명	규격
1	디지털 멀티미터(Digital Multimeter: DMM)	Digital
2	디지털오실로스코프	1대
3	Bread Board	1대
4	함수제네레이터(Function Generator)	1대
5	DC 전압공급기	1대
6	공구세트(롱노즈 플라이어 , 드라이버, 니퍼 등)	1세트

(2) 재료

재료명	규격	수량	안전 및 유의 사항
IC와 소켓	SN7404(NOT게이트)	3개	① Bread Board 기판에 조립하여 실험하며 안전에 주의한다. ② 공급전원은 정격전압의 공급되도록 한다. ③ 부품의 극성에 주의한다. ④ 계측 사용시 계기 파손되지 않도록 한다.
IC와 소켓	SN7408(AND 게이트)	3개	
IC와 소켓	SN7432(OR게이트)	3개	
IC와 소켓	SN7400(NAND게이트)	3개	
IC와 소켓	SN7486(XOR게이트)	3개	
LED	3Φ	4개	
스위치	3P	2개	
스위치	BCD로타리	1개	

3. 관계이론

(1) AND 소자

AND 게이트는 모든 입력상태가 1 (“High”, 5[V])인 경우에만 출력이 1 (High, 5[V])이 되는 논리함수이다. 입력 상태 중 어느 하나만이라도 0 (Low, 0[V])이면 출력상태는 0(Low, 0[V])
이 된다.

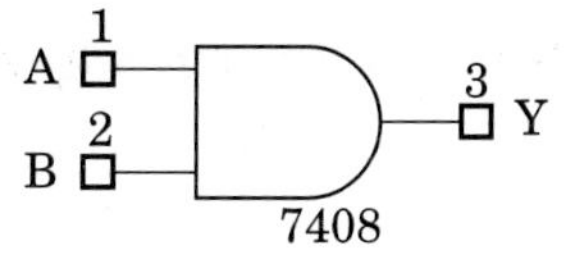

[그림6.17] AND 게이트의 논리 기호

진리표

입력		출력
A	*B*	*Y*
0	0	0
0	1	1
1	0	1
1	1	1

스위치를 이용한 AND 게이트 논리회로

스위치를 이용한 AND 게이트 회로를 구성하였다. 스위치 A와 B는 입력 상태를 나타내며 램프는 출력상태를 나타낸다.

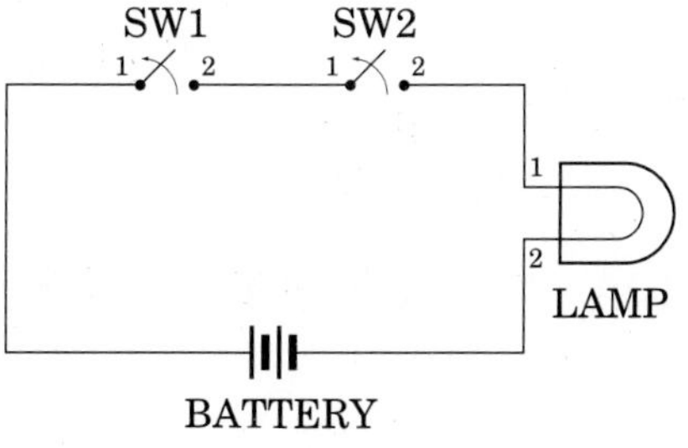

[그림6.18] 스위치를 이용한 AND 게이트 논리회로

① 논리식 :

(2) OR 소자

OR 게이트는 1이 하나 이상이면 출력이 1이 되는 논리함수이다. 입력 모두가 0일 때만 출력이 0이 된다.

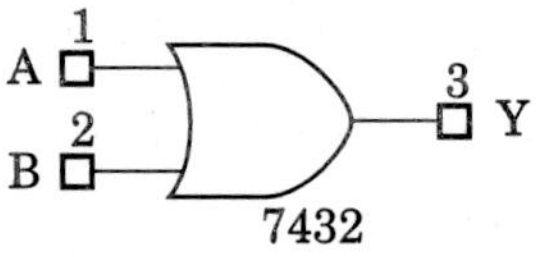

[그림6.19] OR 게이트의 논리 기호

진리표

입력		출력
A	*B*	*Y*
0	0	0
0	1	1
1	0	1
1	1	1

OR 논리를 스위치를 예를 들어 설명하면, 2개의 스위치 중 한 개만이라도 연결되면 전원의 전류가 흘러 전구가 켜지고, 모든 스위치가 열려 있으면 전원의 전류는 흐를 수 없어 전구는 켜지지 않는다.

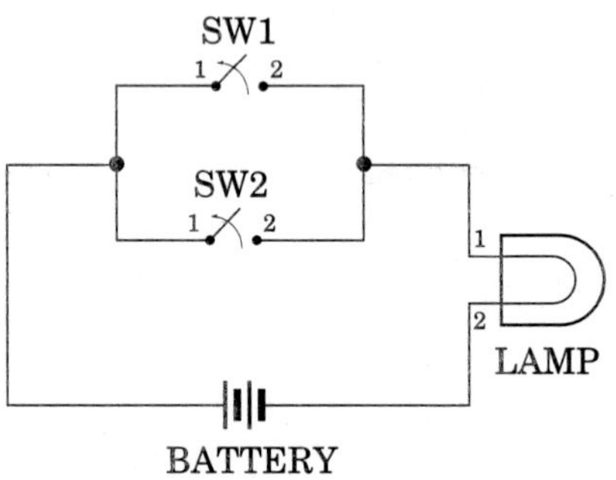

[그림6.20] 스위치를 이용한 OR 회로

① 논리식 :

(3) NOT 게이트

NOT 게이트는 부정을 의미하며, 인버터(inverter)라고도 하며, 입력 신호를 반전시키는 논리이고, 어떠한 변수 A의 부정을 A라고 표현한다. 따라서 NOT 게이트는 입력이 1이면 출력은 0이 되고, 입력이 0이면 출력은 1이 되는 소자이다.

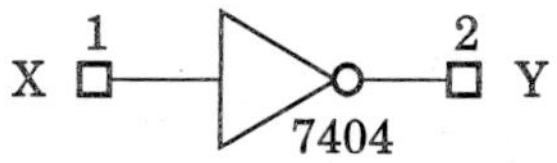

[그림6.21] NOT 게이트 논리기호

진리표

입력	출력
X	Y
0	1
1	0

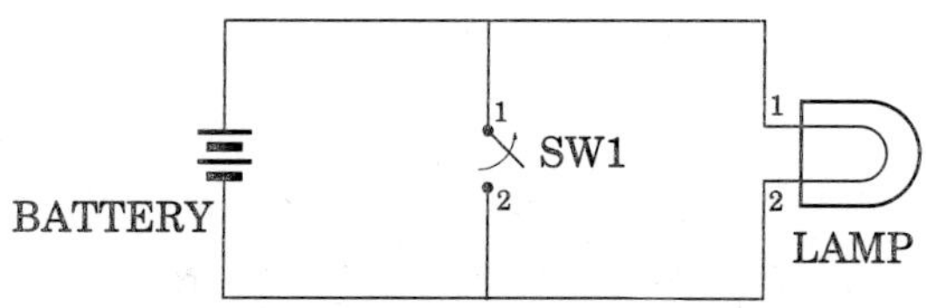

[그림6.22] 스위치를 이용한 NOT 회로

① 논리회로 $Y = X' = X$

(4) NAND 게이트

NAND 게이트는 디지털 논리 게이트 중에서 가장 많이 사용되는 게이트이며 AND 게이트의 출력을 NOT 게이트로 반전시키는 것이다. 이 게이트는 AND 게이트와는 반대로 모든 입력이 1일 때만 출력이 0이 되는 논리 게이트이다. 그림은 NAND 게이트의 논리기호와 진리표이다. NAND 게이트의 논리식은 다음과 같다.

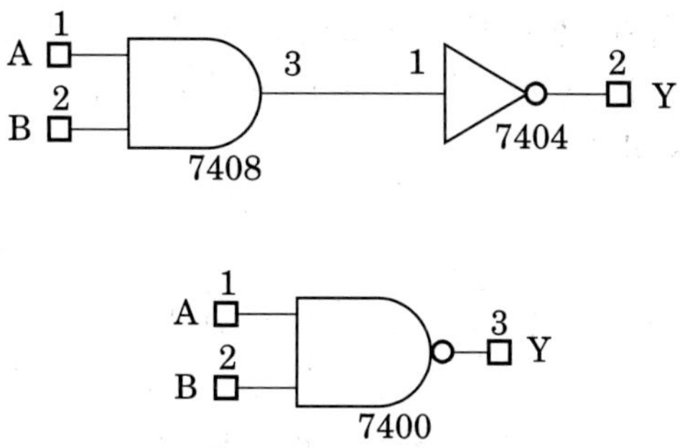

[그림6.23] NAND 게이트의 논리기호

진리표

입력		출력
A	*B*	*Y*
0	0	1
0	1	0
1	0	0
1	1	0

NAND 게이트의 이해를 돕기 위하여 그림과 같이 스위치를 이용한 NAND 게이트 회로를 구성하였다. 2개의 스위치가 모든 연결될 때만 전원의 전류가 램프 쪽으로 흐르지 않고, 그 외의 경우는 전구 쪽으로 전류가 흐른다.

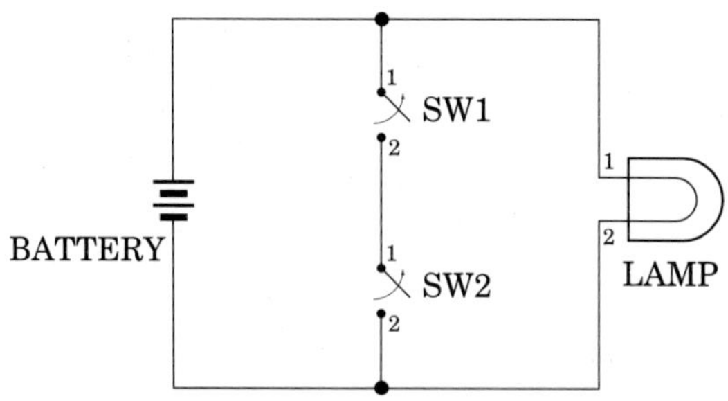

[그림6.24] 스위치를 이용한 NAND 회로

① 논리식 :

(5) NOR 게이트

NOR 게이트는 OR 게이트에 NOT 게이트를 결합한 것이다. NOR 게이트는 논리합을 부정한 것으로 모든 입력이 0인 경우에만 출력이 1이 된다.

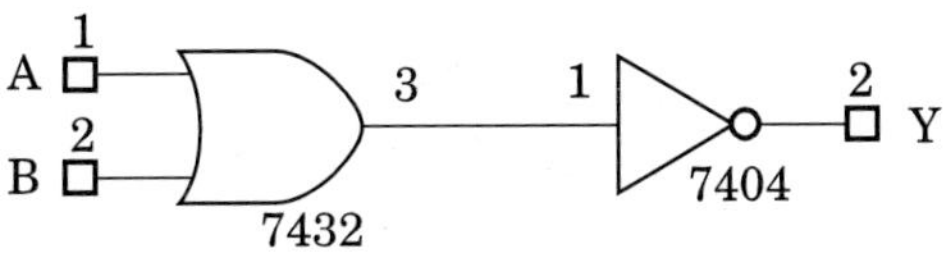

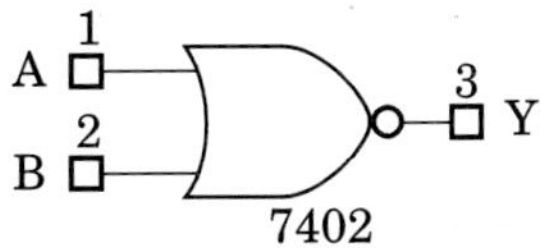

[그림6.25] NOR 게이트의 논리기호

진리표

입력		출력
A	*B*	*Y*
0	0	1
0	1	0
1	0	0
1	1	0

NOR 게이트의 이해를 돕기 위하여 그림과 같이 스위치를 이용한 NOR 게이트 회로를 만들었다. 2개의 스위치가 모두 열려 있을 때만 전구는 켜지고, 그 외의 경우에서는 전구는 켜지지 않는다.

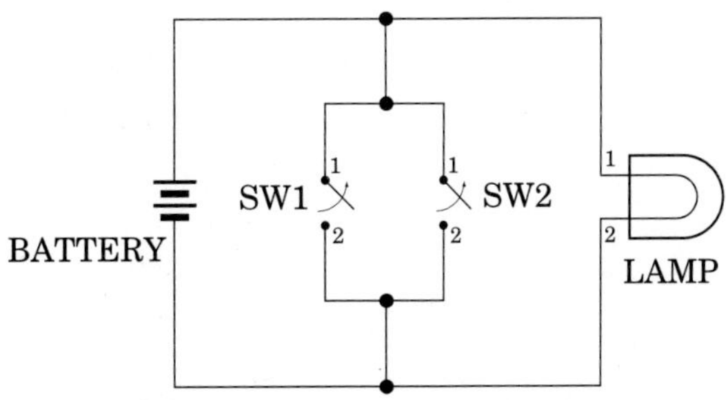

[그림6.26] 스위치를 이용한 NOR 회로

① 논리식 :

(6) XOR 게이트

Exclusive-OR(배타적 논리합) 논리는 서로 다른 입력이 있을 때만 출력이 1이 되는 논리함수이며, 동일 논리를 검출하는데 이용되고 가산가, 감산기의 기본 게이트가 된다. 이것을 XOR 또는 EX-OR이라고도 한다.

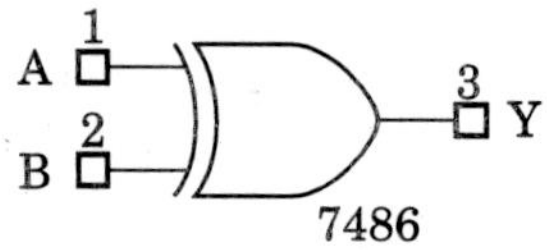

[그림6.27] XOR 게이트의 논리기호

진리표

$Y = A \oplus B$

입력		출력
A	*B*	*Y*
0	0	0
0	1	1
1	0	1
1	1	0

기본 로직회로를 구성하고 동작을 확인 설명한다.

1) AND 게이트

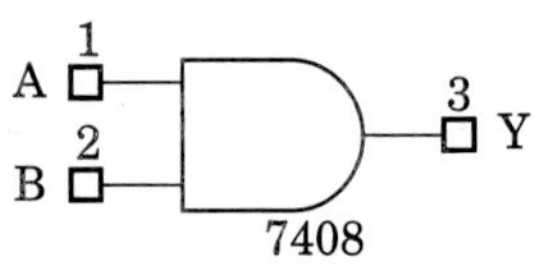

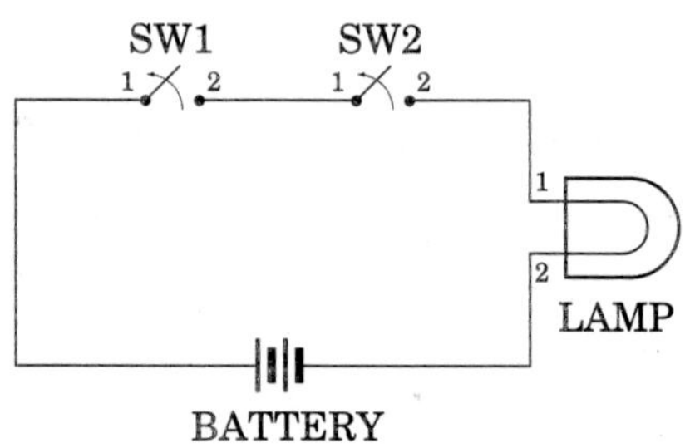

2) OR 게이트

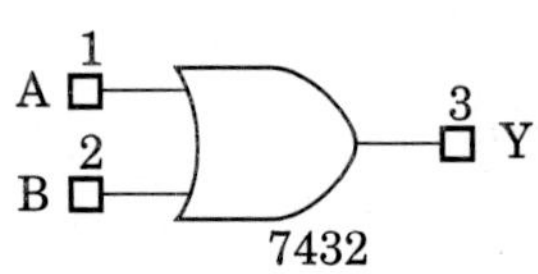

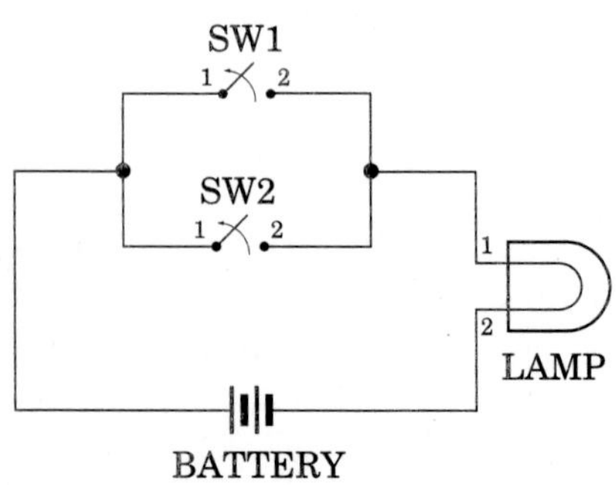

3) NOT게이트

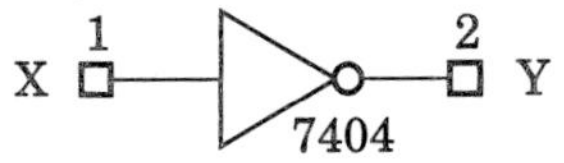

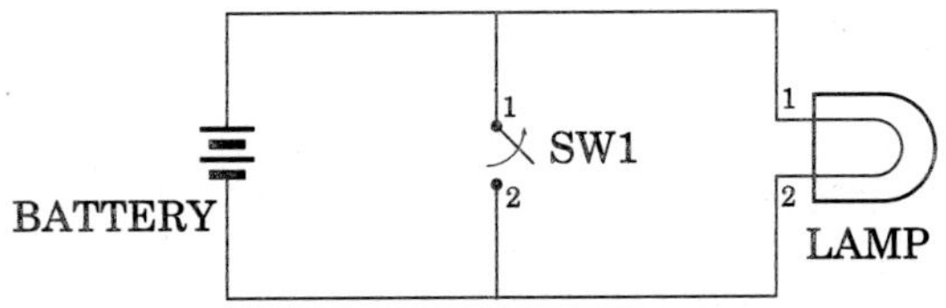

4) NAND 게이트

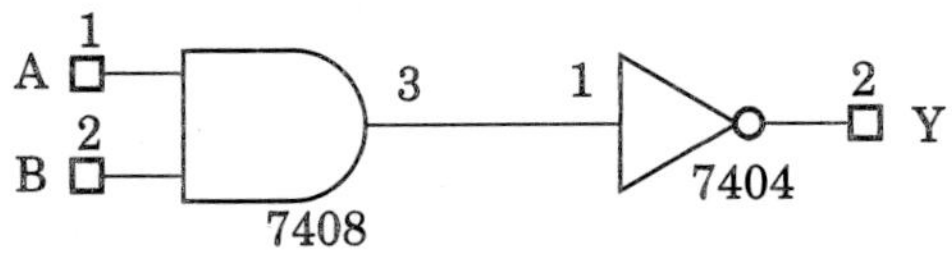

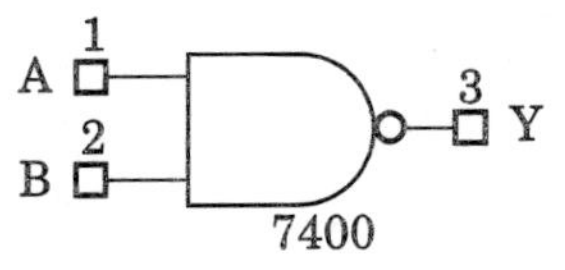

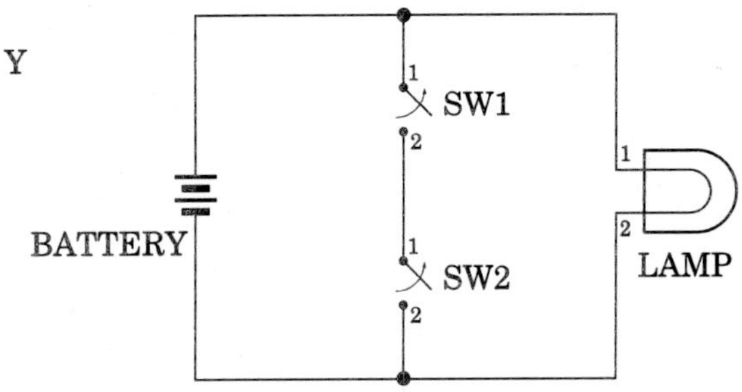

5) NOR 게이트

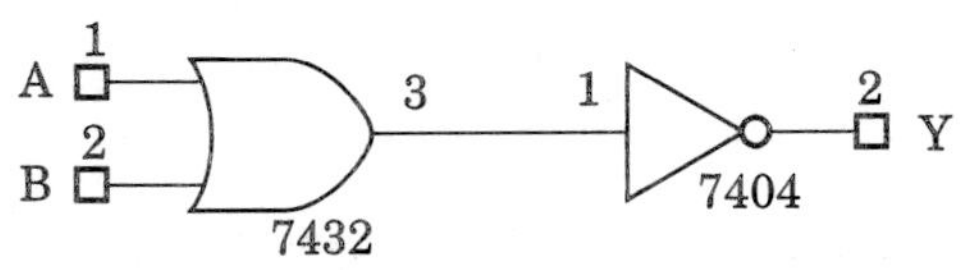

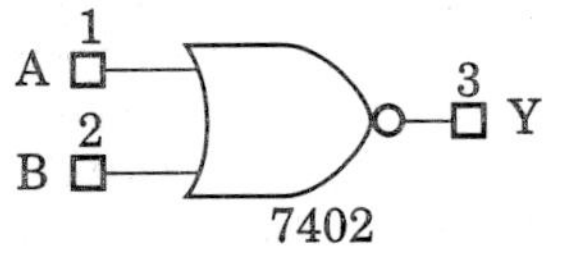

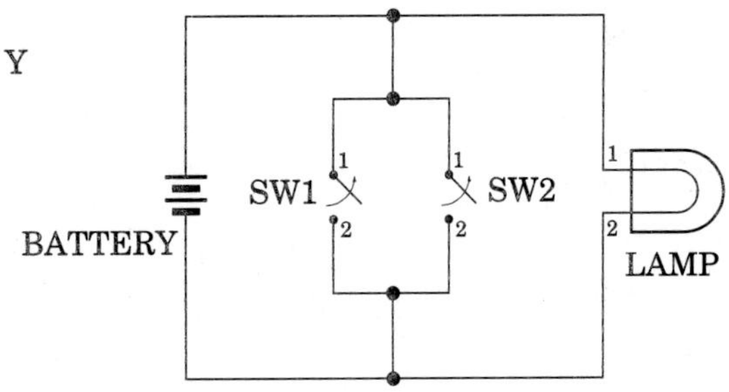

6) XOR 게이트

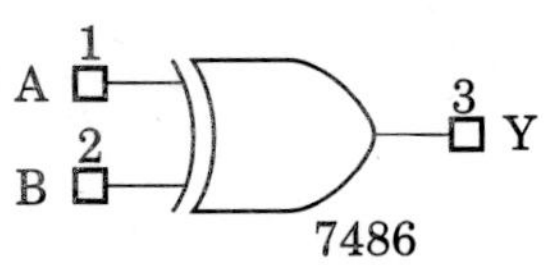

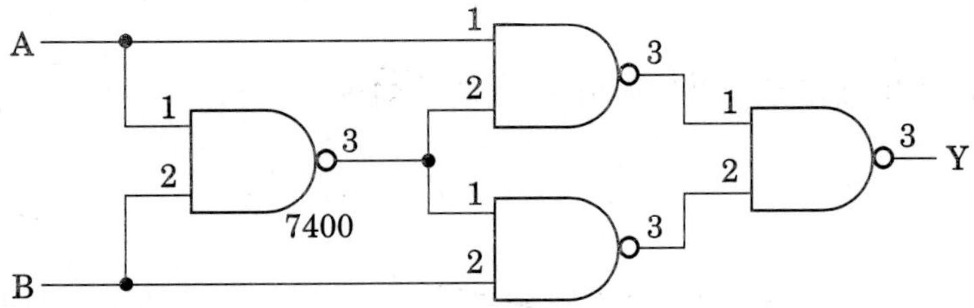

5. 정리정돈

① 주변정리를 한다.
② 계측장비 및 공구를 반납한다.
③ 사용전원을 Off시키고 화재 및 안전에 주의한다.

6. 결과보고서 작성

① 예비보고서를 작성한다.
② 보고서를 작성한다.

〈예상문제〉

[문제1] 2진법의 수 11011을 10진법의 수로 고치면?

㉮ 54 ㉯ 31 ㉰ 27 ㉱ 4

〈해설〉 $(11011)_2=1\times2^4+1\times2^3+0\times2^2+1\times2^1+1\times2^0=(27)_{10}$

[문제2] 1010.011의 2진수를 10진수로 변환하면?

㉮ 6.376 ㉯ 14.254 ㉰ 10.375 ㉱ 18.923

〈해설〉 $(1010.011)2=1\times2^3+0\times2^2+1\times2^1+0\times2^0+0\times2^{-1}+1\times2^{-2}+1\times2^{-3}=(10.375)_{10}$

[문제3]10진법의 31을 2진수로 고치면?

㉮ 11110 ㉯ 11001 ㉰ 11111 ㉱ 10101

〈해설〉

2) 31
2) 15 …… 1
2) 7 …… 1
2) 3 …… 1
1 …… 1

$(31)_{10}=(11111)_2$

[문제4] 16진수 $(AF)_{16}$을 10진수로 고치면?

㉮ 25 ㉯ 26 ㉰ 175 ㉱ 176

〈해설〉 $(AF)_{16}=A\times16^1+F\times16^0$ (여기서 A=10, F=15)$=10\times16+15\times1=(175)_{10}$

[문제5] 다음은 2진법으로 표시된 수의 덧셈이다. 계산결과가 10진법의 수로 옳게 된 것은?

1101 + 100101 = A

㉮ 46 ㉯ 43 ㉰ 50 ㉱ 52

〈해설〉

$$\begin{array}{r} 100101 \\ +\ 1101 \\ \hline 110010 \end{array}$$

$\therefore (110010)_2=1\times2^5+1\times2^4+0\times2^3+0\times2^2+1\times2^1+0\times2^0=(50)_{10}$

[문제6] 10110의 1의 보수 중 옳은 것은?

㉮ 01001 ㉯ 01010 ㉰ 0111 ㉱ 11011

〈해설〉 2진수의 1에 대한 보수는 0과 1을 바꾸어 놓은 결과로 된다. 그러므로 10110의 1보수는 01001이 된다.

[문제7] 2진수 1110의 2의 보수는?

㉮ 0001　　㉯ 1111　　㉰ 0010　　㉱ 0110

〈해설〉 2진수의 2의 보수는 1의보수를 구한 다음 가장 낮은 자리에 1을 더하면 얻을 수 있다.(2의 보수=1의 보수+1) 그러므로 1110의 1의 보수는 0001이 되고 여기에 1을 더하면 0010이 된다. 즉 최초로 1이 나올 때 까지는 변하지 않고 그 다음부터 변한다.

[문제8] 다음 중 2 진화 10진 코드는?

㉮ BCD 코우드　　㉯ Exess 3 코우드
㉰ Gray 코우드　　㉱ 2 - 5 코우드

〈해설〉 2진화 10진 코드는 한자리의10진수를 4bit의 2진수로 표시한 것으로 10진수와의 변환이 간편하게 되도록 만든 수의 표현방법으로 BCD코드 또는 8421코드라고도 한다.

[문제9] 10진수의 5는 BCD코드로 얼마인가?

㉮ 0101　　㉯ 1010　　㉰ 1001　　㉱ 0110

〈해설〉 10진수와 BCD코드의 관계

10 진수	BCD 코드	10 진수	BCD 코드
0	0000	5	0101
1	0001	6	0110
2	0010	7	0111
3	0011	8	1000
4	0100	9	1001

표에 의해서 $(5)_{10}=(0101)_{BCD}$

[문제10] 다음 부울 대수식 중 성립하지 않는 것은?

㉮ $A+A=A$　　㉯ $A+1=1$　　㉰ $A+\bar{A}=1$　　㉱ $A \cdot A=0$

〈해설〉 $A \cdot A=A$

[문제11] 드 모르간(De Morgan)의 정리를 옳게 나타낸 것은

㉮ $\overline{A+B}=A+B$　　㉯ $\overline{A+B}=A \cdot B$　　㉰ $\overline{A+B}=\bar{A} \cdot \bar{B}$　　㉱ $A+B=\bar{A}+\bar{B}$

〈해설〉 드 모르간(De Morgan)정리 $\overline{A+B}=\bar{A} \cdot \bar{B}$, $\overline{A \cdot B}=\bar{A}+\bar{B}$

[문제12] $\overline{\overline{A+B}}$를 드 모르간(De Morgan)으로 정리하면?

㉮ $\overline{A \cdot B}$ ㉯ $A \cdot B$ ㉰ $\overline{A+B}$ ㉱ $A+B$

〈해설〉 $\overline{\overline{A}}=A$ 이므로 $\overline{\overline{A+B}}=A+B$ 이다.

[문제13] 그림과 같은 Karnaugh도를 간소화한 함수는?

A \ B	0	1
0	1	1
1	0	0

㉮ $\overline{A}$ ㉯ A ㉰ B ㉱ $\overline{B}$

〈해설〉 $X=\overline{A}B+\overline{A}\overline{B}=\overline{A}(B+\overline{B})=\overline{A}$

[문제14] 다음 진리표는 무슨 회로인가?

㉮ AND 회로 ㉯ OR 회로 ㉰ NOT 회로 ㉱ NAND 회로

입력1	입력2	출력
1	1	1
1	0	.1
0	1	1
0	0	0

〈해설〉 입력이 하나라도 1이면 출력이 1이되는 OR 회로이다.

[문제15] 배타적(Exclusive)OR와 같은 논리 표현식은?

㉮ $A+B$ ㉯ $A+B$ ㉰ $AB+\overline{A}\overline{B}$ ㉱ $AB+\overline{A}B$

〈해설〉 배타 논리합 회로(exclusive OR, EOR gate)는 2개의 입력을 가지는 경우, 그 입력이 모두 같을 때 논리0이 되고 다를 때에는 논리1이 된다. 즉 $X=A \oplus B=\overline{A}B+A\overline{B}$ 이다.

[문제16] 2진수 덧셈 101과 111의 합은 2진수로 얼마인가?

㉮ 1100　　㉯ 1110　　㉰ 1101　　㉱ 1001

〈해설〉

$$\begin{array}{r} 101 \\ +\ \ 111 \\ \hline 1100 \end{array}$$

[문제17] 다음은 2진법으로 표시된 수의 덧셈이다. 계산결과가 10진법의 수로 옳게 된 것은?

$(1101)_2 + (100101)_2 = (X)_{10}$

㉮ 46　　㉯ 43　　㉰ 50　　㉱ 52

〈해설〉

$$\begin{array}{r} 100101 \\ +\ \ 1101 \\ \hline 110010 \end{array}$$

$(110010)_2 = 1\times2^5+1\times2^4+0\times2^3+0\times2^2+1\times2^1+0\times2^0 = (50)_{10}$

[문제18] 2진수 01010의 2의 보수를 만든 것 중 옳은 것은?

㉮ 10110　　㉯ 10101　　㉰ 11110　　㉱ 10100

[문제19] 10진수의 5는 BCD코드로 얼마인가?

㉮ 0101　　㉯ 1010　　㉰ 1001　　㉱ 0110

〈해설〉

10진수	BCD코드	10진수	BCD코드
0	0000	5	0101
1	0001	6	0110
2	0010	7	0111
3	0011	8	1000
4	0100	9	1001

표에 의해서 $(5)_{10} = (0101)_{BCD}$

[문제20] $(396)_{10}$을 8421 코드를 사용하여 표시하면 옳은 것은?

㉮ 0011 1000 0110 ㉯ 0101 1111 1011
㉰ 0011 1001 0011 ㉱ 0011 1001 0110

〈해설〉

$$(396)_{10} = (\frac{1101}{3}\ \frac{1001}{9}\ \frac{0110}{6})_{BCD}$$

[문제21] 다음 부울 대수에 관한 정리중 옳지 않은 것은?

㉮ $A + 1 = 1$ ㉯ $A + A = A$ ㉰ $A \cdot 1 = A$ ㉱ $A \cdot A = 0$

〈해설〉 $A \cdot A = A$

[문제22] 드 모르간(De Morgan)의 정리를 옳게 나타낸 것은?

㉮ $\overline{A+B} = A+B$ ㉯ $\overline{A+B} = A \cdot B$
㉰ $\overline{A+B} = \overline{A} \cdot \overline{B}$ ㉱ $\overline{A+B} = \overline{A}+\overline{B}$

〈해설〉 드 모르간(De Morgan) 정리 $\overline{A+B} = \overline{A} \cdot \overline{B}$, $\overline{A \cdot B} = \overline{A}+\overline{B}$

[문제23] 부울 대수식 $\overline{A+B}$ 와 같은 것은?

㉮ A ㉯ B ㉰ $\overline{A}+\overline{B}$ ㉱ $\overline{A} \cdot \overline{B}$

[문제24] $\overline{\overline{A+B}}$ 를 드 모르간(De Morgan)으로 정리하면?

㉮ $A \cdot B$ ㉯ $\overline{A \cdot B}$ ㉰ $A+B$ ㉱ $\overline{A+B}$

〈해설〉 $\overline{\overline{A}} = A$ 이므로 $\overline{\overline{A+B}} = A+B$ 이다.

[문제25] $\overline{(A+\overline{B})(\overline{A}+B)}$ 를 간단히 한 식을 구하면?

㉮ $\overline{A}B+A\overline{B}$ ㉯ AB ㉰ $\overline{A}B$ ㉱ $\overline{A}B+A$

〈해설〉 $\overline{(A+\overline{B})(\overline{A}+B)} = \overline{(A+\overline{B})}+\overline{(\overline{A}+B)} = \overline{A} \cdot \overline{\overline{B}}+\overline{\overline{A}} \cdot \overline{B} = \overline{A}B + A\overline{B}$

[문제26] 부울 대수식 $X = AC + ABC$ 를 간소화 하면?

㉮ AC　　㉯ AB　　㉰ ABC　　㉱ BC

〈해설〉 $X = AC + ABC = AC + ACB = AC(1+B) = AC1 = AC$

[문제27] 다음 논리함수 $Y = AB + A\overline{B} + \overline{A}B$ 를 간소화 하면 옳은 것은?

㉮ $A + B$　　㉯ $\overline{A} + \overline{B}$

㉰ $(A+\overline{A})+(B+\overline{B})$　　㉱ $(AB+A\overline{B})(AB+\overline{A}B)$

〈해설〉 $Y = AB+A\overline{B}+\overline{A}B = A(B+\overline{B})+\overline{A}B = A+\overline{A}B = (A+\overline{A})(A+B) = A+B$

[문제28] 다음 3변수 카르노우드가 나타내는 함수는?

A B \ C	0	1
0 0	0	0
0 1	0	0
1 0	1	0
1 1	1	1

㉮ $\overline{A}+A\overline{B}C$　　㉯ $AB+A\overline{C}+C$　　㉰ $AB+A\overline{C}$　　㉱ $A\overline{B}C$

〈해설〉 $f = AB\overline{C} + A\overline{B}\,\overline{C} + ABC = AB(\overline{C}+C)+A\overline{B}\,\overline{C} = AB+A\overline{B}\,\overline{C} = A(B+\overline{B}\,\overline{C}) = A(B+\overline{C}) = AB + A\overline{C}$

[문제29] 다음 중에서 베타적(exclusive) 오아게이트(OR gate)의 부울 대수식 표현 방법 중 옳지 않은 것은?

㉮ $AB+\overline{A}\overline{B}$　　㉯ $\overline{A}B+A\overline{B}$　　㉰ $(A+B)\cdot(\overline{A}+B)$　　㉱ $(A+B)\cdot(\overline{A\cdot B})$

〈해설〉 배타적 OR게이트는 $X = \overline{A}B+A\overline{B}$ 이다.
$(A+B)\cdot(\overline{A}+\overline{B}) = A\overline{A}+A\overline{B}+\overline{A}B+B\overline{B} = \overline{A}B+A\overline{B}$
$(A+B)\cdot(\overline{A\cdot B}) = (A+B)(\overline{A}+\overline{B}) = \overline{A}B+AB$

〈해답〉

1) 다　2) 다　3) 다　4) 다　5) 다　6) 가　7) 다　8) 가　9) 가　10) 라　11) 다　12) 가
13) 가　14) 나　15) 라　16) 가　17) 다　18) 가　19) 가　20) 라　21) 라　22) 다　23) 라　24) 다
25) 가　26) 가　27) 가　28) 다　29) 가

응용논리회로

1. 계수기(Counter) 회로

입력펄스가 들어올 때마다 미리 정해진 순서대로 플립플롭의 상태가 변하는 것을 이용한 것으로 보통 여러 개의 플립플롭과 논리게이트의 조합으로 구성되며, 계수기 회로는 비동기형 계수기와 동기형 계수기가 있다.

시프트레지스터는 수를 기억할 수 있고, 한자리씩 자리 이동을 하면서 펄스열을 출력 시킬 수 있는 레지스터이다.

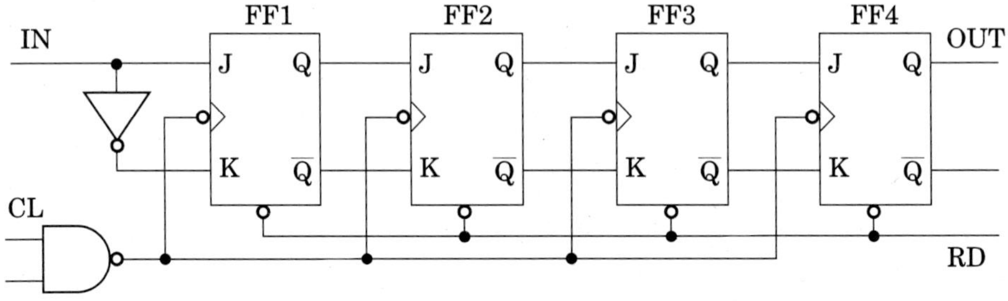

[그림7.1] 시프트레지스터

1-1. 비동기식 카운터 (Asynchronous counter)회로

첫 번째 플립플롭에만 클록 펄스가 인가되고 이후에는 전단의 클록을 입력으로 사용하는 것으로, 플립플롭이 직렬로 구성 되어지므로 입력변화보다 출력 변화는 수(ns) 지연되는 카운터를 비동시식 카운터 또는 리플(ripple) 카운터라 한다.

(1) 비동기 2진 카운터

T 또는 *JK F/F*으로 구성하며, 이 계수기가 계수할 때 가질 수 있는 총 출력 상태는 *n*개의 *F/F*를 사용하면 2^n가지가 얻어진다.

(2) 비동기형 2^n진 카운터회로

*JK F/F n*개를 연결하여 만든 카운터로 *JK F/F*를 사용하면 첫 번째 *F/F*은 외부에서 가하는 클록 입력에 의하여 트리거 되고, *n*번째 *F/F*의 출력은 (*n*+1)번째 *F/F*를 트리거 한다.

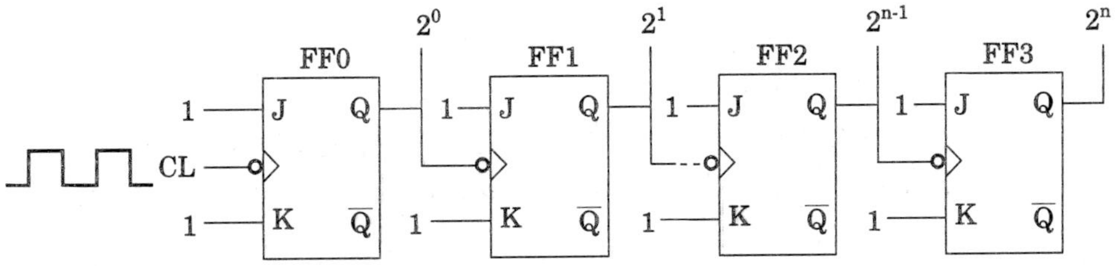

[그림7.2] 비동기형 진 카운터회로

(3) 비동기형 *N*진 카운터 회로

*N*진 계수기는 *N*개의 입력 펄스를 계수할 때마다 자리올림 신호를 내는 것을 의미하며, 그 구성은 2^n진 계수기를 기본으로 하여 적당한 게이트를 사용해서 *N*개가 계수 되도록 설계한다.

*N*진 계수기를 만들려면 *N*-1번째의 입력 펄스를 세어 계수 종료 상태를 검출하고, 이와 같은 조건이 만족되면 다음의 펄스로 앞단을 모두 "0"(리셋) 상태가 되도록 논리회로를 구성한다.

[그림7.3]과 같이 2^n진 카운터의 다음에 게이트 또는 플립플롭을 사용하면 2^n진 카운터가 2^n를 카운터 할 때 자리올림 신호에 따라 마지막 플립플롭은 1상태로 세트되고, 출력 $\overline{Q}$에 의해서 게이트 G_1이 닫히면서 1단 째 입력을 금지시키고, 그 다음 입력 펄스로 게이트 G_2가 열리므로 플립플롭을 리셋 시킨다.

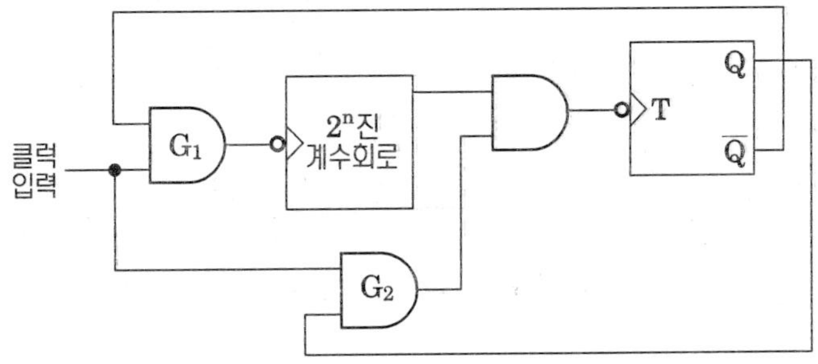

[그림7.3] 비동기형 N진 카운터 회로

(4) 상향카운터(up counter) 회로

상향카운터(up counter)회로는 0000, 0001, 0010, ……, 1111로 입력 펄스 클록이 가해질 때마다 1씩 카운터 값이 증가하는 카운터 회로이다.

1) 구성

[그림7.4]와 같이 *J*-*K*플립플롭의 *J*입력과 *K*입력에 논리 값 1을 접속시켜 *T*형 플립플롭을 구성하고 있다.

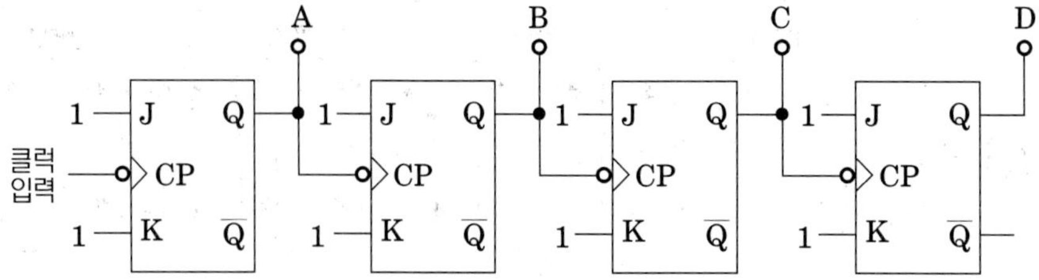

[그림7.4] 상향카운터 회로

(5) 하향 카운터회로(down counter)

1111에서 1110, 1101, ……, 0000 등으로 입력 펄스가 들어올 때마다 계수의 내용이 하나씩 감소되는 카운터회로를 말한다.

1) 구성 : 상향계수회로와 동일하나 다른 점은 모든 플립플롭의 $\bar{Q}$출력으로 다음 단을 트리거 시킨다는 것이다.

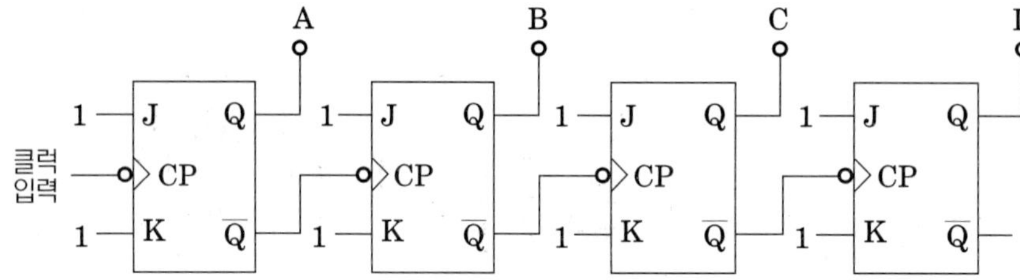

[그림7.5] 하향카운터 회로

1-2. 동기식 카운터

하나의 공통된 클록 펄스에 의해 플립플롭들이 트리거 되어 모든 플립플롭의 상태가 동시에 변화하는 병렬 카운터로 카운터내의 모든 플립플롭에 클록이 일시에 가해지고 출력상태가 동시에 변화하는 것을 말한다.

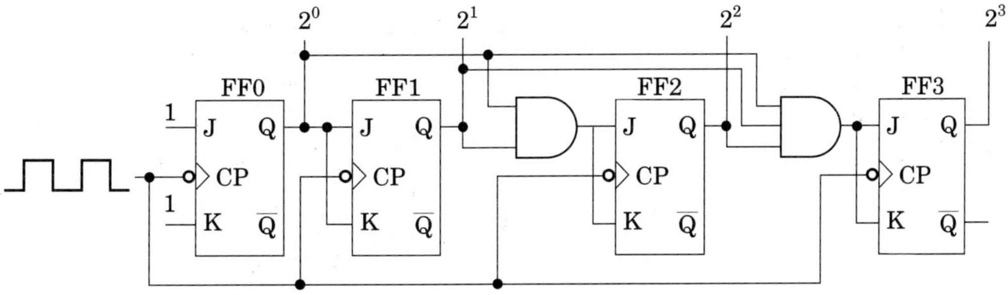

[그림7.6] 동기 형 16진 카운터회로

2. 응용조합회로

2-1. 멀티플렉서(Multiplexer), 디멀티플렉서(De multiplexer)

(1) 멀티플렉서(Multiplexer: 선택기)

여러 개의 입력 라인에서 1개의 입력 라인만 선택하여 출력하는 회로로서 선택기라고도 한다. 단일 통로로 송신하는 장치로 4입력일 때 2개의 셀렉터(select)단자가 필요하다.

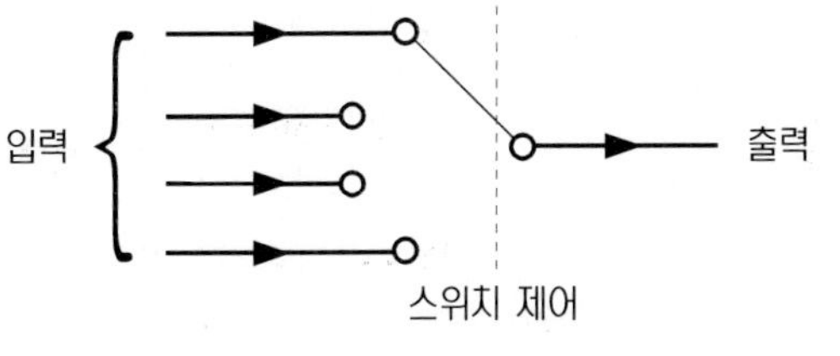

[그림7.7] 멀티플렉서(Multiplexer: 선택기)

1) 4×1 멀티플렉서

S_0	S_1	Y
0	0	I_0
0	1	I_1
1	0	I_2
1	1	I_3

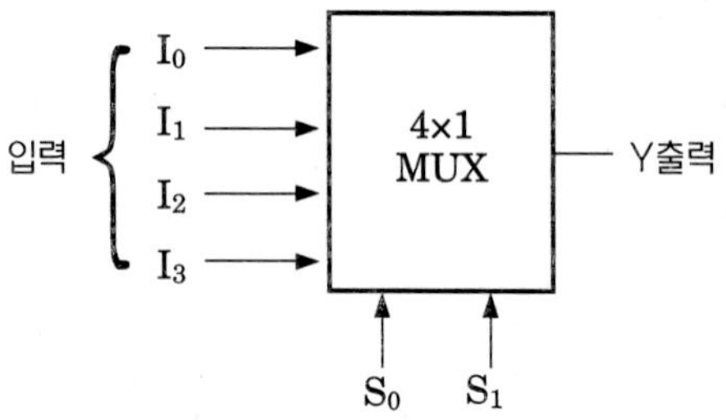

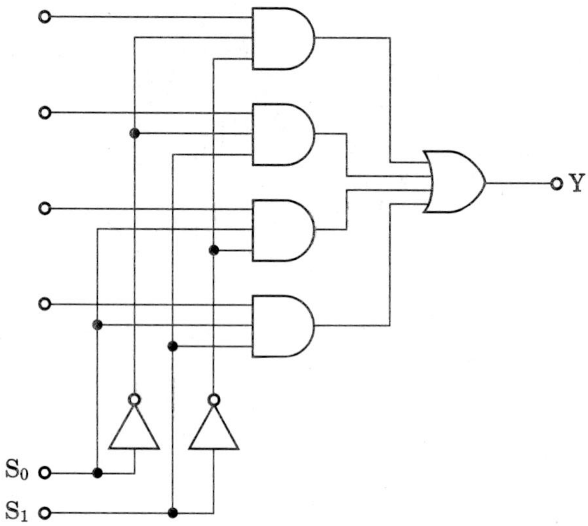

[그림7.8] 4×1 멀티플렉서

2) 논리식

$$Y = \overline{S}_0\overline{S}_1I_0+\overline{S}_0S_1I_1+S_0\overline{S}_1I_2+S_0S_1I_3$$

(2) 디 멀티플렉서(De multiplexer)

멀티플렉서와 정반대의 동작을 하며 단일통로에서 얻은 신호를 여러 개의 출력 라인중 하나를 선택하여 보내는 장치이다.

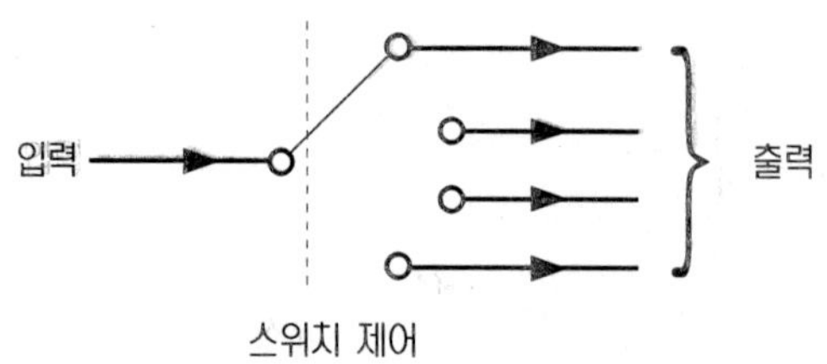

[그림7.9] 디 멀티플렉서(De multiplexer)

1) 1×4 디멀티 플렉서

S_0	S_1	D_0	D_1	D_2	D_3
0	0	0	0	0	0
0	1	0	0	0	0
1	0	0	0	0	0
1	1	0	0	0	0

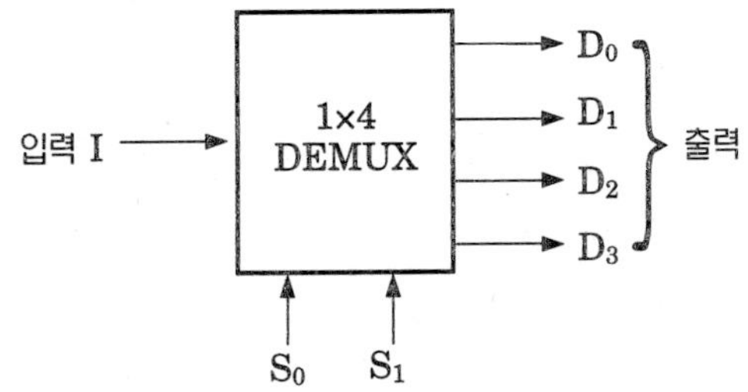

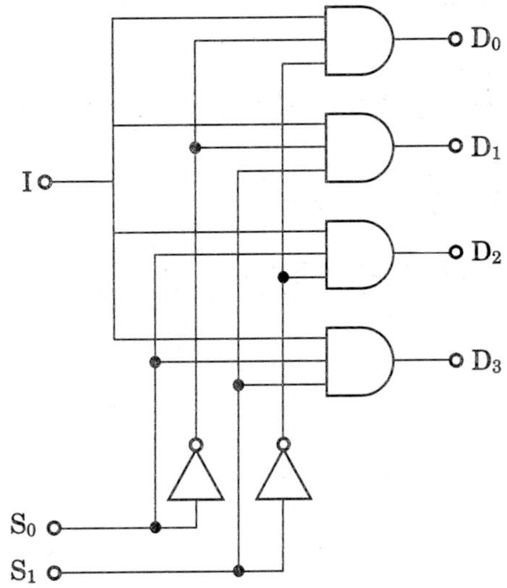

[그림7.10] 디멀티 플렉서

2) 논리식

$$D_0 = \overline{S}_0 \overline{S}_1 I$$

$$D_1 = \overline{S}_0 S_1 I$$

$$D_2 = S_0 \overline{S}_1 I$$

$$D_3 = S_0 S_1 I$$

2-2. 인코더(Encorder:부호기)와 디코더(Decorder:복호기)

(1) 부호기(Encoder)

1) 부호기는 입력단자에 나타난 정보를 코드화하여 출력으로 내보내는 것으로 해독기와 정반대의 기능을 수행하는 조합논리회로이다.

2) 2^n개의 입력으로 n개의 출력 bit를 갖는다.

3) 8×2 부호기의 진리표

[표7.1] 8×2 부호기의 진리표

D_0	D_1	D_2	D_3	D_4	D_5	D_6	D_7	X	Y	Z
1	0	0	0	0	0	0	0	0	0	0
0	1	0	0	0	0	0	0	0	0	1
0	0	1	0	0	0	0	0	0	1	0
0	0	0	1	0	0	0	0	0	1	1
0	0	0	0	1	0	0	0	1	0	0
0	0	0	0	0	1	0	0	1	0	1
0	0	0	0	0	0	1	0	1	1	0
0	0	0	0	0	0	0	1	1	1	1

4) 8×2 부호기의 논리식

$X = D_4 + D_5 + D_6 + D_7$ $X = D_2 + D_3 + D_6 + D_7$ $Z = D_1 + D_3 + D_5 + D_7$

5) 8×2 부호기의 회로도

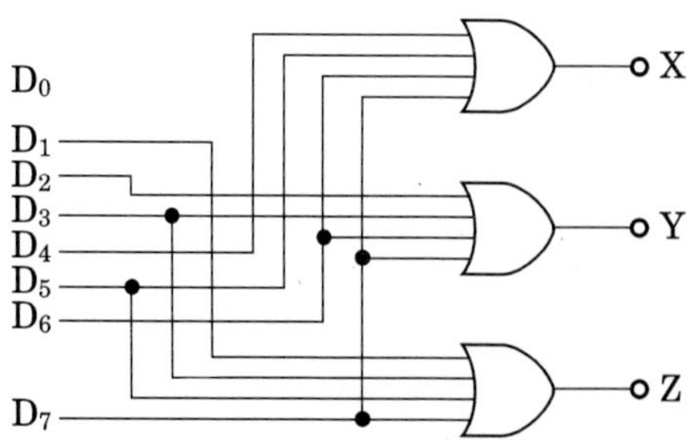

[그림7.11] 8×2 부호기회로도

(2) 해독기(Decoder)

1) 해독기는 입력단자에 나타나는 코드화된 2진 데이타로부터 정보를 찾는 조합 논리회로이다.

2) n개의 입력으로 2^n개의 출력형태를 갖는다.

3) 2×4 해독기의 진리표

[표7.2]해독기의 진리표

A	B	X_0	X_1	X_2	X_3
0	0	1	0	0	0
0	1	0	1	0	0
1	0	0	0	1	0
1	1	0	0	0	1

4) 2×4 해독기의 논리식

$X_0 = \bar{A} \cdot \bar{B}$ $X_0 = \bar{A} \cdot B$ $X_0 = A \cdot \bar{B}$ $X_0 = A \cdot B$

5) 2×4 해독기의 회로도

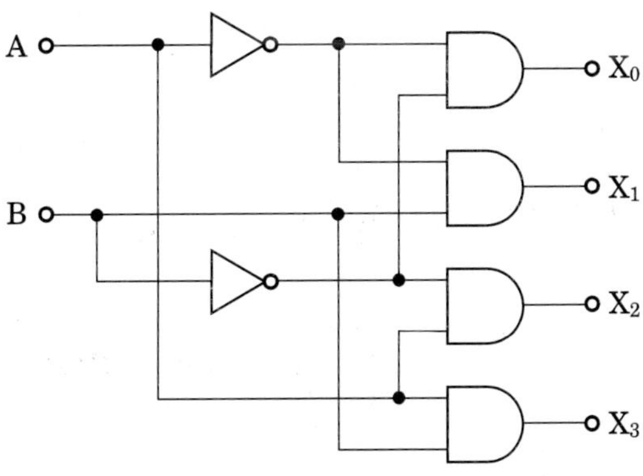

[그림7.12] 해독기의 회로도

3. 연산회로

3-1. 가감승제 연산회로

(1) 가산기회로

1) 반가산기(Half adder)

① 두 개의 한자리 2진 숫자 A와 B를 더하여 합S(sum)과 자리올림 C(carry)의 두 개의 출력을 얻는 회로이다.

② 논리식

합 $S = \bar{A} \cdot B + A \cdot \bar{B} = A \oplus B$

자리올림 $C = A \cdot B$

③ 진리표

[표7.3] 반가산기 회로 진리표

입력		출력	
A	B	합(S)	자리올림(C)
0	0	0	0
0	1	1	0
1	0	1	0
1	1	0	1

④ 논리 회로

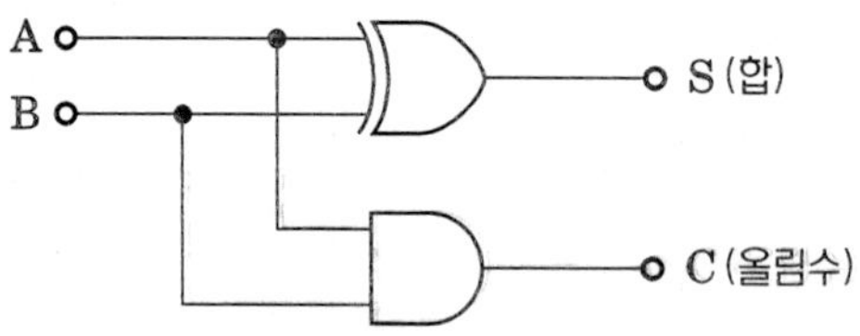

⑤ 블록도

[그림7.13] 반가산기 논리 회로와 블록도

2) 전가산기(Full adder)

① 전가산기는 두 자리 이상의 2진수를 더할 경우 입력의 가수, 피가수 및 자리 올림수가 더해지고 합과 자리올림을 출력하는 회로이다.

② 진리표

[표7.4] 전가산기 회로 진리표

입력		출력	
A	B	합(S)	자리올림(C)
0	0	0	0
0	0	1	0
0	1	1	0
0	1	0	1
1	0	1	0
1	0	0	1
1	1	0	1
1	1	1	1

③ 논리식

$$\text{합(Sum)} = \bar{A}\cdot\bar{B}\cdot C + \bar{A}\cdot B\cdot\bar{C} + A\cdot\bar{B}\cdot\bar{C} + A\cdot B\cdot C$$
$$= (\bar{A}\cdot\bar{B} + A\cdot B)\cdot C + (\bar{A}\cdot B + A\cdot\bar{B})\cdot\bar{C}$$
$$= (\bar{A}\cdot B + A\cdot\bar{B})\cdot C + (\bar{A}\cdot B + A\cdot\bar{B})\cdot\bar{C}$$
$$= A\oplus B\oplus C$$

$$\text{자리올림(Co)} = \bar{A}\cdot B\cdot C + A\cdot\bar{B}\cdot C + \bar{A}\cdot B\cdot\bar{C} + A\cdot B\cdot C$$
$$= (\bar{A}\cdot B + A\cdot\bar{B})\cdot C + A\cdot B\cdot(C + \bar{C})$$
$$= (A\oplus B)\cdot C + A\cdot B$$

④ 논리회로

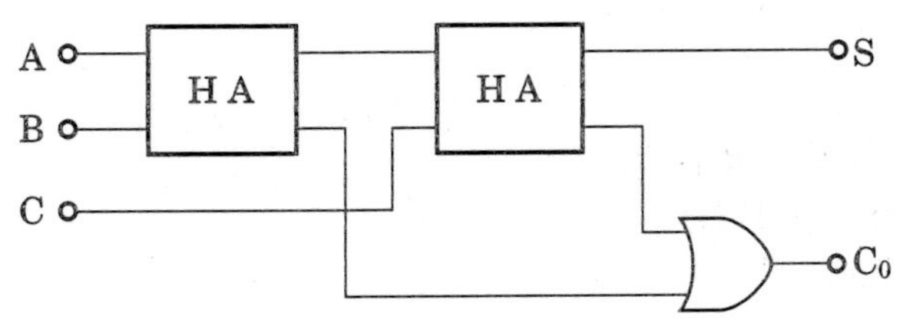

⑤ 블록도

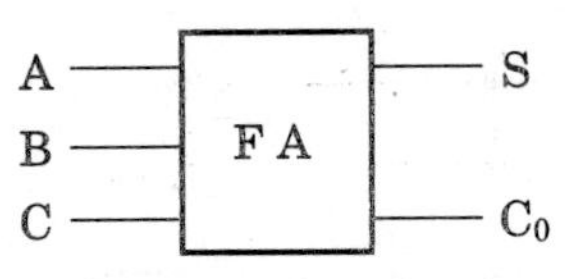

[그림7.14] 전가산기 논리 회로와 블록도

⑥ 실제회로

$S = A \oplus B \oplus C$ $C_O = (A \oplus B)C + AB$

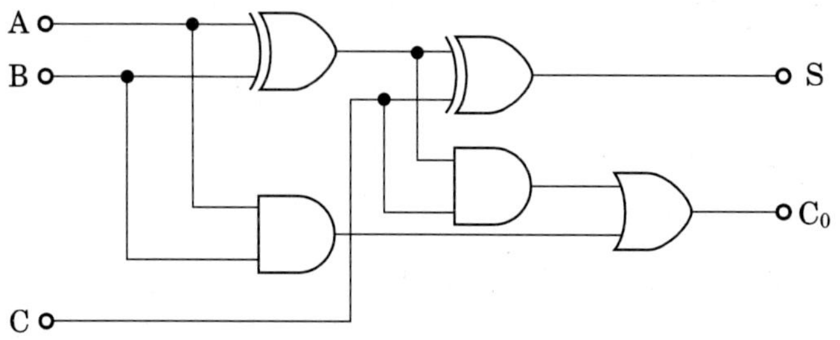

[그림7.15] 전가산기 논리 회로와 블록도

(2) 감산기회로

1) 반감산기(Half Subtractor)

각각 1-bit인 2개의 2진수 피감수에서 감수의 차(difference)과 자리내림(borrow)을 계산할 수 있는 회로이다.

① 진리표

[표7.5] 반감산기진리표

입력		출력	
1.	2.	B	D
0	0	0	0
0	1	1	1
1	0	0	1
1	1	0	0

② 논리식

$D = x'y + xy = x \oplus y$ $B = x'y$

D : (차비트 : difference bit)

B : (받아내림 : Borrow)

③ 논리회로

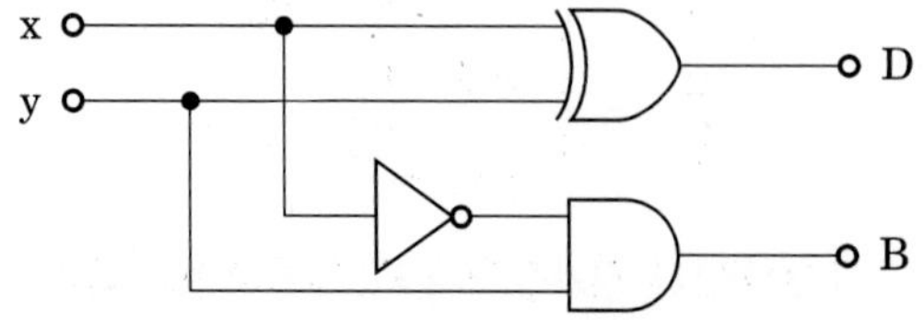

④ 블록도

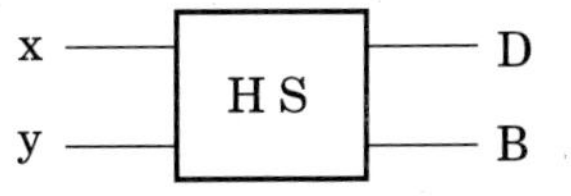

[그림7.16] 반가산기 논리 회로와 블록도

4. 기억장치 회로

기억장치에는 주기억장치와 보조기억장치로 나눌 수 있다.

4-1. IC기억장치

(1) ROM(Read Only Memory)

데이터 읽기 전용 메모리 소자로서 정보 내용은 제작당시에 정해지며, 전원 공급이 끊어지더라도 기억 내용이 지워지지 않는 비휘발성 소자로, ROM에 기억된 내용은 그대로 존재한다.

1) ROM의 종류

① masked ROM:반도체 업체가 제조한 것이다.

② PROM(programmable ROM): ROM를 만든 후에 사용자가 ROM의 내용을 단 1회에 한해서 써 넣을 수 있다.

③ EP ROM(Erasable ROM): 자외선이나 높은 전압을 가함으로써 기억된 내용을 지울 수 있고, 몇 번이라도 필요한 정보를 지우고 새롭게 써넣을 수 있다.

(2) RAM(Random access memory)

RAM은 정보를 원하는 장소에 기억시키고 필요할 대 항상 일정한 시간 내에 꺼내 올 수 있는 기억장치이다.

1) RAM의 종류

① DRAM(Dynamic RAM):시간이 지나면 기억된 데이터가 지워지므로 소도가 느리고 주기적으로 데이터를 재충전해주어야만 한다.

② SRAM(Static RAM): 전원이 켜져 있는 한 한번 저장된 기억 내용이 변하지 않으며, 속도가 빠르고 정보의 입 · 출력이 어느 때라도 가능하다.

4-2. 보조기억장치

중앙처리장치와 직접 정보교환 할 수 없고 주기억장치를 통해서만 정보 교환이 가능하며 접근 방식에 다라 순차 및 직접방식이 있다.

1) 자기드럼기억장치

원통 모양의 매체에 자성체를 입힌 것으로 원통을 중심으로 하는 트랙에 데이터가 저장된다.

2) 자기디스크 기억장치

원반 모양의 매체에 자성체를 입힌 것으로 양쪽 면에 자성 물질을 칠해서 자기드럼과 같이 자화시키고, 그 내용을 헤드로 감지해 내는 장치로서 여러 디스크가 빠르게 회전한다.

3) 자기테이프 기억장치

녹음테이프와 비슷한 형태로 폴리에스터 필름의 표면에 자화 물질을 입혀서 기억내용을 판독 기억한다.

(실험7.1)

반가산기(Half Adder) 실험

1. 목적

① 반가산기의 원리를 설명 할 수 있다.

② 반가산기를 설계할 수 있다.

2. 실험준비

(1) 장비 및 공구

구분	공구명	규격
1	디지털 멀티미터(Digital Multimeter: DMM)	Digital
2	디지털오실로스코프	1대
3	Bread Board	1대
4	함수제네레이터(Function Generator)	1대
5	DC 전압공급기	1대
6	공구세트(롱노즈 플라이어 , 드라이버, 니퍼 등)	1세트

(2) 재료

<table>
<tr><th>재료명</th><th>규격</th><th>수량</th><th>안전 및 유의 사항</th></tr>
<tr><td>IC와 소켓</td><td>SN7400</td><td>2개</td><td rowspan="6">① Bread Board 기판에 조립하여 실험하며 안전에 주의한다.
② 공급전원은 정격전압의 공급되도록 한다.
③ 부품의 극성에 주의한다.
④ 계측 사용시 계기 파손되지 않도록 한다.</td></tr>
<tr><td>IC와 소켓</td><td>SN7402</td><td>2개</td></tr>
<tr><td>트랜지스터</td><td>2SC1959</td><td>2개</td></tr>
<tr><td>LED</td><td>적색</td><td>2개</td></tr>
<tr><td>저항</td><td>330Ω,1kΩ,10kΩ1/4W</td><td>각2개</td></tr>
<tr><td>스위치</td><td>PB 3P</td><td>2개</td></tr>
</table>

3. 관계이론

(1) 반가산기(Half Adder)

반가산기는 2개의 2진 입력과 2개의 2진 출력으로 구성된다. 입력 변수들은 피가수와 가수를 나타내고 출력 변수들은 합과 캐리를 의미한다. 일반적으로 두 입력을 x, y로, 출력을 S와 C로 부른다.

(2) 논리식

$$S = \overline{A} \cdot B + A \cdot \overline{B} = A \oplus B$$

$$C = A \cdot B$$

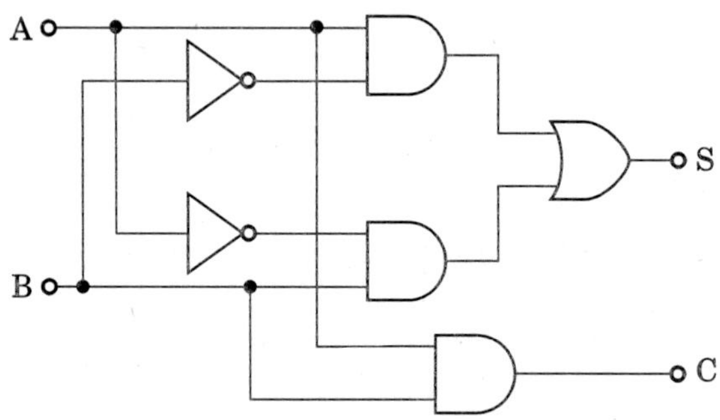

[그림7.17] 반가산기회로

(3) 진리표

[표7.6] 반가산기 진리표

입력		출력	
X	Y	C	S
0	0	0	0
0	1	0	1
1	0	0	1
1	1	1	0

4. 실험

① [그림7.18]과 같이 반가산기회로를 구성한다.

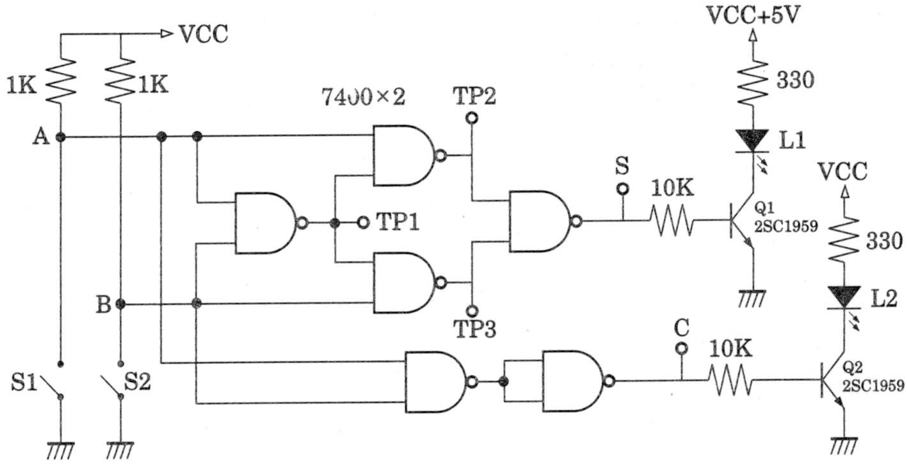

[그림7.18] 반가산기 회로(1)

② S1, S2를 ON할 때 L1이 소등되고 L2가 점등되는 가를 확인한다.

③ 오실로스코로 A, B, TP1, TP2, TP3, S, C의 전압을 측정한다.

④ NOR 의 반가산기회로를 구성한다.[그림7.19]

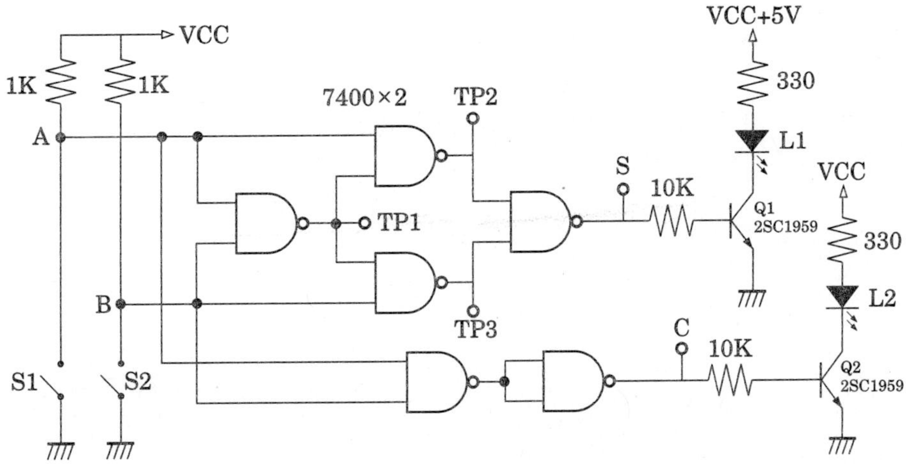

[그림7.19] NOR 게이트를 이용한 반가산기회로

⑤ S1, S2를 ON할 때 L1이 소등되고 L2가 점등되는 가를 확인한다.

⑥ 오실로스코로 A, B, TP1, TP2, TP3, S, C의 전압을 측정한다.

5. 정리 정돈한다.

(실험7.2)

전가산기(Full Adder)실험

1. 목적

① 전가산기의 원리를 설명 할 수 있다.

② 전가산기를 설계할 수 있다.

2. 실험준비

(1) 장비 및 공구

구분	공구명	규격
1	디지털 멀티미터(Digital Multimeter: DMM)	Digital
2	디지털오실로스코프	1대
3	Bread Board	1대
4	함수제네레이터(Function Generator)	1대
5	DC 전압공급기	1대
6	공구세트(롱노즈 플라이어 , 드라이버, 니퍼 등)	1세트

(2) 재료

<table>
<tr><th>재료명</th><th>규격</th><th>수량</th><th>안전 및 유의 사항</th></tr>
<tr><td>IC와 소켓</td><td>SN7400</td><td>3개</td><td rowspan="8">① Bread Board 기판에 조립하여 실험하며 안전에 주의한다.
② 공급전원은 정격전압의 공급되도록 한다.
③ 부품의 극성에 주의한다.
④ 계측 사용시 계기 파손되지 않도록 한다.</td></tr>
<tr><td>IC와 소켓</td><td>SN74283</td><td>1개</td></tr>
<tr><td>IC와 소켓</td><td>SN7486</td><td>1개</td></tr>
<tr><td>트랜지스터</td><td>2SC1959</td><td>2개</td></tr>
<tr><td>저항</td><td>330Ω,1kΩ 1/4W</td><td>각5개</td></tr>
<tr><td>LED</td><td>3Φ</td><td>4개</td></tr>
<tr><td>스위치</td><td>3P</td><td>2개</td></tr>
<tr><td>스위치</td><td>BCD로타리</td><td>1개</td></tr>
</table>

3. 관계이론

(1) 전가산기(Full Adder)

전가산기는 3개의 입력 비트들의 합을 계산하는 조합회로이다. 전가산기는 3개의 입력과 2개의 출력으로 구성된다. x와 y로 표시된 입력 변수들은 더해질 현재 위치의 두 비트이면, z로 표시된 세 번째 입력 변수는 바로 전 위치로부터의 캐리이다. 3개의 비트를 더할 때 합은 0부터 3까지 나올 수 있고, 2와 3을 2진수로 표시하는 데 2개의 디지트가 요구되므로 2개의 출력이 필요하다. 두 출력 중 합에 대해서는 S라는 기호로, 캐리에 대해서는 C라는 기호로 표시한다. 3개의 비트의 합을 계산하여 앞의 디지트는 출력 캐리 C가 되며, 뒤의 디지트가 S로 표시된다. 3입개의 입력 변수들이 가질 수 있는 모든 가능한 1과 0들의 조합에 대해서 2개의 출력 변수는 1 또는 0의 값을 가진다. 모든 입력들이 0일 때 출력은 0 이 된다. 출력 S는 1개 또는 3개의 입력들이 1일 때 1이 된다.

1) 논리식

$$S_n = (A_n \cdot \overline{B_n} + \overline{A_n} \cdot B_n) \cdot \overline{C_{n-1}} + (\overline{A_n} \cdot \overline{B_n} + A_n \cdot B_n) \cdot C_{n-1}$$

논리식 : $C_n = A_n \cdot B_n + (A_n \cdot \overline{B_n} + \overline{A_n} \cdot B_n) \cdot C_{n-1}$

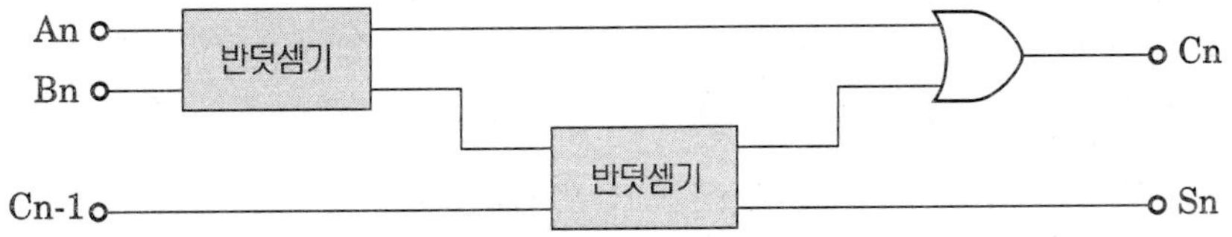

(2) 전가산기 진리표

[표7.7] 전가산기 진리표

입력			출력	
X	Y	Z	C	S
0	0	0	0	0
0	0	1	0	1
0	1	0	0	1
0	1	1	1	0
1	0	0	0	1
1	0	1	1	0
1	1	0	1	0
1	1	1	1	1

3. 전가산기 실험

① [그림7.20]과 같이 전가산기회로를 구성한다.

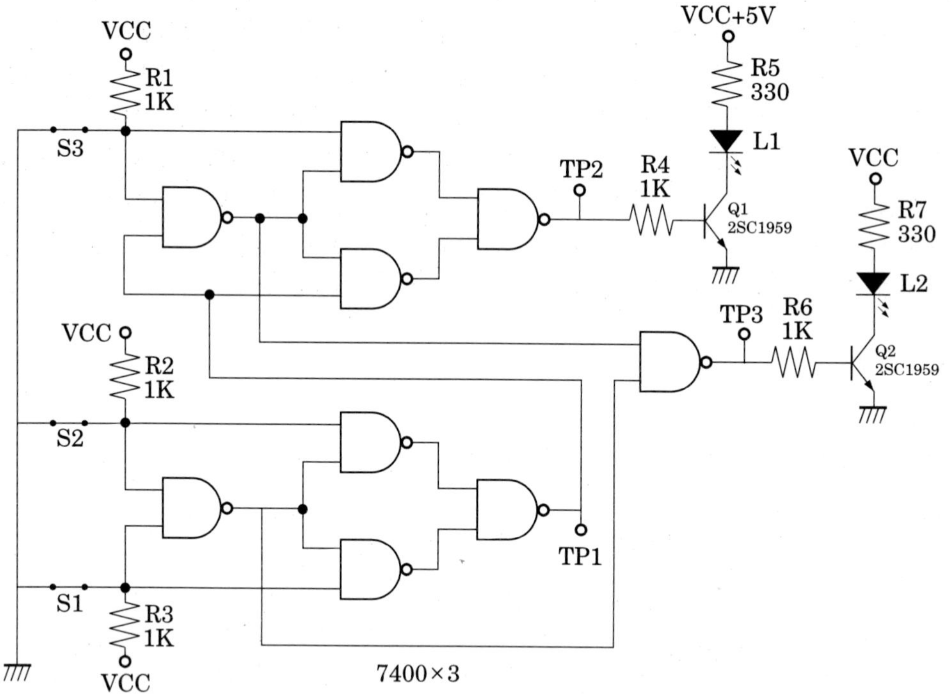

[그림7.20]가감산기 제작회로

② SW1~SW3를 Off 할 때 L1과 L2가 점등하는가를 확인한다.

③ SW1~SW3 상태에 따라 TP1, TP2, TP3의 전압을 측정하고 LED상태를 확인한다.

④ [그림7.21]과 같이 SN7486을 이용하여 4비트 병렬 가산기를 구성한다.

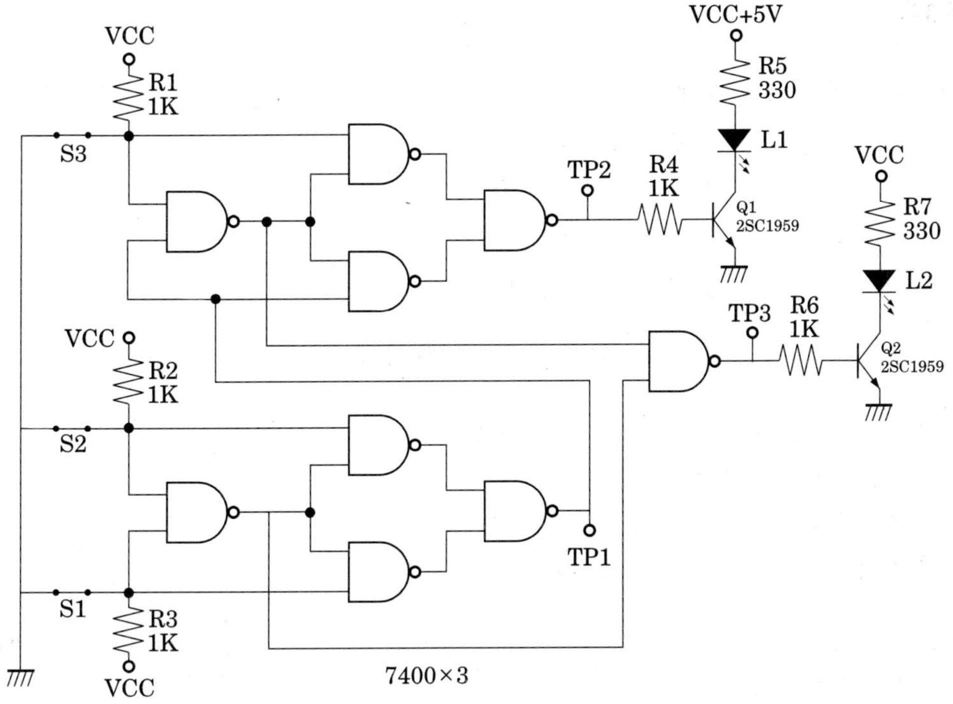

[그림7.21] 4비트 병렬 가산기

⑤ BCD 로터리 스위치를 8로 할 때 L1, L2가 점등하는지를 확인한다.

⑥ 스위치의 상태에 다라 LED의 상태를 확인한다.

4. 동작을 확인한다.

5. 정리정돈

① 주변정리를 한다.

② 계측장비 및 공구를 반납한다.

③ 사용전원을 Off시키고 화재 및 안전에 주의한다.

6. 결과보고서 작성

① 예비보고서를 작성한다.

② 보고서를 작성한다.

〈예상문제〉

[문제1] 반 덧셈기의 설명 중 옳게 나타낸 것은?

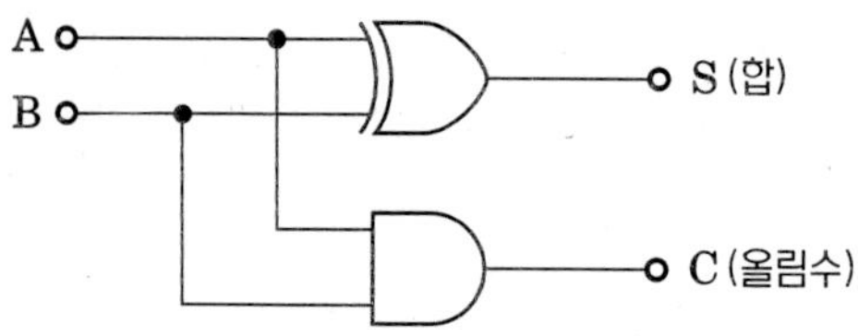

[그림7.22] 반가산기 회로

㉮ 배타논리합(EOR)회로와 논리곱(AND)회로로 구성된다.
㉯ 합은 두수 A, B의 논리이다.
㉰ 자리올림 C_O는 두수 A, B의 논리합이다.
㉱ 자리올림 C_O는 두수 A, B의 배타적 논리합이다.

〈해설〉 [7.22] 그림과 같이 두 개의 한자리 2진숫자 A 와 B 를 더하여 합 S(sum)와 자리올림C(carry)의 출력을 얻는 회로가 반가산기 (반덧셈기 half adder)이다.

[문제2] 1bit 반가산기에서 합과 자리올림을 바르게 표시한 식은?

㉮ 합 = $A \oplus B$, 자리올림= $A \cdot B$　　㉯ 합 = $A \oplus B$, 자리올림= $A \cdot B$
㉰ 합 = $A + B$, 자리올림= $A \cdot B$　　㉱ 합 = $A \cdot B$, 자리올림= $A \cdot B$

〈해설〉

A	B	자리올림	합
0	0	0	0
0	1	0	1
1	0	0	1
1	1	1	0

[문제3] 2진 리플 카운터에서 T플립플롭을 3단으로 연결하였을 때 계수할 수 있는 가장 큰 수는?

㉮ 3　　㉯ 6　　㉰ 7　　㉱ 8

〈해설〉 2진 리플 카운터는 주로 T플립플롭으로 구성되며 이 계수기가 계수 할 때 가질 수 있는 독립된 출력 상태의 총수는 2^n개가 된다. 여기서 n은 사용된 T플립플롭의 개수이므로 2^3=8개의 계수를 할 수 있다.

[문제4] 다음 중에서 베타적(exclusive) OR gate의 부울 대수식 표현 방법 중 옳지 않은 것은?

㉮ $AB + \bar{A}\bar{B}$　　㉯ $\bar{A}B + A\bar{B}$　　㉰ $(A+B) \cdot (\bar{A}+\bar{B})$　　㉱ $(A+B) \cdot (A \cdot B)$

〈해설〉 배타적 OR게이트는 $X=\bar{A}B+A\bar{B}$ 이다.
$(A+B) \cdot (\bar{A}+\bar{B})=A\bar{A}+A\bar{B}+\bar{A}B+B\bar{B}=\bar{A}B+A\bar{B}$
$(A+B) \cdot (\bar{A} \cdot \bar{B})=(A+\bar{B})(\bar{A}+\bar{B})=\bar{A}B+A\bar{B}$

[문제5] 시프트 레지스터를 옳게 나타낸 것은?

㉮ FF에 기억된 정보를 다른 FF에 옮기는 동작을 하는 레지스터를 말한다.
㉯ FF에 기억된 정보를 소거시키는 레지스터를 말한다.
㉰ FF에 기억되는 것을 방해시키는 레지스터를 말한다.
㉱ FF에 clock 입력을 기억시키기만 하는 레지스터를 말한다.

〈해설〉 시프트 레지스터(shift resistor)는 계산기 등의 회로에 있어서 FF(레지스터)에 세트되어 있는 내용을 지정된 자리수 만큼 좌측 또는 우측으로 자리 이동시키는 기능의 레지스터를 말한다.

[문제6] 마스터-슬레이브 *JK-FF*에 대한 설명이다. 옳지 않은 것은?

㉮ 레이싱(racing) 결합을 방지하기 위해서 고안된 것이다.
㉯ 클록펄스가 H레벨인 시간이 걸려야 한다.
㉰ 입력이 동시에 1($J=K=1$)일 때 FF는 클록 펄스에 의해서 반전된다.
㉱ 전단을 마스터 FF, 후단을 슬레이브 FF라고 한다.

〈해설〉 마스터-슬레이브 *JK*플립플롭은 레이싱(racing)의 결합을 방지하기 위하여 두 개의 *JK*플립플롭 즉, 전단을 마스터(master) 플립플롭, 후단을 슬레이브(slave) 플립플롭을 두고 이것을 시각펄스로 제어하여 레이싱을 방지한다.

[문제7] 마스터 슬레이브 *JK-FF*에서 클록 펄스가 들어올 때마다 출력 상태가 반전되는 것은?

㉮ $J=0$, $K=0$　　㉯ $J=1$, $K=0$　　㉰ $J=0$, $K=1$　　㉱ $J=1$, $K=1$

[문제8] *JK*−*FF*에서 *J*입력과 *K*입력이 모두 1일 때 출력은 clock에 의해 어떻게 되는가?

㉮ 출력은 1　　㉯ 반전한다.　　㉰ 출력은 0　　㉱ 불확정

〈해설〉 *J-K*플립플롭은 *T*플립플롭과 *RS*플립플롭을 함께 묶은 것과 같은 기능을 가지고 있으며 *J*=*K*=1 일 때는 클럭 C_P에 의하여 출력이 반전(toggle)하는 T플립플롭으로써 동작한다.

[문제9] *RS*−*FF*에서 *R*=1, *S*=1 일 때 출력은?

㉮ 리세트(reset)　　㉯ 세트(set)

㉰ 불확정　　㉱ Q_n

〈해설〉 두입력이 1이면 불확정 상태가 되므로 R=1, S=1의 입력은 금지된다.

[문제10] 플립플롭 회로의 출력 Q 및 $\bar{Q}$는 리세트(reset)상태에서 어떠한 논리값을 가지는가?

㉮ $Q = 0,\ \bar{Q} = 0$　　㉯ $Q = 1,\ \bar{Q} = 1$

㉰ $Q = 0,\ \bar{Q} = 1$　　㉱ $Q = 1,\ \bar{Q} = 0$

〈해설〉 플립플롭(flip−flop)의 상태를 결정해 주는 방법은 세트(set)입력과 리세트(reset) 입력을 사용하는데, 이들 입력에 대한 플립플롭의 응답 결과는 항상 다음과 같이 2가지의 유용한 상태를 가지고 있다.

① 세트 : Q 출력은 논리 1이 되고, $\bar{Q}$은 논리 0이 된다.
② 리세트 : Q 출력은 논리 0이 되고, $\bar{Q}$은 논리 1이 된다.

[문제11] 일반적으로 플립플롭(Filp−Flop)회로라 하는 것은 어떤 회로인가?

㉮ 크리퍼

㉯ 클램프

㉰ 비안정 멀티 바이브레이터

㉱ 쌍안정 멀티 브레이터

〈해설〉 쌍안정 멀티바이브레이터는 플립플롭이라고 한다. 입력 틀리거 펄스 2개마다 1개의 출력 펄스를 얻어 낼 수 있으므로 분주기나 전자 계산기, 계수 기억 회로 2진계수회로 등에 많이 사용된다.

[문제12] 전 덧셈기(full adder)에 대한 설명 중 옳은 것은?

㉮ 입력 2개, 출력 4개로 구성된다.
㉯ 입력 2개, 출력 3개로 구성된다.
㉰ 입력 3개, 출력 2개로 구성된다.
㉱ 입력 3개, 출력 3개로 구성된다.

〈해설〉 전덧셈기(전가산기, full adder)는 두자리 이상의 2진수를 더할 경우, 입력의 가수, 피가수 및 자리올림수가 더해지고 합과 자리올림을 출력하는 회로이다.

[문제13] 반덧셈기는 어떤 회로의 조합인가?(단, EOR는 exclsive-OR 이다.)

㉮ AND오 OR　　㉯ AND와 NOT
㉰ EOR와 AND　　㉱ EOR와 OR

[문제14] 다음 논리회로 중 FAN out이 가장 많은 회로는?

㉮ TTL gate　　㉯ RTL gate
㉰ DTL gate　　㉱ ECL gate

〈해설〉 팬아웃(fan out)이 가장 많은 회로는 CMOS → ECL → MOS → DTL → RTL 순이다.

〈해답〉
1) 가　2) 가　3) 라　4) 가　5) 가　6) 나　7) 라　8) 나　9) 다　10) 다　11) 라　12) 다
13) 다　14) 라

Basic Broadcasting &
Electronic Engineering (II)

방송전자공학의 기초 II

2010년 8월 30일 1판 1쇄 인쇄
2010년 9월 6일 1판 1쇄 발행

지은이 홍종성 · 윤인섭 · 한찬호 · 이순려
펴낸이 윤 용 호
펴낸곳 석학당 출판사
121-856 서울시 마포구 신수동 448-6
등록 : 2001.10.23. 제10-2238호
전화 : 02)719-6116
팩스 : 02)719-6120
Homepage : www.shdbooks.co.kr
E-mail : shd6116@chol.com

ISBN 978-89-93158-29-8 94560

가격 16,000원